禾谷类杂粮绿色高效生产技术系列丛书

谷子绿色高效生产技术

夏雪岩
李顺国 主编

李顺国
夏雪岩 丛书主编
刘 猛

中国农业科学技术出版社

图书在版编目（CIP）数据

谷子绿色高效生产技术 / 夏雪岩，李顺国主编 . -- 北京：中国农业科学技术出版社，2023.5

（禾谷类杂粮绿色高效生产技术系列丛书 / 李顺国，夏雪岩，刘猛主编）

ISBN 978-7-5116-6131-9

Ⅰ. ①谷… Ⅱ. ①夏… ②李… Ⅲ. ①谷子－高产栽培－无污染技术 Ⅳ. ① S515

中国版本图书馆 CIP 数据核字（2022）第 247104 号

责任编辑 朱 绯 李 娜
责任校对 马广洋
责任印制 姜义伟 王思文

出 版 者 中国农业科学技术出版社
北京市中关村南大街 12 号 邮编：100081
电　　话 （010）82109707（编辑室）（010）82109702（发行部）
（010）82109702（读者服务部）
传　　真 （010）82109707
网　　址 https:// castp.caas.cn
经 销 者 各地新华书店
印 刷 者 北京科信印刷有限公司
开　　本 170 mm × 240 mm 1/16
印　　张 18.5 彩插 6 面
字　　数 350 千字
版　　次 2023 年 5 月第 1 版 2023 年 5 月第 1 次印刷
定　　价 60.00 元

《禾谷类杂粮绿色高效生产技术系列丛书》
编　委　会

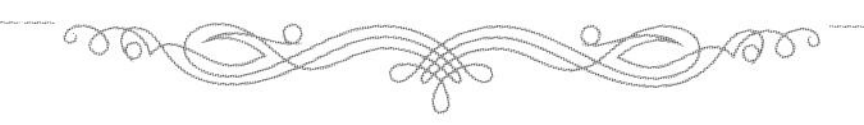

《谷子绿色高效生产技术》
分册编委会

主　编　夏雪岩　河北省农林科学院谷子研究所
　　　　　李顺国　河北省农林科学院谷子研究所

副主编　柴晓娇　赤峰市农牧科学研究所
　　　　　马金丰　黑龙江省农业科学院作物资源研究所
　　　　　张艾英　山西农业大学谷子研究所
　　　　　王晓明　张家口市农业科学院
　　　　　马天进　贵州省农作物品种资源研究所
　　　　　崔纪菡　河北省农林科学院谷子研究所

其他编者（按姓氏拼音排序）：
　　　　　白晓雷　赤峰市农牧科学研究所
　　　　　曹绍书　贵州省农作物品种资源研究所
　　　　　程汝宏　河北省农林科学院谷子研究所
　　　　　陈二影　山东省农业科学院作物研究所
　　　　　陈国秋　辽宁省水土保持研究所
　　　　　刁现民　中国农业科学院作物科学研究所
　　　　　范光宇　张家口市农业科学院

付　颖　赤峰市农牧科学研究所

高　鸣　吉林省农业科学院

管延安　山东省农业科学院作物研究所

郭二虎　山西农业大学谷子研究所

康　林　张家口市农业科学院

李　琳　河北省农林科学院谷子研究所

李国瑜　山东省农业科学院作物研究所

李志江　黑龙江省农业科学院作物资源研究所

刘金荣　安阳市农业科学院

马天进　贵州省农作物品种资源研究所

沈铁男　赤峰市农牧科学研究所

覃初贤　广西壮族自治区农业科学院

王根平　河北省农林科学院谷子研究所

王国梁　山西农业大学谷子研究所

王显瑞　赤峰市农牧科学研究所

杨志杰　河北省农业机械化研究所有限公司

张　婷　赤峰市农牧科学研究所

谷子、高粱、青稞等禾本科杂粮作物，具有抗旱耐瘠、营养丰富、粮饲兼用等特点，种植历史悠久，是我国东北、华北、西北、西南等地区重要的传统粮食作物，且在饲用、酿酒、特色食品加工等方面具有独特优势，在保障区域粮食安全、丰富饮食文化中发挥着重要作用。为加强政府、社会大众、企业对谷子、高粱等旱地小粒谷物的重视，联合国粮农组织将2023年确定为国际小米年，致力于充分发掘小米的巨大潜力，让价格合理的小米食物为改善小农生计、实现可持续发展、促进生物多样性、保障粮食安全和营养供给发挥更大作用。

当前，注重膳食营养搭配，从粗到细再到粗，数量从少到多再到少；主食越来越不“主”、副食越来越不“副”，从“吃得饱”到“吃得好”再到“吃得健康”，标志着我国人民生活水平不断提高，顺应人民群众食物结构变化趋势。让杂粮丰富餐桌，让人们吃得更好、吃得更健康，是树立“大食物观”的出发点和落脚点。2022年12月召开的中央农村工作会议提出，要实施新一轮千亿斤粮食产能提升行动。随着科技的进步和农业规模化生产的发展，我国粮食保持多年稳产增产，主要粮食产地的主粮作物产量已经接近上限，增产难度不断加大。相比主产区、主粮，我国还有大量的其他类型土地，以及丰富的杂粮作物品种。谷子、高粱等禾谷类杂粮曾是我国的主粮，由于栽培烦琐、不适合机械化以及消费习惯等原因，逐步沦为杂粮。随着科技进步，科研人员培育出了适合机械化收获的矮秆谷子、高粱新品种，配套精量播种机、联合收获机，实现了全程机械化生产。禾谷类杂粮实际产量与潜在产量之间存在着“产量差”，增产潜力巨大。例如，谷子目前全国单产为200千克/亩（1亩≈667米^2，15亩=1公顷），高产纪录为843千克/亩。在我国干旱、半干旱区域以及盐碱地等边际土地充分挖掘禾谷类杂粮增产潜力，通过品种、土壤、肥料、农机、管理等农机农艺结合、良种良法配套增加边际土地粮食产量，完全能够为我国千亿斤粮食产能提升行动作出新贡献。中央农村工作会议再一次重申构建多元化食物供给体系，也表明要更多关注主粮之外的食物来源。我国干旱半干旱、季节性休耕、盐碱边际土地等适宜种植杂粮，比较优势明显的区域有7 000万公顷以上。杂粮的生态属性、营养特性和厚重的农耕文化必将在乡村振兴战略、健康中国战略新的时代背景下焕发出新生机并衍生出新业态。

随着我国人民生活水平的不断提高，对杂粮优质专用品种的需求日益迫切，并随着农业生产方式的转型，传统耕种方式已经不能适应现代绿色高质高效的生产需要。针对这一问题，国家重点研发专项"禾谷类杂粮提质增效品种筛选及配套栽培技术"以突破谷子、高粱、青稞优质专用品种筛选和绿色优质高效栽培技术为目标，在解析光温水土与栽培措施对品种影响机制及其调控途径的重大科学问题基础上，紧密围绕当前生产中急需攻克的关键技术问题，即品种适应性评价与品种布局技术、优质专用品种筛选以及配套绿色栽培技术，重点开展了①禾谷类杂粮作物品种生态适应性评价与布局；②禾谷类杂粮品种—环境—栽培措施的互作关系及其机理；③禾谷类杂粮增产与资源利用潜力挖掘；④禾谷类杂粮优质专用高产高效品种筛选；⑤禾谷类杂粮高效绿色栽培技术等五方面的研究。

本丛书为国家重点研发专项"禾谷类杂粮提质增效品种筛选及配套栽培技术（2019—2022年）"项目成果，全面介绍了谷子、高粱、青稞等禾谷类杂粮的突出特点、消费与贸易、加工与流通、产区分布、产业现状、生长发育、生态区划、优质专用品种以及各区域全环节绿色高效生产技术，科普禾谷类杂粮知识，为新型经营主体介绍优质专用新品种及配套优质高效生产技术，从而提升我国优质专用禾谷类杂粮生产能力，适于农业技术推广人员、新型经营主体管理人员、广大农民阅读参考。丛书分为《禾谷类杂粮产业现状与发展趋势》《谷子绿色高效生产技术》《高粱绿色高效生产技术》《青稞绿色高效生产技术》4个分册，得到了国家谷子高粱产业技术体系等项目的支持。

由于时间仓促，不足之处在所难免，恳请各位专家、学者、同人以及产业界朋友批评指正。

李顺国

2023年2月2日

目 录
CONTENTS

第一章　谷子生长发育

第一节　谷子生育期及其发育特点

一、谷子生育期

谷子由春播一粒籽开始，到秋收万颗谷结束，叫全生育期，习惯上也称为谷子的一生或一个生命周期。严格说来，它并不等于是谷子的一个生育周期，因为谷子的生命周期开始于受精作用生成的合子，受精过程一结束，便是一粒谷子新生命的开端，而种子萌发，只是一粒有生命的种子，由休眠状态重新开始了旺盛的新陈代谢过程，进入了新的生长发育时期。栽培谷子是以种子播种为开端，所以，一般把种子萌发称为谷子个体生长发育周期的开始，而收获是以种子成熟为标志的，把其称为这个生长发育周期的结束。在进行田间试验时，由于种子萌发的快慢因生态条件的不同有很大差异，而且不容易观察，因此，又将出苗至成熟经历的天数定为谷子的生育期，不同于谷子的一个生育周期。为区别起见，将谷子出苗至成熟称为一个品种的生育期，而由种子萌发至成熟称为全生育期。

谷子的一生，即从播种到收获，大体可分为营养生长和生殖生长两个大的阶段五个时期。

营养生长阶段：从出苗到抽穗，谷子主要是生长根、茎、叶，建造植物体本身，叫作营养生长阶段。

生殖生长阶段：从拔节以后生长点开始分化，到抽穗开花，直到籽粒形成，发育形成成熟的籽粒，叫作生殖生长阶段。

但是，这两个阶段不是完全分开的。营养生长阶段和生殖生长阶段是互相交错、互为因果的。没有营养生长阶段就不会有生殖生长阶段，生殖生长又是营养生长的必然结果。

从幼穗开始分化到抽穗，是谷子茎叶旺盛生长的时期，同时也是穗分化的盛期，是谷子一生中生长发育的高峰时期。它既长茎叶，又分化性器官，所以对外界如水分、养分、温度、光照等的需要也都达到最高峰。这个时期是谷子穗粒数的决定期。如果水分、养分、温度、光照等条件满足了需要，就能发挥出大的生产潜力，创造高产量。

谷子生长发育可相对细致地划分为苗期、拔节期、孕穗期、抽穗开花期和灌浆成熟期五个时期。

苗期：从播种、出苗、分蘖到拔节为苗期。谷子开始拔节是苗期与拔节期的临界特征。这一生育期，在春播条件下，需 40~50 天，夏谷经历 25~30 天，长出 8~10 片叶。

拔节期：一般是指从拔节到生长点开始伸长，6~7 天的时间，夏谷时间短些。之后，茎仍在拔节继续伸长，直到抽穗后方止。

孕穗期：拔节后，幼穗开始分化到抽穗，春谷经历 30~35 天，夏谷 20 天左右。这一时期，是谷子根茎叶生长最旺盛时期，同时也是谷子幼穗分化发育形成时期。

抽穗开花期：抽穗到开花结束，春谷品种为 10~15 天，夏谷品种 7~10 天。

灌浆成熟期：从灌浆开始到成熟，春谷经历 30~50 天，夏谷经历 30~40 天。这是谷子各生育阶段经历时间最长的阶段。籽粒的增重和质量的形成，是这一时期的生长发育中心。

从播种到成熟，夏谷一般 90~95 天；如果从出苗到成熟，夏谷一般 85~90 天。

二、谷子各生育期的生长发育特点

1. 苗期生长发育特点

谷子幼苗阶段为其个体发育的最初阶段，是从种子萌发开始的。严格地说，谷子的个体发育是从受精卵开始的。经过受精作用形成受精卵，便开始了新个体的生命，种子萌发只不过是有生命的种子从休眠状态苏醒，重新开始旺盛的新陈代谢过程。

谷子萌发后，经过出苗、分蘖到拔节，标志着全株的茎节、叶片、幼根全部形成，茎端生长锥伸长，开始生殖生长。我们把种子萌发到拔节称为幼苗阶段，这一阶段因地区、品种不同，所需时间不同。根据这一阶段生长发育的特点，又可以划分为两个小阶段。

（1）播种到出苗

谷子从播种到第一片真叶出现，也称猫耳叶或马耳叶显露为发芽期或种子的萌发阶段。这一阶段幼苗生长，主要是靠胚乳中贮藏物质转化供给其营养，因而种子的绝对重量和种子的贮存年限对发芽率和幼苗质量具有重要影响。谷子出苗后长出一叶一心时，种子中的养分就消耗殆尽，幼小的谷苗开始完全依靠其种子的根从土壤中吸收水分和养分，同时，依靠幼小的叶片，进行光合作用，制造有机物质，供给幼根、幼叶的生长，标志着它的光合作用机能开始形成，将由异养阶段逐步过渡到以独立自养为主的新阶段。因此，促进种子发芽生长，是保证全苗的关键。

谷子种子发芽要求适宜的温度、水分和氧气，在适宜发芽条件下发芽迅速，幼芽粗壮，可明显提高发芽率和出苗率。遇到不适条件将引起芽干、蜷黄、生长不整齐或烂籽等生理障碍，造成缺苗断垄。研究表明：谷子发芽时要求水分不多，吸收量只占种子重量的25%。比起其他作物种子发芽时对水分的要求，如小麦（50%）、玉米（70%）、高粱（75%）、水稻（93%~100%）都少。谷子发芽除水分外，还要求一定的温度和空气（氧气）。水分过多，温度降低，氧气缺乏，反而对发芽不利。播种后土壤中含水量不低于10%~12%，即可正常出苗（因土质不同，要求含水量也不同，如砂壤土要求含水量为9%~10%，砂土为6%~7%，壤土为11%~13%）。种子发芽所需最低温度是7~8℃，最高温度是30℃，以24℃左右为最适宜。通常田间地温达到10℃（10cm深处）以上时，即开始播种。这时如果土壤含水量适当，种子4~6天就可发芽，10天左右出苗。地温稳定在19~20℃以上，出苗可以提前2天以上。反之，温度低，发芽出土就要延迟。谷子也比较抗冻，冬谷和顶凌谷不会冻死，这是和出苗后能耐短时间低温（-5~-3℃）分不开的。

整地质量、播种深度和播后是否镇压，是影响谷子发芽的3个主要栽培环节，生产中必须给予足够重视。随着我国气象科技的飞速发展，可根据气象预报适当调整播种期，避免刚播种后即遭大雨或暴雨形成土壤板结，或刚出苗后形成灌耳。

（2）扎根成苗阶段

种子萌动后，即生出一条种子根。当幼苗长到3叶期便开始生长次生根。谷子长到10片叶，开始拔节时，幼根就陆续形成。所以这一阶段是扎根成苗阶段。当然，所形成的根必须在土壤中有充足的水分时才伸长扎入土中。据研究，在拔节前谷子的生长中心是根系的建成，地上部与根重的比例为1∶（0.85~0.91），拔节以后则显著降低，到抽穗时降低为1∶0.1，到成熟时只有1∶（0.05~0.09）。再从谷子根的增长速率来看，拔节前根重以690.6%~761.8%的速率增长，根数以156.9%~185.9%的速率增加，拔节后其增长速率明显降低，到抽穗时，根重的增长率只有16.7%~35.6%，根数增长率仅为3.4%~14.6%。因此，扎根是成苗的重要条件。

谷子苗期是苗质量决定前期，地上部分生长较为缓慢，特别是幼苗在3叶1心前，因谷苗处于由异养向自养的转换期，对外界环境抵抗力较弱，如播种沟过深，此时遇大到暴雨时，易造成淤垄、灌耳（土进入心叶）等，对保全苗极为不利。如遇高温、高湿或草荒，播种量过大等弱光条件下，幼苗徒长，形成弱苗，从而降低幼苗质量，减弱对不良环境条件的适应能力。

谷子在苗期生长比较缓慢，随着温度的升高，生长速度逐渐加快。苗期生长的适宜温度为20~22℃。当幼苗长到3叶1心后，如土壤湿润，谷子发生次生根，分蘖性品种开始出生分蘖，根系生长进入第一个高峰期，这也是谷子全生育期中最抗旱的时期，适当的干旱有利于谷子根系的下扎和促进次生根粗壮发达。

2. 拔节—抽穗期生长发育特点

从谷子植株开始拔节到抽穗为拔节孕穗期。这一时期，是谷子根茎叶生长最旺盛时期，同时也是谷子幼穗分化发育形成时期。

这一时期，要完成营养器官的全部生长，还要初步形成生殖器官的贮藏库。地上部的干物质积累，达到一生总干重的50%~70%。根系生长将完成70%~80%。因此，这是一个多中心生长发育时期。管理上要注意协调好地上部与地下部的矛盾，营养生长和生殖生长的矛盾，是促壮根、攻壮秆、保大穗的关键时期。

拔节到抽穗需要较高温度，以利迅速生长发育，建成营养生殖器官。适宜的平均气温为25~35℃。在这个条件下，谷子生长迅速，茎秆粗壮，抽穗整齐。

谷子从拔节到抽穗开花阶段是最怕旱的。幼穗分化以前，干旱对茎秆的生长发育有一定的影响，只要以后灌溉，还可以恢复生长；但在穗分化时期遇旱，即使后期灌溉满足要求，对穗长、穗重的影响也仍然是很大的。谷子从孕穗到抽穗开花，是谷子一生中需水量最大、最迫切时期。谷子的穗长、穗码数、粒数大体是这个时期决定。若水分缺乏，结实器官的形成就要受到阻碍，就是农谚所说的“胎里旱”和“卡脖旱”。

3. 开花—灌浆期生长发育特点

从谷子抽穗到成熟为开花灌浆期，也叫籽粒形成期，是籽粒重量和籽粒品质的决定时期。是各生育阶段经历时间最长的阶段。籽粒的增重和质量的形成，是这一时期的生长发育中心。

谷子抽穗后3~4天即开始开花，一个谷穗完成开花需要的时间为10天左右，随品种和栽培条件有异。开花的当天即完成散粉受精过程，开花后12~16天籽粒的大小即定型，随后是籽粒的充实。开花后的20~24天是决定产量的关键时期。谷子在本生育期内抗灾能力是一生中最弱的阶段，既不抗旱又不耐涝。在管理上要通过前期的促控措施，尽量延长根系寿命，多保绿色面积，防旱排涝，力争粒多、粒饱达到大穗。

开花灌浆期是决定籽粒饱满与否的关键时期，它和前一阶段相比，需水量是少了些，但由于营养物质的合成、转移和籽粒建成，仍然必须有一定的水分。灌浆后期至成熟，对水分的要求减少，其特点是喜晒怕涝。在日照充足的条件下，利于饱籽、早熟。若多雨或阴雨连绵，反而对谷子成熟不利，往往造成贪青晚熟。若连续阴雨后烈日暴晒，地面温度高，土壤湿度大，根系因缺少空气而窒息；若水分蒸腾强烈，就造成生理干旱，就会出现叶枯“煮死”现象，后期病虫害也极易发生，农谚说“晒出米来，淋出秕来”的道理也在这里。

开花以后，灌浆到成熟，对温度要求逐渐降低。开花期适宜温度是18~22℃，相对湿度为70%~90%；灌浆以后，要求白天温度高，夜间温度低，昼夜温差大的条件。白天温度高，制造营养多，夜间温度低，呼吸强度弱，养分消耗少，有利于物质积累，造成籽粒饱满。这一时期以日平均气温20℃为宜。

4. 成熟期生长发育特点

了解谷子成熟的变化过程，掌握好收获时期，对产量影响甚大，对种子的质量也具有重要意义。大多数作物的籽实从开花受精到种子完全成熟称为成熟过程。谷子从开花到成熟需30~60天，一般春谷需要时间长，夏谷需要时间短。

（1）谷子的成熟过程

同一谷穗上的籽粒，成熟顺序与开花次序一致，即以位于穗中上部小穗上的籽粒最先成熟，然后依次向下、向上成熟，位于穗基部小穗上的籽粒成熟最迟，谷穗的每个小穗上的籽粒的成熟也按其开花顺序进行，所以整个谷穗上的籽粒成熟先后差异很大。

谷子开花结束后 3~4 天，子房开始发育，逐渐膨大，这时植物体内发生一系列生理变化，酶活性增高，呼吸作用加强，营养物质强烈地转化、调运，重新分配，大量地流向籽粒，并在种子内部逐渐积累。种子随着发育和成熟的进展，水分与干物质都有明显的变化。当谷子进入乳熟后期，种子鲜重达到最高限度，到蜡熟期种子的鲜重逐渐降低，而到完熟期更低，而种子的干重变化则恰恰相反，随着成熟期的延长，到完熟期干重达到最大。种子的硬度增加，对外界环境条件的抵抗力增强，胚发育充分，发芽能力较强，即谷子籽粒内部的生理成熟过程业已完成。了解谷子成熟过程中干物质重量变化与外部形态的变化，可以正确掌握适合的收获期。

（2）谷子的成熟阶段

谷子的成熟阶段可分为四个阶段：即乳熟期、蜡熟期、完熟期和枯熟期。

乳熟期。茎的大部分和中上部叶片仍为绿色，节有弹性，穗码为绿色，内外颖和籽粒都呈现绿色，籽粒内含乳状汁，籽粒的鲜重和体积达到最高限度，胚逐渐发育，此时种子具有发芽能力，但不正常。收获的籽粒内含物大部为粉质。

蜡熟期。植株变为黄绿色，仅上部叶片保持绿色，下部叶片变黄，茎仍有弹性。胚发育完成，籽粒中养分积累逐渐减少，内含物呈蜡状，并逐渐过渡到坚硬状态，到蜡熟末籽粒基本硬化，颖壳、粒色变为本品种固有的颜色。

完熟期。谷粒完全硬化，体积略有缩小，叶绿色消失，紫苗品种花青素上升，籽粒内含物以指甲挤压不能破碎，易脱粒，光合作用趋于停滞，养分已不再积累。

枯熟期。植株茎叶全部变为黄褐色，茎秆变脆，穗轴基部及小码着生的支梗都变得干脆，易使小穗或籽粒脱落。此时收获损失很大，如遇雨则易生芽，使品质下降。

（3）谷子的后熟作用

谷子后熟作用的实质，至今尚未研究出明确的结论。然而根据已有的研究结果，足以说明在后熟期间会进行一系列物理的、生理的和生物化学的过程。这一时期的变化实质上是成熟过程的延续，所以称作后熟。

① 后熟在贮藏中的意义。谷子后熟作用的完成与谷子在贮藏期间的稳定性有很大的关系，通过后熟的谷子呼吸能力微弱，种子内部物质的代谢强度和含水量很低，因而耐贮藏性增加。而未经过后熟作用的谷子，呼吸能力较强，含水量

较高，常会引起谷堆中的间隙空气湿度大、温度高，为微生物与各种仓库害虫的发育及危害创造了条件，因而不耐贮藏。

后熟作用是生理生化的变化过程。在后熟过程中，氧化还原酶类的活性继续降低，呼吸强度继续减弱。同时水解酶由游离状态转变成为吸附状态，含氮物质的氨基酸合成蛋白质及蛋白质的聚合体；可溶性糖类合成淀粉，游离脂肪酸和甘油合成脂肪。使谷粒的蛋白质、淀粉及脂肪含量相应提高。后熟作用一般要在干燥、通气良好、温度适宜的条件下进行。

② 后熟作用对谷粒发芽率的影响。刚收下的谷穗，其种子的发芽率很低，必须经过后熟，使胚达到生理上的成熟状态，才能很好地发芽，完成了后熟过程的种子发芽率、发芽势均高，生长发育健壮、整齐一致，成苗率高。谷子后熟时间的长短，决定于许多因素，首先与谷子的品种、成熟度、含水量和收获前的气候条件有很大关系，因为只有通过后熟作用的种子，才能正常发芽生长，通常以80% 以上的种子能发芽作为通过后熟期的标准。

第二节　谷子器官的生长发育

一、根系的生长发育

谷子的根是由初生根和次生根组成。谷子根系的生长按照一定的顺序进行，种子萌动后，即生长种子根（初生根），种子根只有一条，并且非常纤细，种子根并生侧根（图 1-1）。种子根入土较浅，一般在 20cm 左右，最深根系可达 40cm，其寿命较短，一般能维持 50~70 天。种子根具有较强的吸水能力，使谷子的苗期具有较强的抗旱能力。

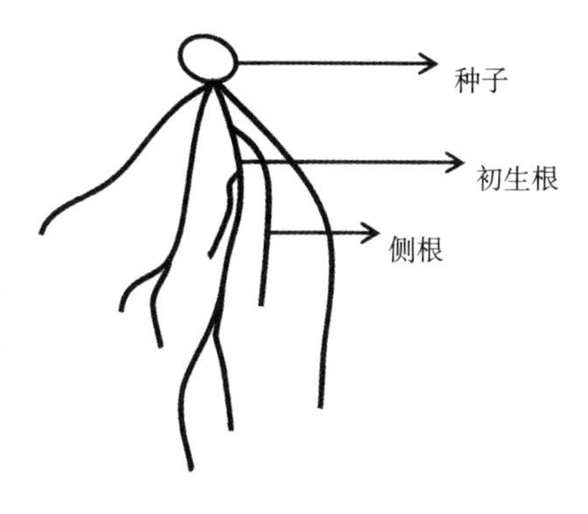

图 1-1　谷子的初生根

次生根在谷苗生长到 3~4 片叶时开始发生，又称为不定根或永久根。是由接近地表的六七个地下茎节（分蘖节）生出。从茎基部第一茎节开始发生并向上生长，每一个茎节上环生一轮根系，叫一层根（图 1-2）。在主茎上可生出 6~8 层根。在幼苗期容易分辨清楚，生长中期则因分蘖节很短，不易分辨。不同层次的次生根在形态和生理功能上存在着明显差异。在拔节前出生的1~3层根为初生根，比较纤细，这一部分根系寿命很短，一般在孕穗以后就枯死，又称“细须根”。从拔节到抽穗出生的3~5层新根为次生根，又称“粗须根”或“虎根”，其侧根数目和根量较大。这部分根入土深，最深能伸入土层150cm以上，四周扩展半径40cm左右，在谷子生长期对水分、养分的吸收起主要作用。

支持根又称“气生根”，在孕穗后期形成，其数量的多少与品种特性和栽培方式有关。抗倒性强的品种，支持根的数量较多。它主要着生在近地表以上的茎节上，一般有1~2层（图1-3）。支持根入土较晚，入土后分生侧根，能吸收水分、养分，对防止倒伏亦有重要作用。

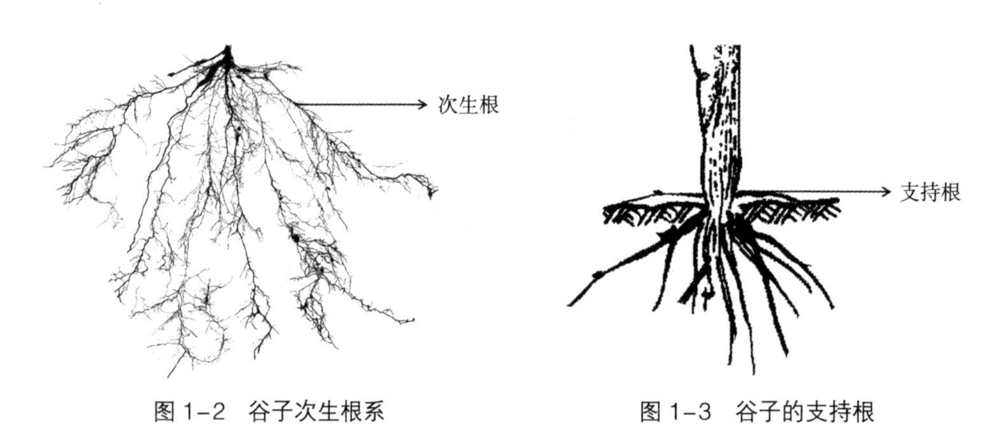

图1-2 谷子次生根系　　图1-3 谷子的支持根

二、茎的生长发育

谷子的茎是由种子胚轴发育而成的。大多数谷子品种只有一个主茎，尤其夏谷品种很少有分蘖。谷子的茎秆由多个节和节间组成（图1-4）。茎的生长是由茎顶端的分生组织引起，节间生长和伸长是由居间分生组织活动完成。一般在谷子出苗后就开始了幼茎的分化。谷子的初生节间是与生长点分生叶原始体同时产生，节间露出叶鞘，是由于各初生节间伸长的结果。一般谷子品种在7~10片叶时，靠近地面的茎节开始慢慢膨大，其他茎节依次变大，节间开始伸长，进行拔节。

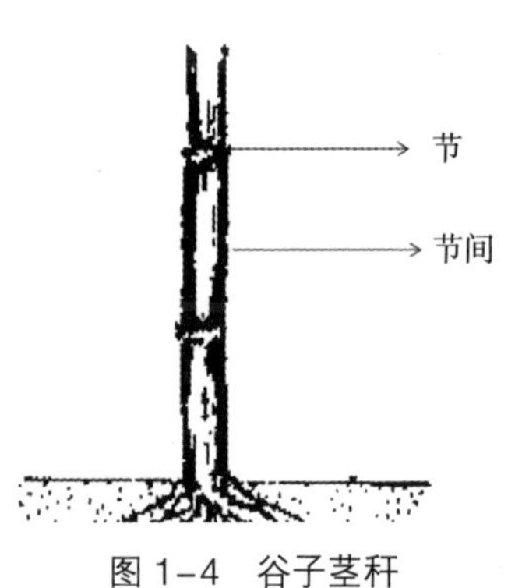

图1-4 谷子茎秆

在拔节到孕穗期是谷子茎和节间伸长最快的时期，一般品种可生成节 18~25 个，基部 4~5 节间较短，不容易分辨。谷子基部节间的伸长速度较慢，9 节以后的生长速度和生长期逐渐增长，19 节以后的生长速度最快。谷子节间伸长是多点节间同时伸长。一般谷子品种的茎秆高度在 80~150cm，抽穗期结束时，除穗茎节外，其余节的增粗和节间的伸长基本完成。

三、叶的生长发育

谷子一生中的叶片一般有 18~25 片叶。谷子叶片的生长需要经历分化期、伸长期和功能期三个阶段。从叶原基的分化发育到开始形成心叶，这一时期称为叶片的分化期；再从心叶开始伸长到心叶完全展开称为叶片伸长期；功能期是指从叶片完全展开最后到衰亡的过程。在出苗前，来源于胚芽的 1~5 片苗叶已经分化形成，20 片叶以前的叶分化处于拔节阶段以前，20 片叶以后在拔节后开始分化。不同叶位的相邻叶片出现的分化时间间隔不同，6~9 片叶一般间隔 2~3 天开始分化，9~18 片叶间隔分化时间为 3~4 天；18 片叶以后的叶片间隔时间最短，为 1~2 天。

叶片的伸长期随着叶位的提高呈先升高后降低的趋势，以基部叶片的伸长期最短，需要 10~12 天，主要与叶片较小有关；中部叶片 11~19 片叶时伸长期所经历的时间最长，需要经历 25 天以上；20 片以上的叶片的伸长期需要 15~20 天。谷子叶片的功能期在不同叶位存在差异，以基部 1~8 片叶的功能期最短，一般持续 30~50 天，如图 1–5 所示，谷子即将进入拔节期时，1~2 片叶已经衰亡，3~5 片叶即将衰亡，到拔节后期 6~8 片叶逐渐衰亡，这一时期叶片的功能质量主要决定着谷子苗期质量。9~18 片叶功能期最长，持续 70~90 天，主要在孕穗和抽穗期间完成，其叶片功能质量决定着穗分化的质量。19 片以上的叶片生成较晚，在抽穗期以后，其功能期一直能持续到成熟，其叶片的功能质量

图 1–5　谷子拔节前期叶片

决定着灌浆速率和籽粒产量。

四、分蘖（分枝）的生长发育

分蘖是由主茎分蘖节分生组织分生而成。谷子具有分蘖性，但因品种和栽培环境而异。分蘖性强的品种在近地表的分蘖节上能长出多个分蘖茎，常被作为茎的分枝。当谷子幼苗出现 4~7 片叶时即能形成分蘖（图 1–6），分蘖数和分蘖时期的早晚由栽培环境和品种的特性决定。夏播品种一般不分蘖，春播品种分蘖较多，一般分蘖 2~4 个，分蘖力强的品种可以分蘖 10 个以上。同一品种，在不同的环境条件下分蘖表现不同，例如，在土壤肥沃，种植密度较低的条件下容易分蘖；而在瘠薄和种植密度较大的条件下分蘖少或不分蘖。谷子的分蘖绝大多数均能抽穗、开花、结实，不过不如主茎的穗子大。另外有一些品种在地上部的茎节上长出分枝，俗称高分枝（图 1–7），但生成的穗较小，对产量贡献不大。

图 1–6　谷子分蘖

图 1–7　谷子高分枝

五、谷子穗的形成

（一）谷子穗分化过程

谷穗的分化形成，是一个连续分化发育的过程。根据不同阶段生长锥形态上的差异，可以划分为若干穗分化时期，前人的研究划分标准各不一致，提出了多种划分方法。最早朱澂、王伏雄在北京春播条件下，对谷穗分化作了较详细的观察，叙述了谷子花序的发育过程。后来辛淑芳等对春谷不同类型品种的幼穗发育阶段的研究，主张将幼穗分化过程分为 8 期。韩凤山等就禾本科作物幼穗分化期问题，提出过统一划分为 10 期的意见。多数研究用简略的 5 期划分方法（表 1–1），即营养生长期、生长锥伸长期、枝梗分化期、小穗和刚毛分化期和雌雄蕊分化（小花分化）期 5 个分化时期，2015 年山东省农业科学院作物研究所系统观察了济谷 16 和济谷 18 不同播期条件下的幼穗分化过程，两品种在不同播期条件下幼穗分化的方式及其形态特征基本一致。

表 1–1　谷子穗分化期几种划分法对照

<table>
<tr><th>简略划分法</th><th>辛淑芳等 8 期划分法</th><th>韩凤山等 10 期划分法</th><th colspan="2">朱澂、王伏雄的划分法</th></tr>
<tr><td>营养生长期</td><td></td><td>初生期</td><td colspan="2">营养时期的生长点</td></tr>
<tr><td>生长锥伸长期</td><td>生长锥伸长期</td><td>伸长期</td><td colspan="2">生长点转变生长点伸长</td></tr>
<tr><td rowspan="4">枝梗分化期</td><td>穗分枝分化始期</td><td rowspan="4">枝梗分化期</td><td rowspan="4">花序分枝系统发育</td><td rowspan="4">1. 生长点上出现 6 列凸起即一级分枝原基
2. 一级分枝原基上分化成二级凸起
3. 二级分枝原基上分化成三级凸起</td></tr>
<tr><td>一级分枝分化期</td></tr>
<tr><td>二级分枝分化期</td></tr>
<tr><td>三级分枝分化期</td></tr>
<tr><td>小穗分化期</td><td>小穗分化期</td><td>小穗分化期</td><td colspan="2">在三级分枝顶端分化出小穗原基、刚毛和小穗的发育</td></tr>
<tr><td rowspan="6">小花分化期</td><td rowspan="3">小穗花分化期</td><td>小花分化期</td><td rowspan="6" colspan="2">花的发育</td></tr>
<tr><td>雄蕊期</td></tr>
<tr><td>药隔期</td></tr>
<tr><td rowspan="3">花粉形成期</td><td>花粉母细胞期</td></tr>
<tr><td>四分体及花粉形成期</td></tr>
<tr><td>花粉充实和成熟期</td></tr>
</table>

（二）谷子穗分化进程与特点

1. 营养生长期

幼苗出土至拔节阶段为营养生长期，生长锥呈光滑的半球体（图 1-8A），并未开始伸长，主要进行叶、节和节间的分化。生长点随着叶龄的增加逐渐增大，基部一般可见两个明显的半环状互生突起，即为叶原基（图 1-8B）。叶原基继续生长包围生长锥，继而形成叶片和叶鞘。谷子营养生长期的持续时间随着播期的推迟逐渐缩短。

2. 生长锥伸长期

茎的节和节间进行居间生长，标志着拔节的开始；叶原基分化停止，生长锥开始伸长（图 1-8C、D），标志着幼穗分化阶段的正式开始，营养生长逐渐转变为生殖生长。较早播种的谷子拔节期比生长锥伸长期开始得早，随着播期的推迟，其间隔时间逐渐缩短直至基本同步，甚至会有生长锥伸长期早于拔节期的情况出现。

3. 枝梗分化期

生长锥的顶端保持光滑并继续延伸形成谷穗中轴，在其基部出现小的突起，即为一级枝梗原基（图 1-8E），呈向顶式生长，各枝梗原基之间略有凹陷。当每列的一级枝梗原基数达十多个后，生长锥不再伸长，而由于中轴上部一级枝梗的发育时间较晚且速度较慢，故顶部的谷码较小（图 1-8F）。在幼穗分化的早中期，一级枝梗原基表现为排列整齐的纵列，每个中轴上有 6~8 列（图 1-8I），之后随着生长发育的进程逐渐变为旋转式分布（图 1-8G）。中轴伸长的长短和一级枝梗原基的多少决定了谷穗的谷码数，进而决定了谷穗的大小。

当一级枝梗的发育达到一定体积后，在其基部出现左右互生的突起，即为二级枝梗原基（图 1-8H）。二级枝梗也呈向顶式分化，从而使得一级枝梗在整体上表现为三角形；三级枝梗原基在二级枝梗上以同样的方式发生（图 1-8J）。谷穗中下部的一级枝梗分化出的二、三级枝梗数量多，而上部的一级枝梗的分枝数明显较少（图 1-8K），在很大程度上决定了谷码的大小，进而影响结实粒数。

4. 小穗和刚毛分化期

三级枝梗分化完成后（图 1-8L、M），在其上产生众多乳头状突起，即为小穗或刚毛原基（图 1-8N），顶端多数是光滑的，少部分表现为钝形的凹陷。刚毛原基和小穗原基的初期形态基本一致，难以区分。小穗原基基部继续膨大，顶端钝圆光滑，基部出现同叶原基分化形式相似的外颖片原基和内颖片原基，而刚毛原基不发生增粗变化，只进行伸长，且速度快于小穗，顶端变成梯形或其他不规则形状（图 1-8O）。当小穗上的小花分化进行到雌雄蕊原基形成时，刚毛上产生许多细小突起，谷穗成熟后这些突起形成刚毛上的刺（图 1-8P、Q）。穗轴和枝梗上的毛刺也是以这种方式形成。

5. 雌雄蕊分化期

内外护颖原基形成，标志着小花分化的开始（图 1-8R、S）。谷子每个小穗有 2 朵小花，第 1 朵花为败育花，第 2 朵花才是正常发育结实的小花。第 1 朵花的外稃相对于小穗内颖而生，内稃位于外稃对面，其外稃的上方有偏圆形突起，即为第 1 朵花原基。第 1 朵花至此基本上完成，不再进行雌雄蕊等其他器官的分化，在以后发育过程中逐渐消失。第 2 朵花原基位于第 1 朵花之上，是小穗原基的原生长点转变形成。可育花的外稃相对于第 1 朵花的生长点而生，其最初形状为扁平半球形突起，但分化后生长较快，内稃位于外稃之上的相对侧，分化后生长相对较慢。可育花的内外稃分化完成之后，在其生长点顶部的侧面出现 3 个顶部较平坦的雄蕊原基（图 1-8T），1 个位于外稃的正上方，另 2 个在原基侧面呈相对状（图 1-8V）。花药原基形成后，可育花原基的顶端部分由平坦转变为突起，即为雌蕊原基。雌蕊分化最早的为子房，为新月形，然后在其左右两侧形成两个尖角突起，以后形成花柱和柱头（图 1-8U）。小花分化完成之后，各部分

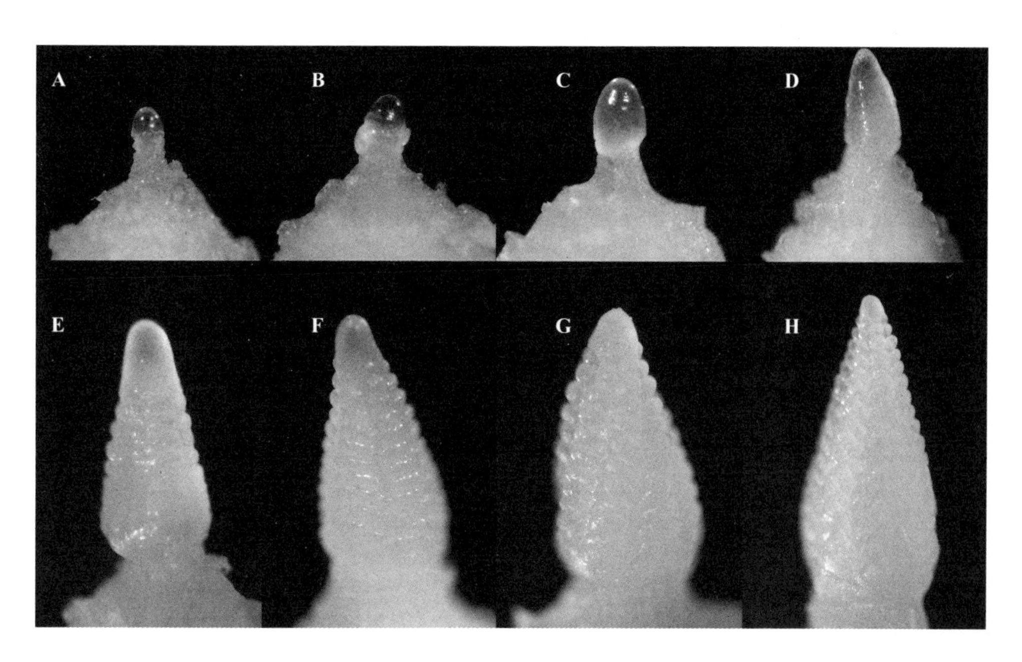

I
J
K
L
M
N
O
P
Q
R
S

A~B：营养生长期；C~D：生长锥伸长期；E~G：一级枝梗分化期；H~I：二级枝梗分化期；
J~L：三级枝梗分化期；M：一级枝梗分化过程；N~Q：小穗刚毛分化期；R~W：雌雄蕊分化期

图 1-8　济谷 16 的幼穗分化过程

器官进行增大生长和发育，由于护颖的生长，开花前一直将雌雄蕊等器官包被在其内。开花前雌蕊发育成具有子房、花柱和羽毛状二歧柱头的完整器官，花柱侧生子房内侧（图 1-8W）。雄蕊原基增粗增大，形成具有花粉囊的花药。

（三）谷子穗分化与阶段发育及植株外部形态的关系

谷穗是谷子的生殖器官，也是产量形成的来源。认识穗分化的过程，掌握穗分化发育规律及其与营养器官生长的关系，是正确运用栽培措施，促进穗大、粒多的重要途径。

1. 谷子的幼穗分化与阶段发育的关系

幼穗开始分化，是谷子进入生殖生长的标志。植物发育成生殖器官需通过感温阶段（或春化阶段）和感光阶段（或光照阶段）。谷子的阶段发育，在第一阶段对温度要求不严，而第二阶段对短光照要求严格。只有在适当的短光照下才能通过发育，开始生殖器官的分化和形成，否则只能停留在营养生长阶段，不能形成生殖器官，无法完成谷子的生育周期。

2. 幼穗分化与拔节期的关系

谷子幼穗分化与拔节期的关系，受品种的感光特性及不同生态条件的影响很大，因此，不同类型品种在不同播种期存在一定差异。一般品种在正常春播条件下，于拔节后3~7天生长锥开始伸长，进行幼穗分化，但有的品种幼穗分化和拔节也同时出现，尤其是对光照反应迟钝的特早熟品种，常常在拔节之前开始生长锥伸长。据内蒙古自治区农业科学研究所的试验，早熟品种蒙谷2号在拔节前3天开始生长锥伸长，中熟品种玉皇谷等拔节与穗分化同时开始，晚熟品种大毛龙、昭谷1号等晚于拔节3~7天开始幼穗分化。同一品种播期不同，由于外界光温条件的差异也会影响穗分化和拔节的关系。一般来说，春播推迟播种期会使幼穗分化提前，当播种期推迟到一定时间，会出现穗分化和拔节同时开始，甚至早于拔节的情况。谷子夏播也存在类似的情况，据山东省农业科学院试验，从4月29日开始播种到7月8日，10天播种一期，随播种期的推迟，由拔节后7天开始穗分化，到最后基本拔节与穗分化同步进行。不同品种也存在一定差异（表1–2）。

3. 穗分化与外部器官的关系

在幼穗经历分化发育的同时，还伴随着穗的伸长。穗的生长开始极为缓慢，分化开始前，穗顶端生长锥长度只有0.1mm，宽只有0.1~0.5mm。从生长锥伸长到枝梗分化完成，幼穗实际长度只有3~6mm，在小穗原基分化期，穗长即达6~10mm，在小穗颖片伸长时，穗的伸长生长才逐渐加快，全穗长度达6cm左右，由穗小花分化到花粉母细胞四分体时，穗伸长生长最快，5天之内，每天平均伸长2~4cm，这是幼穗伸长的关键时期，也是谷子对水肥需求最敏感而迫切的时期。

幼穗分化发育期、枝梗分化期是穗码数决定期，小穗和小花分化期是穗粒数决定期；花粉形成期又是与每穗成粒率高低有密切关系的分化期。所以，当谷子进入幼穗分化期后，是根据条件采用正确措施实现粒饱的重要生育时期。

用外部器官形态特征来判断幼穗的发育阶段，揭示谷子对环境条件需求的关系，是为科学管理提供依据的一个重要方面。过去很多研究，试图从幼穗发育阶段和茎高、叶片形成的数量寻找其对应关系。但是，不同品种和同一品种在不同生态条件下，株高和叶片数变化很大，所得的结果有很大的局限性。后来不少研究用叶龄指数（出生的叶片数占整个植株可能出生叶片数的百分比）来判断幼穗

表 1-2　不同播期下夏谷各幼穗分化时期的开始日期及持续天数

（山东省农业科学院作物研究所，2015）

品种	处理	拔节期		Ⅱ期		Ⅲ期				Ⅳ期		Ⅴ期		抽穗期/天	成熟期/天
						Ⅲ-1	Ⅲ-2	Ⅲ-3							
		日期	天数	日期	天数	日期	日期	日期	天数	日期	天数	日期	天数		
济谷16	1	6.2	7	6.9	5	6.14	6.18	6.22	12	6.26	5	7.1	6	7.7	8.25
	2	6.10	6	6.16	5	6.21	6.25	6.29	12	7.3	5	7.8	6	7.14	8.30
	3	6.18	6	6.24	5	6.29	7.3	7.7	12	7.11	5	7.16	6	7.21	9.5
	4	6.26	6	7.2	4	7.6	7.10	7.14	12	7.18	5	7.23	5	7.28	9.12
	5	7.5	5	7.10	4	7.14	7.17	7.21	11	7.25	5	7.30	5	8.4	9.19
	6	7.13	5	7.18	4	7.22	7.25	7.29	11	8.2	4	8.6	5	8.11	9.25
	7	7.22	4	7.26	4	7.30	8.2	8.5	10	8.9	4	8.13	5	8.18	9.30
	8	7.30	4	8.3	3	8.6	8.9	8.12	10	8.16	4	8.20	5	8.25	10.5
	CV		19.73		16.64				7.88		11.19		8.82	5.39	7.77
济谷18	1	6.3	6	6.9	5	6.14	6.18	6.22	13	6.27	5	7.2	5	7.7	8.25
	2	6.11	5	6.16	5	6.21	6.25	6.29	13	7.4	5	7.9	5	7.14	8.30
	3	6.19	5	6.24	4	6.28	7.2	7.6	12	7.10	5	7.15	5	7.20	9.5
	4	6.28	4	7.2	4	7.6	7.9	7.13	11	7.17	5	7.22	5	7.27	9.11
	5	7.6	3	7.9	4	7.13	7.16	7.19	10	7.23	5	7.28	5	8.2	9.17
	6	7.14	3	7.17	3	7.20	7.23	7.26	10	7.30	5	8.4	5	8.9	9.23
	7	7.23	2	7.25	3	7.28	7.31	8.3	9	8.6	4	8.10	5	8.15	9.27
	8	8.1	1	8.2	3	8.5	8.7	8.10	8	8.13	4	8.17	4	8.21	10.2
	CV		46.48		21.54				17.04		9.75		7.25	4.96	8.57

Ⅱ：生长锥伸长期；Ⅲ-1：一级枝梗分化期；Ⅲ-2：二级枝梗分化期；Ⅲ-3：三级枝梗分化期；Ⅳ：小穗和刚毛分化期；Ⅴ：雌雄蕊分化期；CV：变异系数（%）。日期格式为“月.日”。

分化所达到的发育阶段，有更好的实用价值。内蒙古自治区农业科学研究所曾以早、中、晚 3 种类型共 10 个品种，研究了春谷幼穗发育阶段与叶龄指数的关系。谷子不同类型的品种幼穗分化早晚，受生育期的长、短而左右。每一品种生长叶片数多少，与品种熟期早、晚又有直接关系。一般春谷平均叶龄指数达到 54 时开始幼穗分化，当叶龄指数 60~80 时，进行枝梗分化，叶龄指数 86 左右时开始小穗分化。夏谷穗分化的叶龄指数与春谷有相似之处，但不同播期的叶龄指数有较大差异，各分化阶段播期越早，叶龄指数越大，6 月中旬播种降到最低，其后随播期的推迟，叶龄指数又有所提高，主要是播期越晚总叶片数下降越大所致（表 1–3）。因此，应根据品种和播期的不同，有针对性地采用相关管理措施。

表 1–3　不同播期条件下夏谷幼穗各分化时期的叶片数和叶龄指数

（山东省农业科学院作物研究所，2015）

品种	处理	Ⅱ		Ⅲ–1		Ⅲ–2		Ⅲ–3		Ⅳ		Ⅴ		成熟
		叶龄	指数	叶龄	指数	叶龄	指数	叶龄	指数	叶龄	指数	叶龄	指数	总叶片数
济谷16	1	12.0	62.89	12.9	67.61	14.4	75.47	15.6	81.76	16.8	88.05	17.6	92.24	19.08
	2	11.7	57.78	12.6	62.22	13.8	68.15	15.0	74.07	16.5	81.48	17.8	87.90	20.25
	3	11.5	54.76	12.5	59.52	13.2	62.86	14.6	69.52	16.5	78.57	18.0	85.71	21.00
	4	11.4	52.41	12.6	57.93	14.0	64.37	15.4	70.80	17.4	80.00	18.9	86.90	21.75
	5	10.8	51.63	11.7	55.93	12.9	61.66	14.3	68.36	16.4	78.39	17.7	84.61	20.92
	6	10.3	51.94	11.4	57.49	12.5	63.04	14.1	71.10	15.8	79.68	16.8	84.72	19.83
	7	10.0	53.33	11.0	58.67	12.3	65.60	13.9	74.13	15.2	81.07	16.2	86.40	18.75
	8	9.3	54.16	10.5	61.15	11.7	68.14	13.1	76.30	14.3	83.28	15.1	87.94	17.17
均值 A		10.9	54.86	11.9	60.07	13.1	66.16	14.5	73.26	16.1	81.32	17.3	87.05	19.84
济谷18	1	11.9	63.47	12.8	68.27	14.3	76.27	15.5	82.67	16.4	87.47	17.4	92.80	18.75
	2	11.6	58.50	12.6	63.54	14.0	70.60	15.2	76.65	16.5	83.21	17.6	88.75	19.83
	3	11.3	55.80	12.4	61.23	13.2	65.19	14.7	72.59	16.3	80.49	17.4	85.93	20.25
	4	11.3	53.61	12.5	59.30	14.0	66.41	15.4	73.06	17.1	81.12	18.2	86.34	21.08
	5	10.7	53.05	11.7	58.01	12.8	63.46	14.4	71.39	16.2	80.32	17.1	84.78	20.17
	6	10.4	52.00	11.4	57.00	12.6	63.00	14.1	70.50	15.8	79.00	16.8	84.00	20.00
	7	10.1	52.69	11.1	57.90	12.5	65.21	14.0	73.03	15.3	79.81	16.4	85.55	19.17
	8	9.4	54.24	10.6	61.17	11.8	68.09	13.2	76.17	14.4	83.09	15.3	88.29	17.33
均值 A		10.8	55.42	11.9	60.80	13.2	67.28	14.6	74.51	16.0	81.81	17.0	87.06	19.57

第三节 谷子生态类型区划

一、中国谷子生态区划沿革

中国曾开展过4次谷子区划。1950年谷子生态区划分为东北内蒙古区、黄河上中游区和黄河下游区。1960年在第一次全国生态联合试验基础上区划为东北平原区、华北平原区、内蒙古高原区和黄土高原区4个生态类型区。1970年又区划为东北春谷区、北方高原春谷区、华北平原春夏谷区和黄淮流域夏谷区。1990年王殿瀛等根据春谷面积大量减少、分布相对分散、品种通用性差，而夏谷面积大量增加、分布相对集中、品种通用性强的谷子生产形势变化，通过组织全国谷子生态联合试验，将中国谷子主产区划分为五大区11个亚区，即①春播特早熟区，包括黑龙江沿江和长白山高寒特早熟亚区和晋冀蒙长城沿线高寒特早熟亚区；②春播早熟区，包括松嫩平原、岭南早熟亚区和晋冀蒙甘宁早熟亚区；③春播中熟区，包括松辽平原中熟亚区和黄土高原中部中熟亚区；④春播晚熟区，包括辽吉冀中晚熟亚区、辽冀沿海晚熟亚区、黄土高原南部晚熟亚区；⑤夏谷区，包括黄土高原夏谷亚区和黄淮海夏谷亚区。该区划的亚区较为繁杂，受生育期因素影响多，生态型考虑不足，且各生态区内地域连贯性较差，未推广应用。

近三十年来，中国谷子品种区域试验实际应用的是综合了1960年和1970年两版的生态区划，称为三大区四大片划分法，即：东北春谷区、华北夏谷区、西北春谷区（含早熟片区、中晚熟片区），该区划简单实用，目前的区域试验仍按照该区划布局。但该区划仍存在一些问题：①中国谷子种植面积逐年递减，由1960年的670万hm^2、1970年的450万hm^2、1990年的300万hm^2，下降到目前的80万hm^2，主产区变化很大；②随着全球气候变暖，原有区域试验试点的气候条件变化很大；③随着育种水平提高，各生态区品种间的基因交流愈加频繁，以及广适性品种的应用，导致新育成品种逐渐趋同，跨区域推广普遍存在，现有区划已不适应新品种的特征特性；④种植制度和生产方式发生转变，由以前农户的小规模生产向规模化、轻简化和专业化的农场生产转变，华北和南方产区播期宽泛，生态区划与区域性产业发展、市场需求、作物间与品种间比较效益等交互决定产业规模和品种布局，现行的生态区划难以科学指导产业发展。

二、中国谷子生态区划研究新进展

2019—2022 年，在国家重点研发计划课题“禾谷类杂粮作物品种生态适应性评价与布局”资助下，河北省农林科学院谷子研究所联合全国谷子科研单位开展了新一轮谷子生态区划研究。将中国谷子生态区划分为 5 个生态区，即东北春谷生态区、西北春谷生态区、华北夏谷生态区、西部春谷生态区、南方谷子生态区（表 1–4）。

表 1–4　中国谷子生态区划与代表性地点

生态区域	代表性试验点	生态相似性试点
东北春谷生态区	辽宁沈阳、朝阳、建平、阜新、铁岭；吉林公主岭、白城、长岭、通榆、吉林市；黑龙江哈尔滨、肇源、齐齐哈尔、绥化、双鸭山；内蒙古赤峰、乌兰浩特、通辽、敖汉	辽宁锦州；河北秦皇岛
西北春谷生态区	内蒙古呼和浩特；河北宣化、丰宁、隆化；山西大同、忻州、晋中、长治；甘肃庆阳、天水；陕西榆林、延安、宝鸡	辽宁朝阳、建平
华北夏谷生态区	河北邯郸、石家庄、保定、衡水、沧州、秦皇岛；山东济南、泰安、淄博、潍坊、德州；河南郑州、洛阳、安阳、新乡、南阳、驻马店；山西运城；北京；天津；辽宁锦州	山西晋中；辽宁朝阳；吉林公主岭；四川泸州；安徽淮北、阜阳；湖北襄阳；江苏徐州；云南曲靖
西部春谷生态区	甘肃张掖、会宁；新疆奇台、伊犁；宁夏固原、西吉、海原	内蒙古呼和浩特；河北宣化、丰宁；山西大同；陕西榆林、延安、宝鸡
南方谷子生态区	四川泸州；贵州贵阳；浙江金华；云南曲靖；江苏盐城、徐州；江西鹰潭；安徽淮北、阜阳；湖北襄阳	湖南常德；广西南宁、江西南昌

第二章 华北夏谷生态区谷子绿色高效栽培技术

第一节　华北夏谷生态区谷子分布及其主推品种

一、华北夏谷区谷子分布

1. 生产概况

包括河北省长城以南、山东、河南、北京、天津、辽宁锦州以南、山西运城盆地、新疆天山以南。该区地处中纬度、低海拔的沿渤海地带，海拔3~900m，多数在500m以下，半数在100m以下，≥10℃积温3 800~4 500℃，气候温和，雨热同季，年降水量550mm左右，无霜期180天以上，一年两熟为主，麦茬夏播出苗至抽穗37~51天，生育期82~93天；部分区域一年一熟或两年三熟，生育期95~105天。常年谷子播种面积250万亩（1亩≈667m^2、15亩=1hm^2）左右，约占全国的20.8%，总产约60万t，约占全国的25.4%，平均亩产240kg。该区域谷子生育期短，小米粒小、蒸煮省火，但小米色泽浅、商品性需要提高。生产主要问题是高温高湿造成杂草、倒伏、病害危害严重。

2. 区域内主产市、区、县

（1）河北省武安市

武安位于河北省南部，太行山东麓，属温带大陆性季风气候，四季分明，无霜期190天左右，年降水量平均560mm。武安市谷子主要在旱地种植，一年一熟，少量实行麦谷一年两熟。常年种植谷子30万亩，主要品种为冀谷39、冀谷42、冀谷168等。平均亩产300kg。有大型小米加工企业3个，中小型小米加工厂6个，注册了“武安小米”地理标志证明商标和“磁山粟”和“晶秋”商品商标，进行了小米的有机食品认证和绿色食品认证。

（2）河北省南宫市

南宫市位于河北省东南部的冀、鲁两省交界处，属华北平原黑龙港流域，属暖温带亚湿润大陆性季风型气候区，气候四季分明，昼夜温差较大。≥ 10℃积温 4 449.7℃，无霜期约 200 天，年平均降水量 584mm。常年谷子种植面积 10 万亩左右，主栽品种冀谷 39、冀谷 42、豫谷 33 等，平均亩产 300kg，麦茬夏播为主。谷子大部分外销，当地谷子加工企业规模较小。

（3）河北省威县

威县地处华北平原南部，属暖温带大陆性半干旱季风气候，四季分明，无霜期 198 天左右，年平均降水量 584mm，集中在夏末秋初。谷子年种植面积 10 万亩左右，主栽品种冀谷 39、冀谷 168、冀谷 42 等，平均亩产 350kg，麦谷一年两熟为主。谷子销售大部分通过客商销往北京、石家庄、山东等地市场，当地谷子加工企业规模较小。

（4）河北省磁县

磁县古称磁州，地处河北省最南端。隶属河北省邯郸市。自然地势西高东低，西部属太行山东麓，东部为山前冲积平原，自西向东依次为山区、丘陵、平原，约各占 1/3。无霜期一般为 200 天左右，常年降水 500~700mm。常年谷子种植面积 7.5 万亩，主要在旱地种植，一年一熟，少量实行麦谷一年两熟。主栽品种冀谷 39、冀谷 168、冀谷 42 等，平均亩产 250kg。谷子主要外销，当地谷子加工企业规模较小。

（5）河北省曲阳县

曲阳县位于保定市西南部，丘陵山地为主，属暖温带大陆性季风气候，无霜期一般为 198 天左右，年均降水量 500mm，谷子主要在旱地种植，一年一熟，少量实行麦谷一年两熟。常年种植谷子 10 万亩，主要品种为冀谷 39、保谷 22 等，平均亩产 300kg。有中型小米加工企业 1 个，“小米缸炉烧饼”为其特色。

（6）河北省盐山县

盐山县位于沧州市东南部，地处华北滨海平原，总面积 796km^2。属温带季风气候，四季分明，光照充足，全年平均温度 12.1℃，雨热共季，无霜期 200 天左右，年平均降水量 624mm。由于谷子主要种植在旱薄地，前茬大多是空白地，播种期主要根据降雨的情况来确定，春播或夏播。以清种为主，存在少数套种，一般亩产在300~350kg，高产田可达400kg以上。年播种面积在10万亩左右，主栽品种为冀谷39、沧谷6号等。盐山、孟村发展了一批小米加工户，多年来已经形成了规模，加工的小米主要销往东北及山东、上海等地，同时满足本地需求，目前的加工只限于粗加工，没有深加工的大型企业。

（7）河北省涉县

涉县位于河北省西南部，总面积1 509km^2。土壤类型为壤质石灰性褐土，≥10℃积温4 129℃，无霜期186天左右，年降水量平均540.3mm。全县耕地20.5万亩，其中谷子播种面积5万亩，平均亩产230kg，种植制度东南部以一年两熟夏播为主，播期一般在6月10—25日，西北部以一年一熟春播为主。以冀谷38、冀谷39为当家品种，少量种植晋谷21号。涉县优质农产品开发中心是本县谷子的主要加工销售企业，该中心现拥有谷子加工流水线一套，日加工能力10t，娲皇宫牌优质小米获得第七届中国廊坊农产品交易会“名优产品奖”，产品主要销往邯郸、石家庄等地。

（8）河北省枣强县

枣强县位于河北省东南部，衡水市南端，总面积892.3km^2。属于温带大陆性季风气候，冬季寒冷，夏季炎热，气温的年温差较大，降水季节分配不均匀，表现出明显的大陆性气候特征，无霜期212天左右，年平均气温13.4℃，年平均降水量481.5mm。在一年四季中，冬季寒冷降雪少，春季干旱风沙多，夏季高温多雨，秋季天气晴朗，冷暖适中。谷子种植习惯为5月底至6月中旬播种或小麦收获后于6月中下旬整地、播种，平播、清种，生长中期趁雨追肥一次，并进行中耕培土。种植面积5.3万亩左右，主栽品种冀谷39、衡谷36号等，平均亩产250~350kg。产品多数为外地收购商上门收购，一部分为本地销售，小米加工业不发达，多为粮食加工小作坊。

（9）河北省衡水市冀州区

冀州区是河北省辖县级市，由衡水市代管。位于河北省中南部地处黑龙港流域，地势平坦，大陆性季风气候特点显著，春季干燥多风，夏季暖热多雨，秋季天高气爽，冬季寒冷少雪，寒旱同期，雨热同季，四季分明，光照充足，宜于作物生长。年平均气温12.7℃，无霜期为192天左右，年降水量平均510.3mm，历年平均日照时数为2 571.2h。谷子种植面积5.3万亩，种植一部分为麦茬夏谷，一部分为春谷，主栽品种为冀谷39、衡谷36号等，平均亩产250~350kg，产品多数为外地收购商上门收购，一部分为本地销售。

（10）河南省宜阳县

宜阳县位于河南省洛阳市以西25km处，属暖温带大陆性季风气候，年降水量659.7mm，无霜期平均228天，一年两熟。全县种植谷子面积8万亩左右，主要以夏谷种植为主，种植品种有豫谷18、豫谷17、冀谷39号等，一般亩产250~375kg，产品除了满足当地消费需要外，还销往洛阳、三门峡等地。

（11）河南省伊川县

伊川县位于河南省西部，属于暖温带大陆性季风气候，无霜期212天左右，年均降水量633.4mm。多为一年二熟，部分丘陵旱地一年一熟，谷子常年种植面积13.5万亩左右，主要品种有豫谷18、豫谷17、中谷2、冀谷39号等。一般亩产200~320kg，全县近20家加工企业，形成了“伊河桥牌”“三康牌”小米、“建洛”牌米醋、酱油等主干产品，产品远销山东、河北、北京、陕西、山西、新疆及海南等，拉动了当地谷子生产的发展。

（12）河南省林州市

林州市位于河南省北部太行山南段东麓，地处山西、河北、河南三省交汇处，其中山坡、丘陵占86%，属暖温带半湿润大陆性季风气候，四季分明，光照充足，年平均气温12.7℃，无霜期180天左右，年平均降水量593mm。谷子面积9.8万亩，以夏播为主，主栽品种为豫谷18、豫谷35、冀谷39号等，一般亩产210~330kg。当地谷子产后加工企业以加工销售精小米为主。“东姚优质小米”曾获农业农村部优质农产品金奖，东姚镇2004年获得河南省农业厅无公害农产品生产基地认证，洪河米业和昌宏米业注册有自己的商标，小包装上市后销售到周边城市，是安阳市名特产之一，组织订单农业，使当地的谷子生产向产业化发展。

（13）河南省安阳县

安阳县地处豫北，环绕安阳市区，位于中原晋冀豫交界处，属暖温带大陆性季风气候，四季分明、雨热同期，无霜期194天左右，年均降水量606.1mm。全县谷子种植面积8万亩，以春白空闲地（春季深翻待雨）为主，5月中旬以后趁雨抢墒播种，清种平作，行距20~30cm。主栽品种有豫谷18、豫谷35、冀谷39等。平均亩产350kg，境内共有6家（伦掌2家、安丰1家、马家3家）具有一定规模的谷子加工企业，其产品为简包装精小米，销往周边省市。

（14）山东省济南市章丘区

章丘区位于山东省中部，南依泰山，北临黄河，西接济南，东连淄博，平均海拔为560m，属暖温带季风区的大陆性气候，四季分明，雨热同季，年平均降水量600.8mm，无霜期192天。章丘龙山小米是我国四大贡米之一，自清朝开始每年都向朝廷进贡。章丘谷子的耕作多为春播一季生产，主要种植方式为平作清种，种植面积在5万亩以上，主要品种除当地特有农家品种“阴天旱”外，还有中谷2、济谷20号、济谷22号、冀谷39等，平均亩产350kg。本地区小米加工企业众多，但多为家庭作坊式，唯有章丘区种业有限公司实力雄厚，该公司开发的龙山贡米、龙山小米、石碾小米等产品已经打入北京、上海、天津、广州等市场。2008年公司“泉头”牌龙山小米获山东省著名商标、山东省旅游休闲购物十佳品牌等荣誉称号。

（15）山东省平阴县

平阴县位于济南、泰安、聊城三地市的接合部，是山东省会济南的市郊县，属暖温带大陆性半湿润季风气候，四季分明，光照充足，降水集中。无霜期为240天左右，年平均降水量为606.4mm，≥10℃的积温为4 687.0℃。平阴县耕地面积40万亩，谷子常年种植面积5万亩，平均亩产300kg，多以春谷为主，部分夏谷，主要品种有济谷20号、济谷22号、冀谷39等。生产的谷子以自产自销为主，以当地群众自食为主，有个别加工企业，但规模小，档次低。

二、华北夏谷区主要谷子品种类型

目前，华北夏谷区谷子品种类型分为三大类：常规品种、抗除草剂简化栽培品种、抗除草剂杂交品种。抗除草剂简化栽培品种类型分为：抗烯禾啶、双抗（咪唑啉酮和烯禾啶）、三抗（咪唑啉酮、烟嘧磺隆、烯禾啶）、抗嘧硫草醚除草剂。各类型主推品种如下：抗烯禾啶除草剂类型，冀谷42、冀谷45、冀谷46、冀谷168、宫米1号、济谷20、济谷22、济谷27、豫谷31、豫谷35、豫谷33、豫谷34、豫谷35、豫谷36；双抗咪唑啉酮和烯禾啶除草剂类型，冀谷39；三抗咪唑啉酮、烟嘧磺隆和烯禾啶除草剂类型，冀谷43；抗嘧硫草醚类型，冀谷47。

三、华北夏谷区主推品种简介

（一）第一类：抗烯禾啶除草剂类型

1. 米用、加工兼用型抗烯禾啶除草剂谷子品种冀谷42

品种来源：冀谷42（图2-1）是河北省农林科学院谷子研究所采用专利技术育成的非转基因优质烯禾啶净除草剂新品种，2018年通过农业农村部登记，登记号：GDP 谷子（2018）130044。

特征特性：① 栽培省工省时。喷施配套除草剂可以实现间苗和除草；② 品质优良。脂肪含量 2.03%，油酸含量比一般品种高 32.7%，耐储藏，适合食品加工。小米色泽鲜黄，适口性好，被评为全国一级优质米；③ 抗病抗倒、适宜机械化生产。冀谷 42 兼抗多种病害，绿叶成熟，熟相好；平均株高 123cm，高抗倒伏，适合机械化生产。

产量表现：冀鲁豫夏播多点鉴定平均亩产 380.5kg，较对照豫谷 18 增产 6.7%；2018 年全国登记品种展示，在山西晋中试点亩产 446.8kg，较对照晋谷 21 号增产 99.4%。2019 年登记品种展示在内蒙古敖汉旗试点亩产 358.0kg，较对照赤谷 10 号增产 16%，生产示范最高亩产 600kg。

栽培技术要点：冀鲁豫春播 5 月 10 日至 6 月 10 日、夏播适宜播期 6 月 15 日至 7 月 5 日；在辽宁西部和吉林春播 4 月 25 日至 5 月 10 日，自身调节能力强，每亩留苗 3 万 ~6 万株产量差异不显著。在谷子 3~5 叶期，杂草 2~4 叶期，每亩使用与谷种配套的谷阔清（二甲氯氟吡氧乙酸异辛酯）40~50mL 兑水 30kg 防治双子叶杂草，采用 12.5% 烯禾啶（拿捕净）80~100mL，兑水 30~40kg 防治单子叶杂草，若单双子叶杂草同时较多，可将两种除草剂混合喷施。

适宜区域：冀谷 42 夏播生育期 91 天，能在冀中南、河南、山东麦茬夏播或丘陵旱地晚春播；还可在辽宁、吉林、山西、陕西、内蒙古、新疆等年活动积温 2 800℃以上地区春播种植，生育期 125 天左右。

图 2-1　冀谷 42

2. 优质抗烯禾啶除草剂谷子新品种冀谷 45

品种来源：冀谷 45（图 2-2）是河北省农林科学院谷子研究所（国家谷子改良中心）采用专利技术通过有性杂交方法育成的非转基因优质抗烯禾啶除草剂谷子新品种。2020 年 7 月通过农业农村部非主要农作物品种登记，登记编号为 GDP 谷子（2020）130038。

特征特性：在夏谷生态区两年平均生育期 91 天，东北西北在春谷区平均生育期 123 天；平均株高 132cm，纺锤穗；平均穗长 23.3cm，单穗重 20.6g，穗粒重 17.5g，千粒重 2.9g，出谷率 85.0%；黄谷黄米。两年田间自然鉴定抗倒性 1 级，谷锈病抗性 2 级，谷瘟病抗性 2 级，纹枯病抗性 1 级，白发病、红叶病、线虫病发病率分别为 0.95%、0.95%、0.57%。其他病害未见发生。黄谷、黄米，米色鲜黄，食味品质好，在中国作物学会粟类作物专业委员会第十二届优质食用粟鉴评中获评一级优质米。

产量表现：华北、西北、东北两年 28 点次适应性鉴定，平均亩产 400.7kg，较对照豫谷 18 增产 5.78%。

栽培技术要点：冀鲁豫夏谷区，适宜播期 6 月 10 日至 7 月 10 日，春播适宜播期 5 月 15 日至 6 月 5 日。在山西、陕西、河北东北部、内蒙古、辽宁中西部、黑龙江第Ⅰ和第Ⅱ积温带、吉林等≥ 10℃活动积温 2 650℃以上地区春播适宜播期 4 月下旬至 5 月上旬。适宜亩留苗 4.0 万 ~5.0 万株。在谷子 3~5 叶期，杂草 2~4 叶期，每亩使用与谷种配套的谷阔清（二甲氯氟吡氧乙酸异辛酯）40~50mL 兑水 30kg 防治双子叶杂草，采用 12.5% 烯禾啶（拿捕净）80~100mL，兑水

图 2-2　冀谷 45

30~40kg 防治单子叶杂草，若单双子叶杂草同时较多，可将两种除草剂混合喷施。

适宜区域：适宜河北、河南、山东、北京夏谷生态类型区夏播或晚春播种植，以及吉林、辽宁、山西、陕西、内蒙古无霜期 150 天、年活动积温 2 750℃以上地区春播种植。

3. 优质广适抗烯禾啶除草剂谷子品种冀谷 46

品种来源：冀谷 46（图 2-3）是河北省农林科学院谷子研究所（国家谷子改良中心）采用专利技术通过有性杂交方法育成的非转基因优质抗烯禾啶除草剂谷子新品种，组合为豫谷 18×（豫谷 18×13H570），2022 年 1 月通过农业农村部非主要农作物品种登记，登记编号为 GDP 谷子（2022）130020。

特征特性：幼苗绿色，纺锤形穗，花药黄色，黄谷、黄米，夏播生育期 91 天，春播生育期 115~125 天，与对照豫谷 18 相当，平均株高 119cm，平均穗长 22.8cm，单穗重 21.5g，单穗粒重 17.9g，出谷率 83.3%，千粒重 2.8g。田间自然鉴定，1 级抗倒伏，中抗谷锈病，中感谷瘟病，感白发病。米鲜黄，适口性好，在全国第十四届优质食用粟鉴评中被评为一级优质米。

产量表现：2019—2020 年参加多点适应性鉴定，在 4 个生态区 68 点次平均亩产 323.1kg，较对照豫谷 18 增产 14.76%。68 点次试验 67 个点次增产，增产点率 98.5%。其中，在华北夏谷区增产 17.48%，西北春谷早熟区增产 10.6%，

图 2-3 冀谷 46

西北春谷中晚熟区增产17.03%，东北春谷区增产14.1%。

栽培技术要点：冀鲁豫夏谷区，适宜播期6月10日至7月10日，春播适宜播期5月15日至6月5日。在山西、陕西、河北东北部、内蒙古、辽宁中西部、黑龙江第Ⅰ和第Ⅱ积温带、吉林等≥10℃活动积温2 650℃以上地区。春播适宜播期在4月下旬至5月上旬，适宜亩留苗4.0万~5.0万株。在谷子3~5叶期，杂草2~4叶期，每亩使用与谷种配套的谷阔清（二甲氯氟吡氧乙酸异辛酯）40~50mL兑水30kg防治双子叶杂草，采用12.5%烯禾啶（拿捕净）80~100mL，兑水30~40kg防治单子叶杂草，若单双子叶杂草同时较多，可将两种除草剂混合喷施。

适宜区域：适宜河北中南部、山东、河南、辽宁南部、天津夏播或晚春播，以及山西、陕西、河北东北部、内蒙古、辽宁中西部、黑龙江第Ⅰ和第Ⅱ积温带、吉林等≥10℃活动积温2 650℃以上地区春播种植。

4. 优质抗烯禾啶除草剂谷子品种冀谷168

品种来源：冀谷168（图2-4）是河北省农林科学院谷子研究所（国家谷子改良中心）采用专利技术通过有性杂交方法育成的非转基因优质抗烯禾啶除草剂谷子新品种，米色鲜黄，适口性好，2019年通过农业农村部非主要农作物品种登记，2020年完成扩区登记，登记号为GDP谷子（2020）130039。

特征特性：幼苗叶鞘绿色，在华北两作制地区夏播生育期89天，春播生育期110~124天，幼苗绿色，平均株高120cm，穗长22cm，千粒重2.8g，黄谷鲜黄米，2019年在中国作物学会粟类作物专业委员会第十三届优质食用粟鉴评中获评一级优质米。1级耐旱，抗倒伏，中抗谷锈病、谷瘟病、纹枯病，白发病发

图2-4　冀谷168

病率 2.1%，熟相较好。

产量表现：2014—2015 年参加五省区春夏播多点鉴定，两年 24 点次平均亩产 406.2kg，较对照品种增产 9.61%，生产示范田一般亩产 300~400kg，最高亩产 620kg。2020 年在全国 56 个点适应性鉴定中，98% 以上试点能成熟，87% 试点抽穗期不晚于广适性代表品种豫谷 18；82% 试点产量高于豫谷 18。其中，在宁夏西吉、新疆奇台和伊犁、甘肃张掖 4 个试点亩产超 500kg，最高亩产 608.08kg，是全国目前适应性最好的品种。

栽培技术要点：冀鲁豫夏谷区适宜播期 6 月 15 日至 7 月 10 日，冀中南太行山区、冀东、北京、豫西及山东丘陵山区春播种植，适宜播种期为 5 月 10 日至 6 月 10 日。山西、内蒙古、吉林春播适宜播期为 4 月 25 日至 5 月 20 日。每亩播种量 0.4~0.5kg。适宜亩留苗 3.5 万 ~4.5 万株。在谷子 3~5 叶期，杂草 2~4 叶期，每亩使用与谷种配套的谷阔清（二甲氯氟吡氧乙酸异辛酯）40~50mL 兑水 30kg 防治双子叶杂草，采用 12.5% 烯禾啶（拿捕净）80~100mL，兑水 30~40kg 防治单子叶杂草，若单双子叶杂草同时较多，可将两种除草剂混合喷施。

适宜区域：适宜河北、河南、山东、北京夏谷区夏播或晚春播种植，在河北北部、吉林、辽宁、山西中部、陕西、内蒙古、黑龙江第Ⅰ积温带和第Ⅱ积温带上限地区≥ 10℃活动积温 2 650℃以上地区春播种植。

5. 优质抗烯禾啶除草剂谷子新品种宫米 1 号

品种来源：宫米 1 号（图 2–5）是河北省农林科学院谷子研究所（国家谷子改良中心）采用专利技术通过有性杂交方法育成的非转基因优质抗烯禾啶除草剂

图 2–5　宫米 1 号

谷子新品种。2020 年 7 月通过农业农村部非主要农作物品种登记，登记编号为 GDP 谷子（2020）130037。

特征特性：夏谷生态区两年平均生育期 92 天，在春谷区平均生育期 123 天；平均株高 130cm，纺锤穗；平均穗长 22.3cm，单穗重 20.0g，穗粒重 17.0g，千粒重 2.91g，出谷率 85.0%；黄谷黄米。田间自然鉴定抗倒性 1 级，谷锈病抗性 2 级，谷瘟病抗性 2 级，纹枯病抗性 2 级，白发病、红叶病、线虫病发病率分别为 1.64%、1.64%、0.42%。其他病害未见发生。黄谷、黄米，米色鲜黄，食味品质好，在中国作物学会粟类作物专业委员会第十二届优质食用粟鉴评中获评一级优质米。

产量表现：华北、西北、东北两年 28 点次适应性鉴定，两年 18 点次平均亩产 387.8kg，较对照豫谷 18 增产 7.51%。

适宜区域：适宜河北、河南、山东夏谷生态类型区夏播或晚春播种植，以及吉林、辽宁、陕西无霜期 150 天、年活动积温 2 800℃以上地区春播种植。

6. 优质抗烯禾啶谷子新品种济谷 20

品种来源：济谷 20（图 2-6）是山东省农业科学院作物研究所以复 1 为母本，冀谷 25 为父本杂交，系谱法育成的优质、高产稳产、抗性好的夏谷新品种。

图 2-6　济谷 20

2018 年 2 月农业农村部登记，2020 年 2 月获植物新品种权。

特征特性：幼苗绿色，叶片半上冲，花药黄色。夏播生育期 90 天左右，株高 120cm 左右。棒形穗，穗码紧；穗长 19.8cm，穗粗 2.11cm，单穗重 15.6g，穗粒重 13.1g；千粒重 2.68g；出谷率 82.5%，出米率 81.8%；黄谷、黄米。熟相好。该品种抗旱耐涝性好，抗倒性强，抗夏谷区主要病害。2015 年 12 月在全国第十一届优质食用粟评选中获评一级优质米。

产量表现：2015 年夏播品比试验平均亩产 486.0kg，比对照豫谷 18 增产 24.4%。2016—2017 年参加华北夏谷联合鉴定试验产量，平均亩产 387.6kg，较对照豫谷 18 增产 5.69%，居 2016—2017 年参试品种第 1 位。2016 年平均亩产 385.7kg，较对照增产 8.35%，居参试品种第 1 位；2017 年 389.4kg，较对照增产 3.18%，居参试品种第 1 位。两年 29 点次联合鉴定试验 24 点次增产、增产幅度为 0.04%~32.1%，增产点率为 82.8%，其中 12 点次济谷 20 产量排名第 1 位，表现出良好的丰产性、广适性和稳定性。2018 年参加春谷区谷子登记品种展示，在山西晋中春谷区试点亩产 467.5kg，比对照晋谷 21 增产 108.7%。

适宜区域：该品种在夏谷区春、夏播表现均好，抗性好、产量潜力高、米质优，适应性强。适于山东、河南、河北等地区夏播或春夏播以及山西晋中地区春播种植。

7. 抗烯禾啶谷子新品种济谷 22

品种来源：济谷 22（图 2-7）为山东省农业科学院作物研究所以豫谷 9 号

图 2-7 济谷 22

为母本，冀谷 25 为父本，经有性杂交，系谱法选育的抗烯禾啶除草剂谷子新品种。2021 年 1 月通过农业农村部品种登记。

特征特性：幼苗叶片绿色，叶鞘紫色，花药黄色，叶片上冲，株型紧凑。生育期 90 天，平均株高 126cm。纺锤穗，穗子松紧适中；穗长 19.2cm，穗粗 2.46cm，单穗重 16.3g，穗粒重 13.3g；千粒重 2.71g；出谷率 77.8%，出米率 80.3%；纺锤形穗，穗较紧，结实性好，黄谷黄米，米色一致性好。熟相好。2017 年全国第十二届优质食用粟评选评为二级优质米。

产量表现：2017 年山东省多点联合鉴定试验 6 个参试地点平均亩产 383.5kg，比对照豫谷 18 增产 14.1%。选育的谷子品种。该品种 2018—2019 年华北区联合鉴定试验平均亩产 369.6kg，较对照豫谷 18 增产 0.35%，居 2018—2019 年参试品种第 4 位。两年 28 点次联合鉴定试验 17 点次增产、增产幅度为 0.36%~20.14%，增产点率为 60.7%。2018—2019 年同期参加东北春谷区联合鉴定试验，平均亩产 334.1kg，较对照九谷 11 增产 3.42%，居 2 年参试品种第 4 位。在辽宁建平、朝阳，吉林双辽表现较好，增产在 10% 以上。田间自然鉴定抗旱性 2 级，耐涝性 2 级，抗倒性 2 级，谷锈病抗性 2 级，谷瘟病抗性 3 级，白发病、红叶病、线虫病发病率分别为 2.02%、0.81%、0.67%。其他病害未见发生。

8. 抗烯禾啶谷子新品种济谷 27

品种来源：济谷 27（图 2-8）为山东省农业科学院作物研究所以济 8787 为母本，以济谷 15 为父本选育的优质抗拿捕净谷子新品种。2022 年 1 月通过农业农村部品种登记。

特征特性：幼苗绿色，生育期 90 天。株型紧凑，平均株高 112.6cm，刺毛绿色，花药黄色。纺锤形穗，穗下节间较短，穗码密度中，穗长 18.5cm，穗粗 21.3mm，单穗重 14.2g，穗粒重 11.8g，千粒重 2.75g，出谷率 83.2%，黄谷黄米，熟相较好。2019 年在中国作物学会粟类专业委员会第十三届优质米评选中获评二级优质米。

产量表现：该品种 2019—2020 年参加山东省谷子生态适应性试验平均亩产 369.7kg，较对照豫谷 18 增产 3.34%。2020 年参加华北夏谷区联合鉴定试验，平均亩产 359.5kg，较对照豫谷 18 增产 13.7%。13 个试点 10 点增产、增产幅度在 6.4%~36.8%，增产点率 76.9%。

田间自然鉴定抗旱性 1 级，耐涝性 1 级，抗倒性 1 级，谷锈病抗性 2 级，谷瘟病抗性 2 级，纹枯病抗性 1 级，对主要病害抗性较好。

图 2-8　济谷 27

9. 抗烯禾啶除草剂谷子品种豫谷 31

品种来源：豫谷 31 由安阳市农业科学院选育，属于常规品种，抗拿捕净除草剂。在 2016—2017 年两年参加完成全国谷子品种区域适应性联合鉴定试验（华北夏谷区、东北春谷区、西北春谷区中晚熟组、西北春谷区早熟组四组），2018 年取得农业农村部登记证书。登记编号为 GPD 谷子（2018）410130。

特征特性：该品种抗拿捕净除草剂，属有性杂交选育的常规品种。幼苗绿色，生育期 89~129 天，株高 116.58~125.54cm，在亩留苗 4.0 万株的情况下，成穗率 85.87%，纺锤形穗，穗码较密；穗长 20.49~27.65cm，单穗重 16.60~28.40g，单穗粒重 13.80~22.30g，千粒重 2.81~3.00g，出谷率 78.69%~84.39%，黄谷、黄米。该品种无倒伏，对谷锈病和谷瘟病的抗性均为 2 级，对纹枯病和褐条病的抗性均为 2 级，红叶病的发病率为 0.99%。在 2017 年全国第十二届优质食用粟鉴评会上获评二级优质米。

产量表现：在 2016—2017 年全国品种联合鉴定试验中，两年平均产量 358.5kg/ 亩，较对照豫谷 18 减产 2.25%，居参试品种第 8 位，29 点次联合鉴定试验 13 点次增产，增产幅度 0.37%~12.1%，增产点率 44.8%。幼苗绿色，生育期 90 天，平均株高 118.70cm。在留苗 4.0 万株 / 亩的情况下，成穗率 89.07%；纺锤穗，穗子较紧；穗长 20.79cm，单穗重 17.31g，穗粒重 14.03g，千粒重 2.84g，出谷率 79.80%，出米率 79.72%，黄谷、黄米。熟相较好。田间自然鉴定抗旱性 2 级，耐涝性 1 级，抗锈性 2 级，抗倒性 2 级，谷锈病抗性 2 级，谷瘟病抗性 3 级、纹枯病抗性 3 级，白发病、红叶病、线虫病发病率分别为 1.64%、0.43%、1.08%，蛀茎率 2.47%。

适宜区域：适宜在河南、河北、山东夏谷区春夏播种植；适宜在山西、内蒙古、陕西无霜期 150 天以上地区、吉林、辽宁、新疆中南部春谷区春季种植。

10. 抗烯禾啶除草剂谷子品种豫谷 33

品种来源：豫谷 33 由安阳市农业科学院选育。2018 年取得农业农村部新品种登记证书。登记编号为 GPD 谷子（2018）410132。

特征特性：抗除草剂烯禾啶，属有性杂交选育的常规品种。幼苗绿色，生育期 83~124 天，株高 115.0~142.4cm。穗长 17.20~28.82cm，单穗重 11.55~40g，穗粒重 9.71~25.36g，千粒重 2.56~3.02g，出谷率 65.2%~87.88%，纺锤穗，穗码松紧适中，黄谷黄米；小米粗蛋白 10.12%，粗脂肪 4.92%，总淀粉 69.31%。在 2017 年全国第十二届优质食用粟评选中被评为一级优质米。该品种抗倒性 1 级，对谷瘟病抗性 2 级、谷锈病抗性 1 级，蛀茎率 0~3%。

产量表现：该品种 2017 年参加河南省谷子品种联合鉴定试验，平均亩产 309.0kg，较对照品种豫谷 18 号减产 1.66%。全省 6 试点有 4 试点增产，产量变幅在 216.3~443.56kg/ 亩。在西北春谷区新疆农业科学院试验示范中，平均亩产 481.05kg，比对照品种大同 29 号增产 16.79%。

栽培技术要点：该品种抗除草剂拿捕净，苗期 3~4 片叶时喷施拿捕净可有效防除田间单子叶杂草。华北夏谷区注意防治谷瘟病、纹枯病、线虫病；西北春谷注意防治红叶病、白发病；东北春谷区种植积温应在 2 700℃以上。

适宜区域：该品适宜在河南、河北、山东夏谷区春夏播种植；山西省、内蒙古、陕西无霜期 150 天以上地区、吉林、辽宁、新疆中南部春谷区种植。

11. 抗烯禾啶除草剂谷子品种豫谷 34

品种来源：豫谷 34 由安阳市农业科学院选育。该品种 2018 年取得农业农村部新品种登记证书。登记编号为 GPD 谷子（2018）410133。

特征特性：抗拿捕净除草剂，属有性杂交选育的常规品种。幼苗绿色，生育期 84~124 天，株高 110~136.1cm，穗长 21~27.63cm，单穗重 12.5~65g，穗粒重 11.42~45g，千粒重 2.31~3.16g，出谷率 70%~87.74%，穗呈纺锤形，穗码松紧适中，黄谷、黄米。粗蛋白 9.7%，粗脂肪 4.33%，总淀粉 70.5%，支链淀粉 44.5%，赖氨酸 0.26%。在 2017 年全国第十二届优质食用粟评选中被评为二级优质米。感谷瘟病，中抗谷锈病，中抗白发病，线虫病发病率为 0~0.53%，蛀茎率为 0~3.4%。

产量表现：2017 年初，在海南选取整齐一致、抗病、抗倒、综合表现好的株系，去掉杂株，混收，参加全国多点试验，该品种在安阳产量为 352.5kg，比全国联合鉴定试验华北夏谷区中对照品种豫谷 18 减产 6.7%；在赤峰、榆林、呼和浩特、新疆产量分别为 519.6kg、440.99kg、492kg、489.13kg，比当地全国联合鉴定试验西北春谷早熟组对照品种大同 29 号分别增产 6.17%、减产 11.66%、增产 36.93%、增产 18.75%；在汾阳产量为 458.6kg，比全国联合鉴定试验西北春谷中晚熟组对照品种长农 35 减产 1.86%。

适宜区域：适宜在河南、河北、山东夏谷区春夏播种植；山西、内蒙古、陕西无霜期 150 天以上地区、吉林、辽宁、新疆中南部春谷区春季种植。

注意事项：抗除草剂品种。根据当地积温气候条件和墒情适时播种，注意防治谷瘟病，当叶片病斑较多时，可用敌瘟磷 40% 乳剂 500~800 倍液喷雾防治。华北夏谷区注意防治谷子谷瘟病、线虫病；西北注意防止白发病和红叶病；东北春谷种植区积温应在 2 700℃以上。

12. 抗烯禾啶除草剂谷子品种豫谷 35

品种来源：豫谷 35 由安阳市农业科学院选育，属于常规品种，抗烯禾啶除草剂。2018—2019 年两年参加完成全国谷子品种区域适应性联合鉴定试验（华北夏谷区、东北春谷区、西北春谷区中晚熟组、西北春谷区早熟组四组），2018 年取得农业农村部新品种登记证书，新品种登记编号为 GPD 谷子（2018）410134。

特征特性：幼苗绿色，生育期 88 天，株高 125.92cm。在留苗 4.0 万株 / 亩的情况下，成穗率 92.83%；纺锤穗，穗子松紧适中；穗长 19.43cm，单穗重 16.39g，穗粒重 13.70g；千粒重 2.76g；出谷率 83.59%，出米率 77.24%；黄谷黄米。熟相较好。该品种抗倒性、抗旱性、耐涝性均为 2 级，抗锈性 2 级，谷瘟病、纹枯病抗性均为 3 级，白发病、红叶病、线虫病发病率分别为 0.73%、2.00%、0.53%，蛀茎率 4.62%。在 2019 年全国第十三届优质食用粟评选中被评为一级优质米。

产量表现：2018—2019 年在全国品种联合鉴定试验中，两年平均产量

378.8kg/ 亩，较对照豫谷 18 增产 2.85%，居参试品种第 3 位，28 点次联合鉴定试验 20 点次增产，增产幅度 0.96%~14.52%，增产点率 71.4%。

栽培技术要点：播种前用辛硫磷或精甲霜灵进行药剂拌种，可分别防治线虫病、白发病，兼治地下害虫。该品种抗除草剂烯禾啶。幼苗 3 叶 1 心时，亩喷施 10% 烯禾啶 100mL，防治单子叶杂草；5~6 片叶喷施“20g 56% 二甲四氯钠盐+8g 25% 噻吩磺隆”防治阔叶杂草。定苗后，根据蚜虫、飞虱、蓟马、粟芒蝇、粟灰螟等虫情，对刺吸式口器害虫喷施用噻虫嗪、啶虫脒、吡虫啉类杀虫剂；对咀嚼式口器害虫喷施高效氯氟氰菊酯等；防治虫害同时，还能减少后期红叶病、病毒病的发生。注意防治谷瘟病，田间初见叶瘟病斑，用春雷霉素、三环唑、克瘟散等杀菌剂喷雾防治，视病情轻重 5~7 天再喷 1~2 次。

适宜区域：适宜在河南、河北、山东、山西南部、南疆夏谷区春夏播种植；北京、河北东部、陕西中部、辽宁以南、内蒙古和吉林大部分平原区、新疆昌吉以南春谷区春季种植。

13. 抗烯禾啶除草剂谷子品种豫谷 36

品种来源：豫谷 36 由安阳市农业科学院选育。该品种于 2018 年取得农业农村部新品种登记证书，新品种登记编号为 GPD 谷子（2018）410135。

特征特性：抗烯禾啶除草剂，常规品种。幼苗绿色，黄谷、黄米，抗旱性、耐涝性、抗倒性均为 1 级，谷锈病抗性 2 级，谷瘟抗性 1 级。在 2015 年全国第八届优质食用粟评选中被评为二级优质米。

产量表现：2016 年参加由安阳市农业科学院组织的全国多点试验，安阳试点平均亩产 462kg，比全国联试华北夏谷区对照豫谷 18 增产 11.73%；2017 年继续参加多点试验，在安阳亩产 393.5kg，比全国联试中的对照豫谷 18 增产 4.16%。2020 年参加全国品种联合鉴定试验，华北夏谷区平均亩产 364.4kg，较对照豫谷 18 增产 15.3%，居参试品种第 3 位，幼苗绿色，生育期 91 天，生育期 119.07 天，在亩留苗 4.0 万株的情况下，成穗率 96.75%，纺锤穗，松紧适中，穗长 19.48cm，单穗重 15.21g，穗粒重 12.56g，千粒重 2.7g，出谷率 82.57%，出米率 77.75%，熟相好。

栽培技术要点：该品种抗拿捕净除草剂，喷施拿捕净可有效防除田间杂草。适时播种，适度留苗，成熟后及时收获。华北夏谷区注意防治谷子谷瘟病、纹枯病、线虫病；西北注意防治红叶病和白发病；东北春谷种植区积温应在 2 700℃以上。

适宜区域：适宜在河南、河北、山东夏谷区春夏播种植；山西、内蒙古、吉林、陕西无霜期 150 天以上地区、辽宁、新疆昌吉以南春谷区种植。

（二）第二类：双抗咪唑啉酮和烯禾啶除草剂类型——优质品种冀谷 39

品种来源：冀谷 39（图 2-9）是河北省农林科学院谷子研究所（国家谷子改良中心）采用专利技术通过有性杂交方法育成的非转基因优质双抗除草剂谷子新品种，兼抗烯禾啶和咪唑啉酮两种除草剂。2018 年通过农业农村部非主要农作物品种登记，登记编号为 GPD 谷子（2018）130025。

特征特性：栽培省工省时。冀谷 39 由长相完全一致的双抗除草剂、单抗除草剂的同型姊妹系组配而成，喷施除草剂可以实现间苗和除草，即使苗期遇到连阴雨导致杂草疯长，仍然可以实现较好的除草效果，在大豆、花生等使用咪唑啉酮类除草剂的后茬种植谷苗不会产生药害。品质突出。冀谷 39 籽粒浅黄色，米色金黄，克服了夏谷籽粒小、出米率低、米色浅的不足，千粒重 3.08g，商品性适口性均突出，2017 年在全国第十二届优质米评选中被评为一级优质米。抗病抗倒、适宜机械化生产。冀谷 39 不仅抗除草剂，而且兼抗多种病害，对谷瘟病、纹枯病、白发病、红叶病均达中抗，绿叶成熟；株高 120~130cm，高抗倒伏，适合机械化生产。

产量表现：冀谷 39 在华北三省夏播联合鉴定试验平均亩产 387.1kg，较对

图 2-9 冀谷 39

照冀谷 31 增产 9.37%；在全国谷子品种区域适应性联合鉴定东北春谷组试验中，辽宁、吉林、黑龙江、内蒙古 4 省（区）平均亩产 360.1kg，与不抗除草剂的对照九谷 11 产量持平。2018 年参加全国农业技术推广服务中心组织的登记品种展示，在石家庄藁城区试点亩产 397.3kg，较对照冀谷 38 增产 10.27%；在山西晋中市试点亩产 328.5kg，较对照晋谷 21 号增产 46.7%。2019 年登记品种展示在内蒙古敖汉旗试点亩产 327.8kg，较对照赤谷 10 号增产 6.2%。2020 年国家重点研发专项试验，在新疆伊犁亩产 562.5kg，沈阳亩产 464.12kg，贵州贵阳亩产 405.98kg。在生产示范中最高亩产 600kg。

栽培技术要点：冀鲁豫夏谷区适宜播期为 6 月 15 日至 7 月 5 日，最晚 7 月 10 日；冀鲁豫春播适宜播期为 5 月 10 日至 6 月 10 日；在辽宁西部和吉林春播适宜播期为 4 月 25 日至 5 月 10 日。适宜亩留苗 3 万 ~5 万株。夏播区在杂草 3 叶期之前，每亩喷施 5% 咪唑乙烟酸 150mL 兑水 30~40kg，或用 4% 甲氧咪草烟水剂 100mL 兑水 20~40kg；春夏播均可在谷子 3~5 叶期，杂草 2~4 叶期，每亩使用 12.5% 烯禾啶（拿捕净）80~100mL 和谷阔清（二甲氯氟吡氧乙酸异辛酯）40~50mL 兑水 30kg。

适宜区域：冀谷 39 对光温反应不敏感，适应性广，不仅能在河北中南部、河南、山东及新疆南疆麦茬夏播或丘陵旱地晚春播，夏播生育期 93 天左右；还可在辽宁中南部、吉林东南部、山西中部、陕西中部、内蒙古东部、新疆北疆春播等年无霜期 160 天、年活动积温 2 800℃以上地区春播种植，春播生育期 122 天左右。在北京、河北秦皇岛等传统一年一熟区，冀谷 39 与小麦、豌豆等接茬，7 月初播种仍能成熟，实现了一年两熟。

（三）第三类：三抗除草剂类型——冀谷 43

品种来源：冀谷 43（图 2-10）是河北省农林科学院谷子研究所（国家谷子改良中心）采用专利技术通过有性杂交方法育成的非转基因优质抗除草剂谷子新品种，兼抗拿捕净、烟嘧磺隆和咪唑啉酮除草剂，能与使用烟嘧磺隆除草剂的玉米、使用咪唑啉酮类除草剂的豆科作物接茬种植，不会产生药害。2018 年通过农业农村部非主要农作物品种登记，登记编号为 GPD 谷子（2018）130162。

特征特性：冀中南夏播生育期 91 天，平均株高 121.8cm，穗长 19.8cm，单穗重 23.10g，穗粒重 21.87g，黄谷、黄米；辽宁吉林等地春播生育期 115~123 天，株高 129.7~134.18cm。黄谷、黄米。粗蛋白 9.5%，粗脂肪 3.2%，总淀粉 68.7%，赖氨酸 0.27%。两年田间自然鉴定中抗谷瘟病，中感谷锈病，中抗白发

图 2-10　冀谷 43

病。米色鲜黄，煮粥黏香省火，适口性好，2019 年在中国作物学会粟类作物专业委员会第十三届优质食用粟鉴评中获评二级优质米。

产量表现：经河北省多点鉴定，两年平均亩产 363.7kg，较对照豫谷 18 增产 2.0%；全国谷子品种区域适应性联合鉴定东北组，在辽宁、吉林，黑龙江及内蒙古通辽等 10 个试点表现适应性良好，10 点平均亩产 343.95kg，较对照九谷 11 增产 8.55%。在全国谷子品种区域适应性联合鉴定西北中晚熟组，在辽宁朝阳、河北承德、陕西杨凌和延安 4 个试验点表现适应性良好，4 点平均亩产 325.7kg，较对照长农 35 增产 7.09%。

栽培技术要点：在冀中南夏播适宜播期为 6 月中下旬，留苗密度 3.5 万 ~4.0 万株；在冀西太行山丘陵区春播为 5 月下旬至 6 月上旬，冀东燕山丘陵区春播适宜播期 5 月中下旬，春播留苗密度 3.0 万 ~3.5 万株。可在谷子 3~5 叶期，杂草 2~4 叶期，每亩使用与谷种配套的谷阔清（二甲氯氟吡氧乙酸异辛酯）40~50mL 兑水 30kg 防治双子叶杂草，采用 12.5% 烯禾啶（拿捕净）80~100mL，兑水 30kg 防治单子叶杂草，若单双子叶杂草同时较多，可将两种除草剂混合喷施。也可在杂草 2 叶期每亩喷施 4% 烟嘧磺隆 70~150mL 兑水 30~40kg。注意除草剂要在无风晴天喷施，防止飘散到其他谷田和其他作物上，垄内和垄间都要均匀喷施。注意喷施除草剂前后严格用洗衣粉洗净喷雾器。

适宜区域：河北省中南部夏谷区夏播、冀西太行山、冀东燕山丘陵区春播；山西、陕西、内蒙古、辽宁、吉林、黑龙江无霜期 150 天、年活动积温 2 800℃以上地区春播种植。

（四）第四类：新型抗嘧硫草醚除草剂类型——冀谷 47

品种来源：冀谷 47（图 2-11）是河北省农林科学院谷子研究所（国家谷子改良中心）采用专利技术以抗拿捕净材料 14H758 为母本，以抗嘧硫草醚材料 Y3 为父本，采用有性杂交方法，经 7 个世代的连续定向选择育成，2021 年完成农业农村部品种登记，登记编号为 GDP 谷子（2021）130026。

特征特性：幼苗叶鞘绿色，幼苗叶姿半上冲；单秆；花药黄色，绿色刚毛，刚毛长度较短；平均株高 122cm，平均穗长 23cm。冀鲁豫夏播生育期 88 天，春谷区平均生育期 116 天。穗形纺锤形，穗密度中等，单穗重 19.1g，穗粒重 16.6g，千粒重 2.8g，籽粒黄色，小米中等黄色，胚乳粳型。兼抗拿捕净和嘧硫草醚除草剂，是国内外首个抗嘧草硫醚除草剂谷子品种，可与其他抗除草剂谷子品种倒茬种植，解决重茬谷田上年落粒谷子导致的自生苗以及基因漂移的狗尾草造成的危害。此外，嘧草硫醚具有高效、低毒、广谱兼治单双子叶、苗前苗后均可使用的优点。

产量表现：2019—2020 年华北夏谷区、西北春谷早熟区和东北春谷区 3 个生态区 2 年多点鉴定，较对照豫谷 18 增产 9.0%。

栽培要点：冀鲁豫夏谷区适宜播期为 6 月 15 日至 7 月 10 日，春播适宜播期为 5 月 15 日至 6 月 5 日。在吉林、辽宁、山西、陕西、内蒙古、黑龙江春播适宜播期为 5 月 10 日左右。夏播适宜亩留苗 4.0 万 ~5.0 万株，春播适宜亩留

图 2-11　冀谷 47

苗3.0万~4.0万株。在谷子3~5叶期，杂草2~4叶期，每亩采用12.5%烯禾啶（拿捕净）80~100mL，混合喷施98%嘧硫草醚6~8g兑水30~40kg。

适宜区域：适宜河北、河南、山东、北京夏谷区夏播或晚春播种植，在吉林、辽宁、山西、陕西、内蒙古、黑龙江，气温≥10℃活动积温2 700℃以上地区春播种植。

（五）第五类：抗烯禾啶除草剂类型——谷子杂交种豫杂谷1号

品种来源：豫杂谷1号由安阳市农业科学院育成。该品种属两系杂交谷子品种，抗除草剂拿捕净。2018参加全国谷子品种区域适应性联合鉴定试验（华北夏谷区、东北春谷区、西北春谷区中晚熟组、西北春谷区早熟组4组），适宜在吉林、内蒙古、新疆中南部以及山西和陕西两省无霜期大于150天的春谷生态区春季种植；河南、河北、山东夏谷生态区春夏播种植。2018年取得农业农村部新品种登记证书，登记编号为GPD谷子（2018）410136。

特征特性：幼苗绿色，生育期89天，株高121.0cm。在留苗4.0万株/亩的情况下，成穗率93.43%，纺锤/圆筒穗，穗子较松，穗长21.65cm，穗粗2.67cm，单穗重16.67g，穗粒重13.54g，千粒重2.77g，出谷率73.12%，出米率76.98%，黄谷黄米，熟相好。该品种抗倒性、抗旱性、耐涝性2级，谷锈病、谷瘟病、纹枯病抗性2级，白发病、红叶病、线虫病发病率分别为0.75%、0.31%、0.50%，蛀茎率1.34%。

产量表现：在全国品种联合鉴定试验中，平均亩产386.6kg，较对照豫谷18增产4.96%，居参试品种第1位，14个试点11点增产，增产幅度0.68%~14.52%，增产点率78.6%。

栽培技术要点：① 播种前用辛硫磷或精甲霜灵进行药剂拌种，可分别防治线虫病、白发病，兼治地下害虫；② 该品种抗除草剂拿捕净。幼苗3叶1心时，亩喷施10%拿捕净100mL，防治单子叶杂草；5~6片叶喷施“20g 56%二甲四氯钠盐+8g 25%噻吩磺隆”防治阔叶杂草；③ 定苗后，根据蚜虫、飞虱、蓟马、粟芒蝇、粟灰螟等虫情，对刺吸式口器害虫喷施用噻虫嗪、啶虫脒、吡虫啉类杀虫剂；对咀嚼式口器害虫喷施高效氯氟氰菊酯等；防治虫害同时，还能减少后期红叶病、病毒病的发生；④ 注意防治谷瘟病，田间初见叶瘟病斑，用春雷霉素、三环唑、克瘟散等杀菌剂喷雾防治，视病情轻重5~7天再喷1~2次。

适宜区域：适宜在吉林、内蒙古、新疆中南部，以及山西和陕西无霜期大于150天的春谷生态区春季种植；河南、河北、山东夏谷生态区春夏播种植。

第二节　华北夏谷区谷子高效栽培关键技术

一、合理轮作

谷子重茬危害较多，通常有以下几种。

（1）病虫害发生严重

谷子白发病、线虫病等病害主要是靠土壤传播，粟灰螟等害虫主要是在根茬越冬。随着谷子在同一块地上连年种植，这些病原生物也会大量繁衍。

（2）杂草严重

莠草是谷子的伴生杂草，幼苗期形态上与谷苗极其相似，间苗时极易当作谷苗而错留。莠草成熟早、易落粒，在土壤中保持发芽力时间长，因此，连作会使其日益蔓延，严重影响产量。

（3）不利于恢复和提高地力

谷子根系密集而发达，吸收能力较强。每年在同一地块上种谷子，必然消耗土壤中同种营养和同一土层的土壤养分，造成谷子所需的养分缺乏，导致减产。

（4）易造成缺苗断垄

连年种谷，谷茬不易除尽，又难沤烂，会降低播种质量，造成缺苗断垄。

（5）易造成除草剂除草效果降低

抗除草剂谷子的连年种植，易产生抗除草剂的谷莠子等杂草，造成除草剂效果降低。

因此，谷子必须合理轮作倒茬，最好相隔 2~3 年再种谷子。谷子的前茬以豆类最好，薯类、麦类、玉米、棉花和油菜等也是谷子较好的前作。不同抗除草剂谷子品种最好间隔 1~2 年交替种植，已达到更好的间苗除草效果。

二、品种选择

选择适合轻简化机械化生产的谷子品种。要求高抗倒伏，穗码紧凑，穗层整齐，绿叶成熟，抗主要病害谷锈病、谷瘟病、纹枯病，株高≤ 150cm，优先采用抗除草剂品种。

谷子要实现轻简化生产，必须选择适合机械化收获的谷子品种。适合当前联合收割机收获的谷子品种株高应≤ 150cm，植株过高，留茬较高影响下季作物播种；籽粒和秸秆分离困难，收获损失较大；过桥容易堵塞，故障率高。一些不影响品种抗倒性的病害如线虫病、红叶病、白发病、黑穗病、褐条病对谷子机械化收获没有直接影响，而谷锈病、谷瘟病、纹枯病则在严重发生时因为引起倒伏而显著影响机械化收获效果。采用单穗脱粒机对不同松紧度的夏谷品种进行了脱粒试验，结果表明，对于干穗而言，穗松紧不影响脱粒效果，松紧度不同的干谷穗脱净率基本相同，脱净率差异可能与护颖包裹程度及与小枝梗着生松紧有关；而对于含水量较高的湿谷穗，松紧度不同的谷穗脱净率明显不同，紧穗类型品种穗主梗上基本没有谷码残留、谷码上残留谷粒也较少，而松穗类型品种穗梗上仍有部分谷码残留，且谷码上的谷粒残留较多。这说明，采用分段收获时，只要将谷穗晾晒后再用脱粒机脱粒，基本不用考虑穗松紧，而采用联合收割机收获，松穗类型收获损失比紧穗类型要大。

综合研究，适合机械化收获品种应具有以下特性。

① 抗倒性≥ 2 级；② 株高适宜，夏谷≤ 130cm；春谷≤ 150cm；③ 穗紧实或穗松紧中等，不宜选用松散穗形；④ 抗除草剂，能采用除草剂间苗和除草，或者可采取其他简化间苗除草技术；⑤ 区试自然鉴定对 2 种影响抗倒性的病害（谷锈、谷瘟、纹枯）抗性不低于 3 级，白发病病株率 <15%。

三、施肥、整地

1. 施底肥

底肥就是播种之前，结合耕作整地施入土壤深层的基础肥料。施用充足的优质基肥是谷子高产的物质基础。一般以成品有机肥或农家有机肥为主，还可以配合施用化肥（磷肥最适宜做基肥施用），也可施用氮磷钾复合肥。

在中等地力条件下，每亩底施有机肥 200~300kg，氮磷钾复合肥（$N:P_2O_5:K_2O=22:8:15$）30~40kg，或用缓控释肥（$N:P_2O_5:K_2O=18:7:13$）40~50kg。采用全膜精量穴播方式种植的，每亩底施有机肥 300kg 左右，氮磷钾复合肥（$N:P_2O_5:K_2O=22:8:15$）40~50kg，或用缓控释肥（$N:P_2O_5:K_2O=18:7:13$）50~60kg。如果作为种肥与播种同时播入田间，复合肥或缓控释肥降低至 30kg 左右。

2. 整地

谷子粒小，必须浅播，要求精细整地。旱地谷子出苗所需水分主要靠自然降水，因此，要做好蓄水保墒。春播在前茬收获后立即灭茬、铺施底肥、深耕，深度 25~30cm，以充分接纳降水，耕后抓紧耙地保墒。精细整地，一来保墒，二来有利于齐苗。播前结合旋耕施底肥，深度 10~15cm，镇压，要求施肥均匀，耕层上实下塇，土壤细碎，地表平整。夏播麦茬地块，采用联合收获机收获小麦，同时，秸秆粉碎均匀撒在地表，墒情适宜的情况下，采用复合旋耕机旋耕两遍，镇压，即可播种。亦可采用旋耕施肥机进行整地、施肥。麦茬地免耕种植，在墒情适宜种植下茬的情况下，用带切抛机的小麦联合收获机进行收获，麦茬高度小于 5cm，用免耕施肥播种机进行播种即可，可减少翻耕环节，节约农机费用，同时及时用墒节约用水，而且保障农时。

3. 撒肥机具

（1）有机肥施用机械

① 2FGB-Y 系列农家肥专用撒粪车。该机与拖拉机配套，实现有机肥的地面抛撒，适用于耕前撒施底肥（表 2-1，图 2-12）。

表 2-1　2FGB-Y 系列农家肥专用撒粪车主要参数

型号	容积 / m^3	整机重量 /kg	配套动力 / 马力*	撒播幅宽 / cm	是否带减速机	轮胎型号	外形尺寸（长 × 宽 × 高，mm）
2FGB-1.8Y	1.8	960	25~50	6~15	否	10-15	3 700 × 1 600 × 1 700
2FGB-1.8YA	1.8	960	25~50	6~15	是	10-15	3 700 × 1 600 × 1 700
2FGB-2.5Y	2.5	1 350	30~60	6~15	否	10-15	4 200 × 1 800 × 1 750
2FGB-2.5YA	2.5	1 400	30~60	6~15	是	11.2-28	4 200 × 1 800 × 1 980
2FGB-3.8Y	3.8	1 610	50~80	6~15	是	13.6-28	4 800 × 2 200 × 2 050
2FGB-7.6Y	7.6	1 880	70~120	6~15	是	10.00-20	5 500 × 2 200 × 2 250

图 2-12　2FGB-Y 系列农家肥专用撒粪车

* 1 马力 ≈ 735W，全书同。

② 2FGH-S 系列绞龙撒肥车。该机与拖拉机配套，可短时间内进行大量堆肥撒施。竖螺旋撒布器，破碎能力强，即使含水量高的粪肥与污泥，也能够高效撒布（表 2-2，图 2-13）。

表 2-2　2FGH-S 系列绞龙撒肥车主要参数

型号	单位	2FGH-6S	2FGH-10S	2FGH-15S
容积	m^3	6	10	15
抛撒幅宽	m	8~12	8~12	8~12
载重量	t	5	8	15
配套动力	马力	75~100	90~150	130~180
整机重量	kg	3 200	4 300	7 000
轮胎型号		15.5/80-24	460/85R 38	17.5-25
整机尺寸	mm	6 820 × 2 285 × 2 355	7 200 × 2 585 × 2 620	8 680 × 2 620 × 3 000

图 2-13　2FGH-S 系列绞龙撒肥车

③ 2FGH-H 系列单横螺旋撒肥车。该机与拖拉机配套，可短时间内进行大量堆肥撒施。破碎刃会对肥料进行破碎，使肥料抛撒更均匀、更细碎，还可以提高飞散效果。自带液压系统（表 2-3，图 2-14）。

表 2-3　2FGH-H 系列单横螺旋撒肥车主要参数

型号	单位	2FGH-6H	2FGH-10H
容积	m^3	6	10
抛撒面积	m	4~8	4~8
装载量	t	5	8
配套动力	马力	70~100	85~120
整机重量	kg	2 200	3 000
轮胎型号		12.00-20	13.00-25
整机尺寸	mm	5 610×2 120×1 885	6 225×2 300×2 260

图 2–14　2FGH–H 系列单横螺旋撒肥车

（2）化肥撒肥机具

现有的撒肥机需要专业拖拉机作为动力机头，体积大、成本高。河北省农林科学院谷子研究所与武安科源种植业有限公司联合研制了一种车载式撒肥机，可以将撒肥机安装于常用的三轮车或拖拉机等动力机构上，借助于动力机构带动撒肥机进行施肥，通过离合机构控制施肥，具有速度快、撒肥均匀、省工省力的优点，极大方便农民使用，提高了施肥效率（图 2–15）。

图 2–15　车载式撒肥机及撒肥效果

四、播种

1. 播前种子准备

（1）晒种

谷子在播种前应进行曝晒，以增强胚的生活力，消灭病虫害，从而提高种子发芽率，保证苗全苗壮。种子在贮藏中若发生吸湿返潮、病虫滋生等情况，曝晒尤为必要。

（2）浸种

包括清水浸种、石灰水浸种、肥水浸种、药剂拌种。

① 清水浸种。清水浸种可使种子事先吸水，促进种子内营养物质的分解，加速种子萌发。

② 石灰水浸种。主要目的是消灭附着于种子上的病菌（如白发病，黑穗病）。石灰水的配制方法是将生石灰粉碎，盛入桶内，加入 5 倍清水，充分搅拌后滤去残渣，然后将种子投入浸泡 1h 左右，将漂在水面的种子捞出扔掉，取出好种子晾干备用。

③ 肥水浸种。主要目的是培育壮苗。用 500 倍磷酸二氢钾溶液浸种 12h，捞出后晾干备播，不但具有增产作用，而且出苗早 2~3 天；用 0.2% 的硫酸镁或 0.2% 的磷酸二铵浸种 12h，对旱地保全苗、促壮苗，提高抗旱能力，增加谷子产量，均有明显效果。

④ 药剂拌种。用种子量 0.2%~0.5% 的 50% 1605 乳剂拌种，兑水量为种子重量的 15%，拌后闷种 4h，然后摊开晾干备播，可防治线虫病、粟芒蝇和地下害虫；用种子量 0.3%~0.5% 的阿普隆或萎锈灵粉拌种，可防治谷子白发病；用种子量 0.3%~0.5% 的拌种霜或多菌灵粉拌种，可防治黑穗病等。

对于常规谷子品种（非杂交种）来讲，农民可以对自己满意的品种进行自留种，在田间选择好穗的同时，还应对自留种进行适当处理，提高种子的质量。如可以用盐水进行选种，谷子用盐水进行选种主要利用了盐水比重比清水大的特点，一般盐水浓度为 10%，其主要作用是：① 能够选留饱满的籽粒作种子，提高种子的质量；② 可以把秕谷、草籽、杂物等漂去，提高种子净度；③ 可以除去附着在种子表面的病菌孢子，减少种子带菌的病害如谷子黑穗病、白发病等病害的发病及危害。但是，对于抗除草剂的简化栽培品种，农民不能自己留种，否则不能达到化学间苗除草的效果。杂交种更不能自己留种，如果自己留种种植，长出来的谷子会疯狂分离，产生不育苗，而且长势参差不齐，严重影响产量。

2. 播种期

确定谷子播种期应根据当地无霜期的长短，针对不同品种的特性，在保证该品种生长发育有充分时间的前提下，使整个生活周期的各生育阶段都能充分利用温、光、水、肥等外界条件，增加营养物质的积累。

（1）品种

品种间生育期的差别比较大。一般情况下，早熟品种从出苗到成熟仅需要60~80天，中熟品种90~110天，晚熟品种110天以上。由于谷子对光、温反应很敏感，不同品种类型对光、温反应的迟早和敏感程度差别很大，因而对播种期要求各不相同。

（2）土壤水分及温度

谷子发芽出苗以播种层含水量15%~17%最为适宜，低于10%时出苗不利，含水量过高又容易导致种子霉烂并感染病害。谷子发芽的最低温度为7℃，以18~25℃发芽最快。一般情况下，温度以播种层的土温稳定在10℃以上时，播种较为适宜。

（3）降水量

旱地谷子生长发育好坏，在很大程度上取决于不同生长发育阶段的降水量是否能满足需要。需水关键期是孕穗、抽穗到开花阶段，雨量不足，即可造成“胎里旱”与“卡脖旱”，对穗码数、穗长、穗粒数都会产生不良影响，可通过调节播期使谷子的需水高峰期与雨季吻合，提高谷子的产量。

（4）病虫害

适当推迟播期可减轻粟灰螟及红叶病、白发病的危害。

一般来说，春谷播期一般在每年的4月底至6月初；夏谷一般在麦收后，6月中下旬，个别地区可到7月初。

3. 播种量

播种量严格按品种配套使用说明书执行，一般亩播量0.3~0.5kg，根据地力和墒情适当调整，墒情较差、麦茬较多等不利条件下，需要适当增加播量。

4. 播种技术

播种深度3~5cm，播后随即镇压，行距35~50cm，中期进行中耕施肥的地块行距45~50cm，播种同时镇压。需要种肥同播的，播种机配置施肥装置；对于需要免耕播种的地块，在前期对秸秆进行预处理后，采用贴茬免耕播种机进行作业；对于干旱地块，可采用具有翻土探墒功能播种机进行播种。

5. 播种机械

平原区采用与拖拉机配套的多行谷子精量播种机；丘陵山区小地块采用人畜力牵引的播种机。播种机一次完成开沟、施肥、播种、覆土、镇压等多道工序，播深一致。夏播麦茬地免耕播种要求使用单体仿形机构的播种机，有利于在麦茬地播种，播深均匀一致。播种量、施肥量、播种深度可调；播种机应用精密排种器，播量可调，播量调整精确、灵敏，从而实现谷子等小粒作物精量播种；根据种子的发芽率、墒情等确定播种量，以达到免间苗或少间苗的要求。要求播种机可调播量范围 0.2~1.0kg/ 亩。

机械化播种首先要满足的是播种量和播种深度，其次为行距和株距。种子发芽需要特定的播种深度，适宜的播种量和均匀的株穴距可以保证种子在田间合理分布，为种子的生长发育创造良好条件，这样既可以大量节省种子，减少间苗用工，减轻劳动强度，还能够保证小籽粒谷物稳产高产。

此外，为了提高产量和品质，农业科研人员经过大量试验，研究出了诸多种植方式。例如，培育谷子新品种及研究配套栽培技术，地膜覆盖、双垄沟播等栽培技术，但都需要配套适用的农机具才能实现机械化种植。

精准农业是现代农业发展的趋势，因此，研发的谷子播种机从功能上来讲，主要是能够实现精准播种。就目前来说，与农艺配套的播种机械可分为如下几种，从排种方式上分可为精量条播机和精位穴播机；从种植方式上，可分为常规平播机、垄上播种机、覆膜播种机等；按照地块大小和配套动力选用，可分为机引播种机和人畜力播种机。此外，根据地域差异，还应加大播种行数调整范围，以适应不同地块需求，对于小地块种植区，可采用单行或少行（2~4 行）的小型机具，对于平原大面积种植区，可采用 4 行以上的大、中型机具。

（1）2B-5A2 型谷子条播机

该机（图 2-16）由机架、种箱、排种机构、覆土器和镇压轮组成，机具的播量精确并可调，且每行均设有单体仿形机构，当开沟器在作业中遇到障碍物或

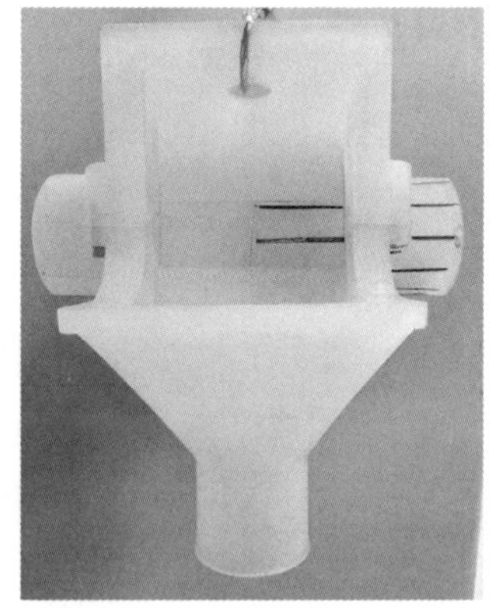

图 2-16　2B-5A2 型谷子条播机及其排种盒

凹坑时，该仿形机构可保证各行播种的深度不受影响，专用地轮进行排种驱动，减小打滑率和空转系数，使播量更可靠。此种机具比较适用于平原或地块较大的地区使用。

机具的主要部件为小籽粒排种器，排种器由中心轴，排种盒、排种轮等组成。排种盒的材质采用尼龙制成，质量轻、成本低（图 2–16），外槽轮的尺寸直径 24mm，长度 35mm，外槽的半径为 3mm。排种轴采用方钢制成，排种轴的一端装有可以旋转的手柄，旋转手柄可以改变外槽轮在充种区的长度，从而进行播量控制。

（2）2BM–5A2 谷子免耕播种机

免耕播种机（图 2–17）属于保护性耕作机具，它具有防止水土流失、防止沙尘、保护环境、节省能耗、争抢农时等优点，针对小麦、夏谷子轮作区，新研制了 2BM–5A2 谷子免耕播种机，此机型为 2B–5A2 型谷子条播机的改制机型，主要是在开沟器的前方加装了秸秆防缠辊。

（3）谷子（精密）穴播机

精密穴播机（图 2–18）可最大程度上实现播种作物的株距。通过行距和株距的控制，实现均匀播种，此种机型是谷子播种机的一个发展趋势。该机采用小四轮拖拉机配套，单体仿形，各行播深一致，采用无刮种器设计，不伤种子；不通过输种管，靠自重投种；橡胶镇压轮驱动，不黏土，提高了机具对土壤的适用性。行距、株距以及穴粒数可调，适应性较强（表 2–4）。

图 2–17　2BM–5A2 谷子免耕播种机

图 2–18　谷子（精密）穴播机

表 2-4 主要技术参数

项目	单位	技术参数	
		条播机 2B/M-5A2	穴播机
配套动力	马力	18~25	18~25
播种行数		5	5
适宜行距	cm	35	25~40（可调）
穴距	cm		8~12（可调）
穴粒数	粒 / 穴		3~10（可调）
播种深度	cm	2~5（可调）	2~5（可调）
播量范围	kg/ 亩	0.25~1.5	0.25~1.5
作业速度	km/h	2~4	2~4

（4）微垄膜侧播种机

微垄膜侧播种机（图 2-19）采用 30 马力以上拖拉机悬挂，适用地膜宽度 40cm，行距 40cm，条播，可将覆膜—条播—施肥一次性完成，播种效率高，40~50 亩 / 天，采用除草剂间苗除草，播种量可调，适用于丘陵或平原大面积种植，在降水量偏小的地区可覆膜，降水量较大的地区可不覆膜条播。效率高，省工省力，增产效果显著。

（5）全膜精量穴播机

全膜精量穴播机（图 2-20）采用 30 马力以上拖拉机悬挂，适用地膜宽度 120cm，行距 35cm，穴距 17cm，可将旋耕—覆膜—精量穴播—施肥一次性完

图 2-19 微垄膜侧播种机

图 2-20 全膜精量穴播机

成，播种效率高，30~50 亩 / 天，基本不间苗不除草，播种量可调，适用于丘陵或平原大面积种植，在降水量偏小的地区可覆膜，降水量较大的地区可不覆膜精量穴播。效率高，省工省力，增产效果显著。

（6）谷子旋耕施肥膜下滴灌播种机

谷子旋耕施肥膜下滴灌播种机（图 2-21）针对旱地春播区谷子膜下滴灌生产需求，调研了一款旋耕施肥膜下滴灌播种机。该机配套 100 马力以上拖拉机作业，机具前置旋耕刀，可以在免耕地进行旋耕、施肥、覆膜、播种一体作业（表 2-5）。

图 2-21　谷子旋耕施肥膜下滴灌播种机及其种植效果

表 2-5　谷子旋耕施肥膜下滴灌播种机技术参数

项　目	单位	技术参数
配套动力	马力	≥ 100
行距	cm	50~60
行数		4
播种深度	cm	3~5（可调）
播量	kg/ 亩	0.15~0.5（谷子）
适宜膜宽	cm	90~100
穴粒数	粒 / 穴	3~5
穴距	cm	16
旋耕幅宽	cm	2 200
最大施肥量	kg/ 亩	80
施肥深度	cm	5~10
适宜作物		谷子、糜子、高粱、大豆、玉米等

（7）谷子旋耕施肥覆膜播种机

针对旱地春播区谷子地膜覆盖生产需求，调研了一款旋耕施肥覆膜播种机（图 2–22）。该机配套 75 马力以上拖拉机作业，机具前置旋耕刀，可以在免耕地进行旋耕、施肥、覆膜、播种一体作业（表 2–6）。

图 2–22　谷子旋耕施肥覆膜播种机及其种植效果

表 2–6　谷子旋耕施肥覆膜播种机技术参数

项　目	单位	技术参数
配套动力	马力	≥ 75
行距	cm	50~60
行数		4
播种深度	cm	3~5（可调）
播量	kg/ 亩	0.15~0.5（谷子）
适宜膜宽	cm	90~100
穴粒数	粒 / 穴	3~5
穴距	cm	16
旋耕幅宽	cm	2 200
最大施肥量	kg/ 亩	80
施肥深度	cm	5~10

五、苗期管理

（一）间苗除草

1. 间苗除草技术简介

谷子起源于我国，在我国已有 8 700 多年的栽培史，种植面积占世界的 80%，是我国的特色作物，新中国成立初期全国谷子年种植面积高达 1.5 亿亩，在我国农业生产史上曾发挥过举足轻重的作用。谷子具有营养丰富、耐旱耐瘠、粮草兼用等特点，在杂粮热日益升温、水资源短缺日趋严重以及畜牧业不断发展的形势下，谷子理应在农业种植结构调整中占有重要的地位，而实际情况却恰恰相反，近年来，我国谷子种植面积已逐渐萎缩至目前的 1 500 万亩左右。出现这种不正常现象的原因是多方面的，但谷子间苗除草费工，难以规模化生产是主要原因。

（1）谷子间苗除草困难的原因

① 粒小苗弱，需要群体顶土保全苗。谷子是小粒半密植性作物，千粒重仅 3.0g 左右，每千克种子多达 30 万 ~35 万粒，而适宜的亩留苗密度为 2.5 万 ~5.0 万株，即每亩理论用种量不超过 0.2kg。但是如此小的播种量不仅精量播种困难，而且实际生产中也不可行，因为谷子多数种植在旱薄地，管理粗放，墒情难以保证，同时弱小的谷苗顶土能力差，需要较大的播种量依靠群体顶土作用才能保证出苗。因此，千百年来，农民种谷子一直采用每亩 0.75~1.5kg 的较大播种量，再通过人工间苗达到适宜的留苗密度的栽培方式。

② 对除草剂敏感。谷子是禾本科作物中对除草剂最敏感的作物，普通谷子品种缺乏适宜的除草剂，虽然市场上也有一些除草剂能在谷田应用，但是使用剂量稍大极易造成严重药害导致死苗甚至毁种，因此，谷田除草一直主要靠人工作业。

人工间苗、除草不仅是繁重的体力劳动，而且苗期一旦遇到连续阴雨天气，极易造成苗荒和草荒导致严重减产甚至绝收，常年因此减产 30% 左右，成为制约谷子规模化生产的瓶颈难题，谷子生产只能以家庭为主进行 3~5 亩的小规模生产，而零星分散种植又导致鸟害严重，使得不少农户不得不放弃谷子生产。由于不能满足市场需要，导致谷子价格连年上涨，形成市场货缺价扬而生产面积却逐年下降的奇怪现象。

（2）谷子简化间苗除草新技术的核心

为了攻克谷子间苗除草难题，河北省农林科学院谷子研究所通过近 20 年的努力，在谷子抗除草剂育种，配套栽培技术方面取得突破，实现了以化学间苗、化学除草为核心的谷子简化栽培，使单户谷子生产能力提高 20 倍以上，该项技术核心有以下几点。

① 创新了谷子抗除草剂育种材料。1993 年以来，河北省农林科学院谷子研究所从加拿大、法国引入抗除草剂青狗尾草（谷子的近缘野生种）自然变异材

料，采用非转基因的远缘杂交方法，在国内外首创了抗拿捕净、抗氟乐灵、抗阿特拉津、抗咪唑乙烟酸、抗烟嘧磺隆等 5 种抗除草剂谷子育种材料，为谷子抗除草剂育种奠定了技术基础。

② 发明了“简化栽培谷子品种选育及其配套栽培方法”。改变以往的育种方法，研制出“简化栽培谷子品种选育及其配套栽培方法”，并于 2006 年获得国家发明专利。该项技术的核心是采用抗除草剂育种材料与不抗除草剂的谷子品种杂交，在主要农艺性状基本稳定而抗除草剂性状仍有分离的高世代群体中分别选择长相基本相同的抗除草剂和不抗除草剂的“双胞胎同型姊妹系”，将二者按一定比例混合形成多系品种，每亩仍采用 0.75~1.0kg 的较大播种量播种，不抗除草剂的姊妹系帮助抗除草剂的姊妹系顶土保证出苗，出苗后通过喷施特定除草剂杀死不抗除草剂的谷苗，达到间苗、除草一次完成的简化栽培目的，在出苗不全的地块，可以不喷具有间苗作用的除草剂，留下不抗除草剂的谷苗，正常结实，保证谷子稳产高产。2006 年以来，已经育成冀谷 24、冀谷 25、冀谷 29、冀谷 31、冀谷 33、冀谷 34、冀谷 35、冀谷 36、冀谷 37、冀谷 38、冀谷 39、冀谷 40、冀谷 41、冀谷 42、冀谷 43、冀谷 45、冀谷 46、冀谷 47、冀杂金苗 1 号、冀杂金苗 2 号、冀杂金苗 3 号等 20 多个抗除草剂的谷子品种，特别是育成的冀谷 31、冀谷 39、冀谷 42 都是华北夏谷区的骨干品种。目前，研制了兼抗 2 种除草剂的多系谷子新品种，由兼抗 A、B 两种除草剂、抗 A 除草剂、抗 B 除草剂的 3 个同型姊妹系组成多系品种。还可以加上对 A、B 两种除草剂都不抗的系，形成 4 个姊妹系组成的多系品种。第一次采用 A 除草剂，杀掉抗 B 除草剂和对 A、B 两种除草剂都不抗的系，实现第一次化学间苗和除草，5~7 天后如果发现谷苗仍较多，可以再喷施 B 除草剂，再杀掉抗 A 除草剂的系，只留下兼抗 A、B 两种除草剂的系，从而使留苗更具有灵活性，除草也更彻底。

2012 年，河北省农林科学院谷子研究所主持完成的“抗除草剂谷子新种质的创制与利用”项目获国家科技进步奖二等奖，“谷子简化栽培的育种与配套技术研究及应用”项目荣获河北省科技进步奖一等奖，2014 年，“优质谷子新品种冀谷 31 选育与产业化开发”项目荣获河北省山区创业二等奖。创新的抗除草剂育种材料、育种方法已经向全国 11 个谷子主产省推广。

2. 留苗密度

谷子的留苗密度受品种特性、栽培制度、栽培条件等多种因素影响，应根据以下因素确定，要以充分利用地力和光能，不倒伏，相对高产为原则。夏播谷子一般亩留苗4.0万~5.0万株。

（1）品种特性

中晚熟品种茎叶繁茂，生育期长，单株需要营养面积大，留苗应稀些。早熟品种，生育期短，株矮叶少，单株需要营养面积较小，留苗可密些。

（2）栽培制度

春谷生育期长，比夏谷播种早，营养生长旺盛，秆高穗大单株需要营养面积大，留苗应稀些。夏谷则反之，要求留苗密些。

（3）栽培条件

在土壤肥力较高，水肥充足的条件下，留苗可密些，在旱薄地，肥水不足的条件下留苗要稀些。

3. 除草剂的选择

目前，根据抗除草剂品种的分类，抗烯禾啶的品种选择烯禾啶除草剂，双抗烯禾啶和咪唑啉酮的品种可选择烯禾啶和咪唑啉酮，抗嘧硫草醚的品种可选择嘧硫草醚，必须是选择配套的专用除草剂，否则会造成死苗。

4. 除草剂的用量用法

在谷子间苗除草方面，河北省农林科学院谷子研究所进行了深入研究，技术成熟可靠。常规品种采用精量播种免间苗，一般播种量在0.2~0.5kg/亩。抗烯禾啶谷子品种一般在杂草2~3叶、谷苗3~6叶期喷施除草剂；喷施除草剂过晚不仅除草效果不好，而且谷苗细弱。烯禾啶是间苗剂，同时也是除草剂，对单子叶杂草具有非常好的除草效果，但对双子叶杂草无效，配施200g/L的谷阔清（二甲氯氟吡氧乙酸异辛酯）杀除双子叶杂草。烯禾啶剂量为每亩80~100mL，谷阔清每亩50~60mL，兑水30kg茎叶喷雾。如果因墒情等原因导致出苗不均匀时，苗少的部分则不喷烯禾啶。抗咪唑乙烟酸品种在杂草3叶期之前，每亩喷施5%咪唑乙烟酸150mL兑水30~40kg，或用4%甲氧咪草烟水剂100mL兑水20~40kg。双抗烯禾啶和咪唑乙烟酸品种根据出苗情况，先喷施烯禾啶和谷阔清观察苗情，如谷苗过多，可再喷施咪唑乙烟酸进行二次间苗。

5. 注意事项

注意要在晴朗无风、12h内无雨的条件下喷施，烯禾啶和咪唑乙烟酸兼有间苗和除草作用，垄内和垄背都要均匀喷施，并确保不使药剂飘散到其他谷田或其他作物。杂交谷子间苗除草按照品种说明进行，一般杂交谷子也是抗除草剂谷子品种，严格按照品种说明的配套技术进行喷施配套除草剂可实现化学间苗除草。

6. 喷施机械

大面积种植谷子喷施除草剂一般采用喷药机（图 2-23）和植保无人机（图 2-24），高地隙自走式喷药机为液压操作，省时省力；轮距可调，稳定性好；喷雾均匀，效果好；操作简单，效率高。植保无人机省时省力、快速高效，雾化程度高，喷雾均匀，受限制小。

图 2-23　自走式喷药机

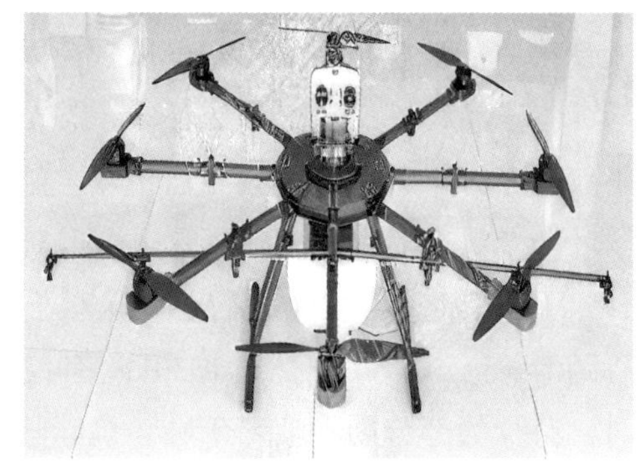

图 2-24　植保无人机

（二）苗期病虫害防治

采用太阳能智能化杀虫灯防治虫害，喷施杀菌剂或种子包衣防治病害。苗期主要防治谷瘟病、白发病、飞虱、蓟马、粟芒蝇等。农业防治要精耕细作，适时深翻，清洁病残体、杂草，降低越冬虫量。合理轮作，避免重茬。药剂防治是在出苗前后用吡虫啉或菊酯类杀虫剂对地表进行全田喷雾防治，包括地边及周边杂草。采用春雷霉素、咪鲜胺等杀菌剂防治谷瘟病，初发期间隔 7 天左右再喷施一次。白发病要以种子包衣防治，一经发现病株，要拔除并带出谷田焚烧。

（三）苗期常见问题及措施

第一，谷子种子已经出芽，又干旱了，是不能二次发芽的。谷田中出现此现象时，要毁种或补种。

第二，谷子种子发芽最低温度 7~8℃，最适温度在 13℃左右，幼苗不耐低温，因此确定谷子播种期要因地制宜，在地温稳定高于 13℃时，进行播种。

第三，谷子耐旱性强，而不耐涝。播种后出苗期正值雨季，非常容易遇到大雨天气，严重的造成田间无苗，刚刚出苗的易造成“灌耳”“淤垄”现象，苗小黄弱，根系扎不深，形成三类苗；出苗期一般在 6 月下旬至 7 月上旬，此时气温较高，尤其遇上 36℃以上高温，如此时正出苗，极易造成烫苗，导致不能正常出苗或出苗后苗不长，甚至死苗。因此，播种前要关注气象预报，遇高温、多雨天气不进行播种。

（四）中耕除草

谷子的中耕管理大多在幼苗期、拔节期和孕穗期进行，一般中耕 3~4 次。第一次中耕结合间苗、定苗进行，一般浅锄，以清除杂草为主要目的。谷子拔节前后及时清垄，即拔除垄内杂草和小苗，并浇水追肥，然后进行第二次中耕，此次要求深中耕，并向根际培土。第三次中耕于孕穗期进行，除松土除草外，同时进行高培土，以促进根系发育，防止倒伏。及时除草具有极显著的增产作用，试验结果表明，及时除草较晚 5 天除草增产 15%~20%。

六、拔节—抽穗期管理

1. 拔节—抽穗期中耕、追肥

行距 45~50cm 的谷田，在拔节孕穗期，土壤湿润的情况下，采用深度可调的中耕施肥机进行行间中耕追肥，追肥深度 3~5cm，伤苗率≤ 5%，肥料裸露率 ≤ 5%，作业效率为 3~5 亩 /h，每亩追施纯氮 2.5~5kg。4ZT–1.6 型 3 行深度可调的中耕施肥机（图 2–25），适合谷子植株水平高度 15~60cm，一次性完成行间松土、除草、施肥、培土等工序。中耕后土块细碎，沟垄整齐，18~25 马力小四轮拖拉机配套，生产效率 6~10 亩 /h。

图 2-25　深度可调的中耕施肥机及施肥效果

2. 拔节—抽穗期补灌

干旱极为严重时，采用移动式喷灌设备进行补灌，膜下滴灌或浅埋滴灌地块采用滴灌系统进行补灌。既可以提高产量 15% 以上，同时可以节约农业用水。

3. 拔节—抽穗期病虫害防治

拔节—抽穗期病害防治：注意防治谷瘟病、叶斑病，用春雷霉素、咪鲜胺代森锰锌可湿性粉剂或稻瘟灵乳油全田喷雾。

拔节—抽穗期虫害防治：注意防治粟芒蝇、玉米螟、黏虫、稻纵卷叶螟、蝗虫、棉铃虫、双斑长跗萤叶甲、椿象等。可用氯虫苯甲酰胺、菊酯类等杀虫剂或其复配制剂喷雾。

4. 拔节—抽穗期常见问题及措施

（1）拔节—抽穗期生长异常现象

中后期如遇暴雨，地表积水，影响根系呼吸，对成长发育晦气，乃至“腾伤”早枯熟。因此，有必要将谷田规划于排水杰出的地块上，还要进行基本建设，整平土面，于耕种之后，或许形成水淹之处，开沟直通谷地外面。如有多余的水，便能通畅流出去，而避免涝害。最终一次中耕，结合高培土，疏通垄沟，下降行间高度，水分过多时，可方便迅速排出。

（2）拔节—抽穗期自然灾害

拔节—抽穗期一般在 7 月中旬至 8 月上旬，此时期高温多雨，谷苗不可避免受到不同程度的影响。为减少谷田受灾程度、促进谷子正常生长，建议从以下几个方面做好管理工作，为提高谷子产量和保障质量奠定基础。

① 排涝减灾。谷子抗旱性强，但耐涝性差，尤其遇到大风大雨，不仅抑制谷苗生长，而且易倒伏，因此，为防止雨水大量积聚在谷田里，应做好排水设

施，如遇雨水集聚，要及时进行排水，避免谷苗长时间浸泡在水里。另外，提醒种植户为避免夏季大雨淤苗，在播种时要进行平播，不要将谷子播种在沟里。

② 追肥增产。谷子拔节后，进入营养生长和生殖生长并进时期，不仅根、茎、叶快速生长，同时也开始幼穗分化，是形成籽粒的关键时期，也是第一个需肥高峰期。此时期浇水或趁雨适当追施复合肥或尿素 8~10kg/ 亩，有利于植株的建成和谷穗的形成，增加单穗重和穗粒重，提高产量。建议采用中耕施肥机进行中耕施肥，提高肥料的利用率，同时可以培土除草。追肥的原则应掌握肥地晚施，瘦地早施；旱地早追，深埋等雨。避免在大雨前和无水情况下地面撒施肥料。

③ 病虫害防治。在这种高温高湿天气情况下，非常容易发生谷瘟病。在田间初见叶瘟病斑时，用春雷霉素、咪鲜胺、戊唑醇喷雾，视病情轻重，间隔 5~7 天可再喷 1~2 次。为防治穗瘟，抽穗前最好针对穗部再防治一次。有白发病的地块，要及时拔除病株，带出谷田烧毁，避免土壤再侵染。此期主要虫害是粟灰螟、玉米螟、黏虫等害虫，针对玉米螟的危害，可选择的药剂有高效氯氟氰菊酯、溴氰菊酯、氯虫苯甲酰胺、甲维盐、氟苯虫酰胺、辛硫磷、苏云金杆菌等，针对黏虫，可采用甲维盐 + 白僵菌 + 虱螨脲进行喷雾即可防治，还可选择的药剂：氯虫苯甲酰胺、除虫脲、氟啶脲、氰戊菊酯、高效氯氰菊酯、毒死蜱等。

④ 清除杂草，减少水肥消耗。及时清除田间杂草，减少不必要的水肥消耗。不要忽略杂草的清除，更不要等到杂草结籽，大量的草籽会造成下一年谷田更严重的草害，尤其谷莠子的草籽可在土壤中存活 20 年之久，只要种植谷子，就会与谷子伴生。因此要及时清除杂草。

5. 拔节期“一喷多效”技术

此时可将叶面补肥与病虫害防治结合起来，喷施腐殖酸、氨基酸、微肥等叶面肥的同时加入杀虫剂和杀菌剂，起到一喷多效作用。

七、开花—灌浆期管理

1. 开花—灌浆期病虫害防治

此时期注意防治谷瘟病、纹枯病，谷瘟病用春雷霉素、咪鲜胺等，纹枯病用粉锈宁、禾果利等喷施茎基部。虫害注意防治黏虫、棉铃虫，采用高效氯氟氰菊酯、氰戊菊酯乳油进行防治。

2. 开花—灌浆期常见问题及措施

（1）开花—灌浆期生长异常现象

植株上部叶片立枯，出现茎折现象，此时拨开茎秆，会发现有虫蛀孔，多是因为有玉米螟（钻心虫）为害。

植株叶片出现发黄、叶背部有白色霜状物，此为白发病症状之一。

植株抽穗穗尖部出现秃尖现象，无小穗码，此为穗分化时期遇干旱，水分不足，小穗发育受损。

“腾伤”又名“热伤”“热腾”等。是指谷田中灌浆期茎叶骤然萎蔫，而逐步呈灰白色干枯状，引起穗轻籽秕的现象。怎么避免“腾伤”呢？首先注意把谷田安排于地形较高、通风透光的地块上，还应做好防涝、排涝作业。其次放宽行距和高培土，以利通风和排涝，扩展散热面，浇水也应于午后或晚间进行。

（2）开花—灌浆期自然灾害

谷子一般在 8 月中旬进入开花—灌浆期，此时期仍处于多雨季节，易出现大风大雨，造成倒伏。谷子进入灌浆期，穗部逐渐加重，如根系发育不良，土壤松软，稍有刮风，即招致倒伏，是为“根倒”；或因茎高而纤细，组织柔嫩而倒，是为“茎倒”。这是导致谷子产量不高的重要原因之一。

谷子倒伏之后，互相遮阳和挤压，或拉断根系，光合作用不能正常进行；尤其是根系发育不良引起的“根倒”，比之“茎倒”更为严重地影响光合产物的制造和运转；同时由于茎叶堆在一起，散热慢，往往保持较高的温度，呼吸加强，消耗物质增多，积累物质减少，势必灌浆不良，千粒重降低，秕籽率高。农谚说：“谷倒一把糠”。甚至茎叶、穗子发生霉烂，最严重的可减产 60%~70%，而且收割费工。

造成谷子倒伏的因素很多。首先是品种本身，茎秆较细高，抗倒性差；根系发育较好，茎秆粗而皮厚，抗倒性强。其次，耕作栽培方面原因。第一密度不合理，过稀，减少谷株间的相互依靠作用；过密，根系发育差，茎秆细高，也易倒伏。第二施用氮肥过多、过早，使谷子茎叶徒长，组织柔软；如用大量氮肥作底肥与种肥，或片面强调早追猛攻，使苗期蹲苗差，根系发育不良，谷株不能均衡生长，招致倒伏严重。第三灌水不当，如风天漫灌，或秋雨连绵、涝害也会引起倒伏。此外，间苗过迟或苗期多雨，致使根系发育差，茎秆纤细；或行距过窄，不便培土，以及灌浆期风大，都是谷株倒伏的原因。

（3）防倒措施

为夺取高产，在栽培管理上，一开始就要注意。如选用抗倒品种、确定适当行距、蹲好苗、合理密度、早间苗、多中耕、合理施肥、注意培土、科学灌水和排涝，特别是采取有明显防倒效果的压青苗措施和沟播种植法等。

谷子抽穗以前，一般不易倒伏，即使倒也不大要紧。因植物生长有向光性，茎节部的分生组织，在背光的一面生长较快，使谷株自动弯曲起来。如茎叶发生霉烂或在灌浆期以后倒伏，就应当及时扶起，并捆成小束，以防再倒。每株露出顶部两三个叶子，使光合作用仍能继续进行，利于灌浆“上籽”。

八、成熟期管理

（一）收获技术

适时收获是保证谷子丰产丰收的重要环节。收获要根据谷子籽粒的成熟度来决定，收获过早籽粒不饱满，青粒多，籽粒含水量高，籽实干燥后皱缩，千粒重低，产量不高；同时过早收获后，谷穗及茎秆含水高，在堆放过程中易放热发霉，影响品质；收获过迟，茎秆干枯易折，穗码脆弱易断，谷壳口松易落粒，如遇强风则使植株倒折，穗部碰撞摩擦大量落粒。总之，收获过早过迟，都将使产量、品质受到严重损失，并给收获造成困难。

谷子适期收获的确定应根据各地区的具体条件及谷子的不同品种特性来决定，一般以蜡熟末期或完熟初期收获最好，此时谷子的茎秆略带韧性，逐渐呈现黄色，下部叶片变黄，上部叶片稍带绿色或呈黄绿色，养分已不再向谷粒输送，结实籽粒的颜色为本品种特有的颜色。而且谷粒已变成坚硬状，颖及稃全部变黄，种子的含水量20%左右；但在某些地区，由于气候条件和栽培条件较好；或因品种特性的关系，谷穗进入蜡熟末期，植株仍保持绿色，在这种情况下应及时收获。

（二）收获方式与机械

谷子颗粒细小，成熟后谷穗弯曲，容易碰撞折断或散落。收获过晚，容易造成落粒和鸟害；收割过早，籽粒成熟不好，秕谷率高，千粒质量下降，产量低，影响小米质量。为此，适时收获是保证谷子丰产的重要环节，收获要根据谷子籽粒的成熟度来决定，一般传统收获以蜡熟末期或完熟初期为最好，并利用谷子后熟的特性，晾晒3~10天后脱粒，这样水分少，胚乳发育完全，发芽率高。

（1）谷子机械化收割的农艺技术要求

谷子机械收获方式因地制宜可分为两种。一是丘陵地带、小地块种植区采用分段机械化收获——先割晒后脱粒，是目前着重解决的收获方式，无须其他外在条件就可实现，并借鉴开发手扶式等小型联合收获机械；二是平原、较大地块种植区，根据需要除可以采用分段机械化收获外，还可开发作业效率较高的大、中型联合收获机械。

（2）谷子收获配套机具

谷子收获机具可主要分为：割晒机、脱粒机和联合收获机。

① 割晒机。割晒机（图 2–26）用于谷物收割，即将成熟后的谷子割倒放铺，有利于秸秆的回收，比人工收割的作业方式生产效率提高数十倍。与脱粒机配套使用可实现分段收获，即割晒放铺、人工收集、掐穗脱粒或整株脱粒。

图 2–26　4S–1.8 型多功能割晒机

通过研究谷穗高重心、果穗下垂状态下的分禾、切割、铺放技术，形成谷子专用割晒机。机具的幅宽要考虑地形、田间道路以及机具的运输等问题，配套动力应选用中、小型拖拉机、手扶拖拉机和其他动力，以适应不同地区的需要。

目前，团队新研制了 4S–1.8 型多功能割晒机，可实现谷子的割晒，该机采用立式割台，割台由机架、传动箱、往复式切割器、上下三排拨禾链、拨禾星轮和分禾器等部件组成。

机架可与拖拉机进行挂接并用来安装和支撑各工作部件，往复式切割器置于机架底部，割刀上方为扶禾器，扶禾器上方分别排列三层带拨齿的拨禾链，割刀至每层拨禾链的尺寸分别以谷子植株的重心点做参考进行排列，上层拨禾链可向上调整 30cm 左右，以适应较高秆作物的收割。

机具的主要技术参数为往复式割刀，收割幅宽 1 800mm，割茬高度≤ 150mm，配套动力为小四轮拖拉机，适宜作业速度 2~4km/h。

试验发现谷子的植株高度及生长状况对割晒机的收割效果还是有一定影响的。籽粒成熟后，当植株的是否倒伏，收割效果最好，植株高度在 1.1~1.3m 收割效果好，植株高度过高（重心高）超过 1.5m，效果差。由于谷子品种较多，还需要大量试验进行验证，以保证机具适应性。

② 脱粒机。由于谷粒体积小、重量轻，而谷秆、叶子和谷糠谷秕等杂质对谷粒的夹带会较多，造成损失加大；谷穗脱粒时对含水率有一定要求，不能过度干燥，否则易损伤谷壳，使谷子直接变成小米，影响谷子的存放，但是如果谷穗的含水率偏高，又会影响谷子的脱净率，尤其是整株脱粒比谷穗脱粒更容易造成夹带损失。因此谷子脱粒的技术难点包括：脱粒过程中籽粒与谷穗的彻底分离，如何减少筛选、风选的清选损失，避免谷壳的机械损伤等。

根据谷秆回收需求不同，谷子脱粒机主要分为两种机型：谷穗脱粒机和整株脱粒机。谷秆整秆需要回收的地区可使用谷穗脱粒机，使用前需要先将谷穗与谷秆分离，然后单独进行谷穗脱粒。以下是两种常用型号的脱粒机（表 2–7）。

表 2–7　两种脱粒机的技术参数

项目	单位	技术参数	
		5T–28 型	5T–45 型
配套动力	马力	2.2（4 级电动机）	2.2（4 级电动机）
外形尺寸	mm	1 300 × 700 × 1 000	2 130 × 1 290 × 1 540
整机重量	kg	80	300
滚筒型式		杆齿式	纹杆与杆齿组合式
清选型式		风选	吸风与筛选组合式
凹板间隙	mm	10~15	5~10
作业效率	kg/h	400	800~1 200
滚筒转速	r/min	1 260	1 050
脱净率	%	≥ 98	≥ 98
破碎率	%	≤ 0.5	≤ 0.5
含杂率	%	≤ 5.0	≤ 5.0

5T–28 小型谷穗脱粒机（图 2–27）。该机能够一次完成谷穗的谷糠谷秕、杂余、和谷粒的分离，具有操作方便、体积小、效率高等特点，这种机型比较适合小规模生产者使用，也将是近期市场上保有量最多的脱粒机型。

5T–45 型整株脱粒机（图 2–28）。整株脱粒机能够带谷秆整株脱粒，可一次完成谷粒、谷糠谷秕、杂余、谷秆的清选分离。该机采用电动机为动力，三角带传动。最大程度地减少人们的劳动强度是谷子收获的一个最重要的目的，因此脱粒机还可增设自动上料装置，代替人工喂入，既减轻了劳动强度，还可减少喂入伤害，保证操作者的人身安全；同时，又能实现均匀喂入、减少作业故障、提高作业效率。

与谷穗脱粒机相比，整株脱粒机的体积和价格要大和高很多，但使用前不用将谷穗与谷秆分离，可减少一个人工作业的环节，成本降低，此外，整株脱粒机的一次脱净率较高，从长远来讲，整株脱粒机将会是谷子脱粒机的一个主导机型。

图 2-27　5T-28 小型谷穗脱粒机

图 2-28　5T-45 型整株脱粒机

③ 联合收获机具。联合收获机具在田间一次作业可完成谷物的切割、输送、脱粒、清选集箱等项工作。联合收获劳动强度小、效率高，是谷子机械化收获理想的作业方式。

根据机具脱粒的工作原理不同进行分类，在两类谷物联合收获机的基础上进行改装，分别进行了谷子联合收获试验，取得了较好的工作效果，下面介绍一下具体机具情况（表 2-8）。

表 2-8　主要收获技术参数指标对比

项目	单位	技术参数	
		轴流式机型	切流式机型
破碎率	%	5.0	3.7
含杂率	%	6.36	3.8
未脱净率	%	2.5	3.0
籽粒损失率	%	8.2	4.5

轴流式谷子联合收获机（图 2-29）。轴流式谷子联合收获机是在原新疆 2 型

小麦联合收获机的基础上改制，这种机型基于轴流式钉齿或板齿滚筒设计，采用击打式脱粒及滚筒内离心式分离方式，作物秸秆在滚筒内滞留时间较长，谷秆破碎严重，尤其是在茎叶含水率高时，脱粒过程茎叶易挤出水分变潮湿，由于谷子籽粒小、重量轻，分离时籽粒容易与茎叶粘连，造成夹带损失高，籽粒含杂率高等问题。因此，轴流式机型在收获成熟期茎叶含水率低的品种效果较好，通过调查发现该机型比较适合东北、西北一年一作地区使用。但不适合华北夏谷区使用。

图 2-29 轴流式谷子联合收获机

切流式谷子联合收获机（图 2-30）。谷子收获宜采用揉搓式脱粒、滚筒外抖动式分离的工作原理，这种工作方式秸秆破碎率低，籽粒夹带少，含杂率低；因此研制带有切流式滚筒脱粒、逐稿器分离结构的谷物联合收获机较为适宜。切流式谷子联合收获机是在佳木斯 1065/1075 切流式联合收获机的基础上进行了改造，针对谷子收获作业的特点对清选风量、风速等参数进行了调整，对凹板筛进行了更换，加装了特定的割台分禾装置；根据待收获谷子的高度、秸秆含水量、倒伏程度、作物产量等状况，对收获机的作业速度、滚筒转速、割台离地间隙等参数进行适当调整。

图 2-30 切流式谷子联合收获机

作业效果主要表现在含杂率明显变小，尤其是在收获秸秆含水率较高的谷子品种时，夹带损失较小，基本上解决了轴流式滚筒联合收获机筛板堵塞、含杂率高和夹带损失率较高的难题。通过试验我们总结出这种机型的优点是：收获效果不受秸秆含水率影响，籽粒含杂率低，秸秆完整性好，夹带损失少，此机型适合所有地区使用，这是谷子机械化联合收获作业的一大突破。

生产上常用机型有常发佳联 CF505（图 2–31）、约翰迪尔 W80（图 2–32）、星光 XG750（图 2–33）、久保田 758Q（图 2–34）、雷沃谷神（图 2–35）、捡拾联合收割机（图 2–36）等。

图 2–31　常发佳联 CF505

图 2–32　约翰迪尔 W80

图 2–33　星光 XG750

图 2–34　久保田 758Q

图 2–35　雷沃谷神

图 2–36　捡拾联合收割机

约翰迪尔 W80 和常发佳联 CF505 均属于切流式，采用揉搓式脱粒、滚筒外抖动式分离的工作原理，收获效果不受秸秆含水率影响，籽粒含杂率低，秸秆完整性好，夹带损失少，轮式底盘，适合大平原区域使用。

星光 XG750 履带式谷子联合收获机属于星光的一种双滚筒机型，前段滚筒短（切流），后段滚筒长（横轴流式），主要采用的是揉搓 + 击打式脱粒及滚筒内离心式分离方式，割台幅宽 2.2m，机型相对较小，具有效率高，喂入量达到 4.0kg/s，割茬低，可收获倒伏谷子，损失率低，含杂率低等特点。但采用履带式行走底盘，转移不太方便，适合丘陵地带。

捡拾联合收割机适用于先用割晒机将谷子带秸秆割倒，在谷田中晾晒 10~15 天，籽粒水分降至 13.5% 左右时，采用捡拾联合收割机进行捡拾脱粒。

（三）秸秆处理

收获后的秸秆经联合收获机粉碎后均匀抛撒在地面，随旋耕进行秸秆还田。有秸秆需求的地块采用方形或圆形秸秆打捆机将秸秆打捆用于养殖。

谷子秸秆营养丰富，饲用价值高，与苜蓿相当，是优良的饲料，可以直接饲喂牲畜，也可添加其他饲料加工用于养殖业，既可以青贮，也可以晒干应用。谷子联合收获后，采用秸秆打捆机进行打捆，便于销售或用于养殖。秸秆打捆机主要有以下两类。

方捆打捆机（图 2-37）的优点是长方捆、工作稳定、损失少、效率高，装卸方便、可换捡拾器，一机多用。

圆捆打捆机（图 2-38）的优点是圆柱捆、工作稳定、损失少、效率高，但需要专用装卸机具。

图 2-37　方捆打捆机

图 2-38　圆捆打捆机

（四）籽粒降水贮藏

谷子的收获和贮藏是保证谷子丰收和质量的重要内容，应注意以下几个方面：① 适时收获。适时收获是保证谷子丰产丰收的重要环节，收获要根据谷子籽粒的成熟度来决定，收获过早籽粒不饱满，青粒多，籽粒含水量高、籽实干燥后皱缩，千粒重低，产量不高，而且过早收获后，谷穗及茎秆含水量高，在堆放过程中易放热发霉，影响品质；收获过迟，茎秆干枯易折，穗码脆弱易断，谷壳口松易落粒。一般谷子以蜡熟末期或完熟初期收获最好；② 收获时割下的谷穗要及时进行摊晒，防止发芽和霉变；③ 谷子的脱粒可采用畜力或车辆碾场，也可采用机械脱粒。碾场时谷穗平铺的厚度以4~5寸（1寸≈3.3cm）为宜，注意清理干净场地，防止杂质、砂粒等混入谷子中影响质量；④ 收获的谷子具有一定的生命力，不仅能进行呼吸作用，而且对水分的吸附能力也较强。因而在贮藏期间，要注意降低温度和水分，抑制呼吸作用，减少微生物的侵害。

（五）收获期常见问题及措施

1. 收获期自然灾害

及时收获是保证丰产丰收的重要环节。过早割倒，影响籽粒的饱满而致减产；如收得太迟，则会发生落粒，尤其遇到刮风，由于穗部互相摩擦，更为严重。如秋雨连绵，还可能发生穗发芽、“霉籽”“返青”等，而致丰产不能丰收。因此，当穗子“断青”，籽粒硬化，谷略黄时，就应立即收获。

收获期正值9月底，此时期多出现几天连阴雨天气，易造成成熟的谷子发生穗发芽、穗发霉。如出现此现象，如何将发芽的谷粒与正常谷粒分开？脱了粒的谷子放在水里，发了芽的谷子会漂在水面上。只要把面上发了芽的谷子捞起来，剩下的好谷就可以分开了。

2. 收获期鸟害防治

谷子田的鸟害主要发生在谷子成熟期，以鸟类啄食籽粒并造成落粒为主。全国谷子产区均有发生，但鸟害的发生程度差异较大，轻的地块产量基本不受影响，但严重的地块，鸟害甚至导致小规模谷田绝收，给农民造成了严重的经济损失。谷子种植面积逐年下降，特别是小面积种植逐渐减少，其中一个重要原因就是鸟害。鸟害发生具有不确定性、突发性等特点，一天之中，黎明后和傍晚前是两个明显的危害高峰，麻雀等小型鸟类以早晨较多，而鸦科的傍晚前较多。

为了减轻谷子鸟害，又保护鸟类，近年来科研人员进行了不懈地探索。采取了一些物理或化学方法进行防治，但是这些方法各有利弊。经过研究认为，应该因地制宜，尽可能集中连片种植，在小规模种植区域，鸟类危害较重的地块，应以种植鸟害轻的谷子品种为主，物理化学方法为辅的综合防治技术。鸟类具有一定的记忆力及较强的适应能力，单一的防治方法往往易在较短的时间内失效，应多种防治方法相结合，且要提前防治，才能达到良好的效果。

（1）农艺措施

① 调整生产区划和耕作制度。根据农业区划和产业布局，集中连片种植。种植规模越大，鸟害越轻。在谷子主产区，采取大规模连片种植，不仅有利于机械化管理，同时，可以减少鸟类的集中危害，不增加任何防控成本，有利于生态防控。应注意调整适宜播期，采用生育期较一致的品种。在谷子零星种植区，尽可能协调种植地块，采取小规模连片种植，采用统一品种，统一播种时期，不仅有利于降低鸟害程度，而且可以降低防控成本。

② 选用防鸟品种。种植抗鸟害或者鸟害轻的谷子品种，既能解决谷子鸟害的问题，减少粮食损失，又能保护生态环境，是今后绿色防控的重点研究方向。

谷子长刚毛有减轻和防止鸟害的作用，因此谷子长刚毛基因的研究，对提高谷子产量，扩大谷子的生产有重要的意义。如农家种的“气死雀、毛毛谷、红黏谷”等，具有较长的刚毛，生产中有一定的防鸟害作用。

粒色是影响谷子鸟害的重要因素，研究表明褐色籽粒品种鸟害较轻。如河北省农林科学院谷子研究所育成的冀谷 19、冀谷 31、冀谷 38，在生产应用中，发现具有鸟害轻的优点，被农民称之为“鸟不弹谷”，较一般黄粒品种鸟害程度降低 60% 以上。

（2）物理防治

为了减轻谷子鸟害，数千年来人们进行了不懈地探索，尝试了许多物理的防鸟措施，目前单一的防治措施效果都不是很理想，我们应该因地因时制宜，采用多种综合经济有效的方法，降低鸟害的损失，保护生态平衡。

① 视觉驱鸟。鸟类的视觉很好，会敏锐地发现移动的物体和他们的天敌。在田里竖立稻草人、放置天敌模型如气球老鹰、猫头鹰及蛇的模型。鸟类惧怕黄色，在气球上画一个黄色、恐怖的鹰眼，将气球系于田间，让其随风飘动，具有一定的驱鸟的作用，但只能维持较短的时间，随着时间的延长鸟类不再害怕，甚至会在这些模型上筑巢。

② 声音驱鸟。鸟类的听觉和人类相似，人类能够听到的声音，鸟类也能够

听到。声音驱鸟是指利用声音来把鸟类吓跑。传统的声音驱鸟法主要有哨声（敲锣、击鼓）、放鞭炮、煤气炮等。目前，使用效果比较明显的是电子声音驱鸟。电子声音驱鸟器利用数字技术产生不同种类鸟的哀鸣，让鸟感到难受和不安全感。另外，这种声音还可以把他们的天敌吸引过来，同时把过路的鸟类吓跑。这些方法只能在短时间内把鸟类吓跑，时间一长鸟类就适应了，一般用于收获季节的短时间内使用。

超声波驱鸟器的超声波输出频率一般在 2 万 Hz 以上，在此频率范围内播放干扰鸟类听觉的特定频率的超声波脉冲，可以驱赶保护区域内的鸟类。

③ 光线驱鸟。彩带及闪光物体驱鸟。彩带是以聚酯薄膜为基材，一面为银白色，另一面为红色的彩带，通过反射光线来驱鸟，在有风的情况下可发出金属样的响声，也可驱鸟。鸟类惧怕银光，将银色的废弃光盘、易拉罐及磁带悬挂于田间，有一定的驱鸟作用。鸟类的眼睛能看见紫外线，在风车的叶轮上涂上紫外线反射漆，在风力的作用下风车旋转，旋转的风车使鸟类以为拍打翅膀前来迎击的天敌，故可驱鸟。也可用镜片当作风车的叶轮，当风车旋转时反射出旋转的光线，进行驱鸟。鸟类的适应性较强，当鸟类适应驱鸟彩带及闪光物体，其防治能力将大大减弱。

激光驱鸟器采用高亮度激光束照射保护区域，对鸟类眼睛产生强烈的刺激作用，使鸟产生不适和恐惧感而迅速离开。激光驱鸟器有效作用范围大，覆盖半径可达 3 000m，驱鸟快速、便捷。

④ 烟雾驱鸟。在田地空旷处或田地旁施放烟雾，鸟类惧怕烟雾，可有效预防和驱散鸟类，但应注意不要烧毁农作物。也可采购机械烟雾驱鸟装置，包括驱鸟剂药液箱、烟雾发生器和若干个喷头，用于田间施放烟雾。

⑤ 架设防鸟网。在谷田上方架设竹竿或铁质网架，网架上铺设塑料专用防鸟网，网架的周边垂下地面并用土压实，以防鸟类从旁边飞入。由于大部分鸟类对暗色分辨不清，因此应尽量采用白色尼龙网，不宜用黑色或绿色的防鸟网，网眼尺寸 1cm 为宜。这种方法的缺点是费用太高，操作麻烦，而且对于种植面积特别大的谷田不适用。

（3）化学气味防治

以毒饵毒杀鸟类会破坏生态平衡，其做法受到法律的严格禁止。目前，鸟害的化学防治是指在谷田上喷洒或释放鸟类不愿啄食或感觉不舒服的化学物质——驱鸟剂：一种缓慢持久地释放出一种影响鸟神经系统、呼吸系统的特殊气味，鸟雀闻后即会飞走，在其记忆期内不会再来的试剂，迫使鸟类到其他地方觅食。高效安全与环境友好型的驱鸟剂，特别是生物型食品级的驱鸟剂将成为谷田防鸟的有力措施。

① 氨茴酸甲酯。氨茴酸甲酯（$C_8H_9NO_2$）在自然界中存在于塔花油、橙花油、依兰油、茉莉油、晚香玉油等中。主要为食品、药品、洗衣用品、家庭用品添加香味，我国 GB 2760–2014 规定为允许使用的食用香料，是目前唯一注册可在众多农作物上使用的化学驱鸟剂，安全性很高。直接把驱鸟剂原液或原液兑水 1~3 倍浸蘸棉球，棉球上部用塑料薄膜覆盖，以便遮雨，每 10~20m^2 悬挂 1 棉球。驱鸟剂多在清晨或傍晚悬挂，施用量应根据鸟类的危害程度确定用量，通常为 1.5kg/hm^2 左右，鸟类危害严重时，应加大用量。在谷子地悬挂，可驱鸟。

② 丁硫克百威。丁硫克百威是剧毒农药克百威的低毒衍生物，属中等毒性杀虫杀螨剂，具有内吸、触杀和胃毒作用。用作驱鸟剂时，兑水稀释 20 倍左右，然后倒入矿泉水瓶中，并在瓶身四周打拇指大小的 4~6 个孔，每 10~20m^2 悬挂 1 瓶。挂瓶后经过 3~5 天或下雨后，要及时增加水或晃动瓶体，使气味挥发如初。瓶内水干或缺水后，可适当加水晃动。如发现瓶内有胶体沉淀，应及时摇晃，使胶体溶解，以保证防治效果。挂瓶时上风口处应多挂。因农药有毒副作用，谷子收获时应移出农田做无害化处理。

③ 天然驱鸟剂。樟脑丸，驱鸟用的樟脑丸一般为人工合成樟脑丸。合成樟脑丸是一种有机化合物，含对二氯苯、萘的樟脑丸，属于农药类产品，大多呈白色，气味刺鼻难闻，且沉于水中。樟脑丸中的主要成分是萘酚，它具有强烈的挥发性。把樟脑丸 2~3 粒放在一个小纱布袋里，在谷子地按 200~300 袋 /hm^2 的密度均匀悬挂于田地，可驱鸟。谷子收获时应移出农田做无害化处理。

薰衣草（*Lavandula angustifolia*）为多年生耐寒花卉，喜阳光充足、气候凉爽的环境及排水良好的砂壤土，全株略带木头甜味的清淡香气，其花、叶和茎上的绒毛均藏有油腺，轻轻碰触油腺即破裂而释出香味，但鸟类不喜欢该种香味，且该香味对鸟类具有一定的驱赶作用，谷子地旁栽植几株薰衣草，可显著减轻鸟类危害，而且对人类和环境友好。

第三章 东北春谷生态区谷子绿色高效栽培技术

第一节　东北春谷生态区谷子分布及其主推品种

一、东北春谷区谷子分布

东北春谷生态区包括黑龙江第Ⅰ、第Ⅱ和第Ⅲ积温带，吉林省，辽宁省朝阳以北和内蒙古东部。该生态区土壤类型复杂，分布有白浆土、沼泽土、盐碱土和分布较为广阔的黑钙土。谷子栽培面积以该区西部为最大。该区气候寒冷，无霜期短，整个生育期中，降水量自西向东递增，雨季集中。降雨季高峰明显而稳定，同时与暖季相配合，对谷子生长有利。7月上旬普遍进入雨季，正值谷子拔节、孕穗和抽穗期，有利于谷子幼穗分化和抽穗。

该区4、5月多沙尘风暴，播后如不注意，往往扒走种子，容易形成缺苗断垄；秋季多大风，易发生谷穗掉粒，产量降低。每隔3~5年谷子生育后期发生一次低温冷害，对谷子生产带来较大危害。在生产上要注意抗低温促早熟的栽培。

二、东北春谷区谷子品种类型

东北春谷区谷子品种以绿幼苗、绿叶鞘、纺锤松散穗、黄粒、黄米型为主，多为单秆、大穗，生长繁茂型品种。根据中国农业科院作物科学研究所SSR分子标记和基因组测序聚类分析的结果，东北春谷区不同区域品种类型在遗传上差别是很大的，如黑龙江地区的品种是真正的春谷型品种，而吉林的公主岭和吉林市等的品种实际上是夏谷类型，辽宁省一些地区的品种也和夏谷类型接近。

三、东北春谷区主推品种简介

1. 朝谷 58

品种来源：朝谷 58 以朝谷 9 号为母本，以冀谷 25 号为父本杂交的品种。

特征特性：朝谷 58 号平均生育期 124 天，幼苗绿色，平均株高 124.4cm；穗呈纺锤形，穗码松紧适中，平均穗长 20.8cm，穗重 21.0g，穗粒重 16.6g，千粒重 3.0g，出谷率 79.5%，黄谷，黄米。该品种抗逆性较强，适应性较强。

产量表现：该品种在 2014—2015 年参加国家区域试验，平均亩产 339.7kg，较对照增产 4.83%。2015 年参加国家生产试验，平均亩产 407.5kg，较对照增产 16.09%。

栽培技术要点：朝谷 58 播前做好耕、翻、耙、压保墒工作。亩施农家肥 1 500~2 000kg，亩施口肥磷酸二铵 10~15kg，或用复合肥 15~20kg，拔节期结合耥地亩追尿素 20~25kg。播前对种子进行水选，清除秕粒，根据土壤墒情 4 月下旬至 5 月中旬播种均可正常成熟，最适宜播期为 5 月上中旬，由于该品种是抗除草剂品种，因此要严格掌握播种量，抗除草剂与不抗的比例为 7∶13，根据墒情确定播种量，并保证均匀播种。谷子是靠群体增产的作物，为获得高产，必须达到适宜的种植密度，该品种亩留苗坡地 2.5 万 ~3.0 万株，平地 3.0 万 ~3.5 万株。该品种应早管理细管理，谷子幼苗 2~4 片叶时压青苗蹲苗，利于后期抗倒伏；谷子生育期间要求铲 2 次，耘 1 次，耥 1 次，达到土净土松，无杂草危害，培肥根系。灌溉条件遇干旱时要及时灌水。在谷子 4~5 叶期，根据苗情喷施拿捕净 80~100mL/ 亩，兑水 30~40kg 喷雾，苗少的部分不要喷施拿捕净。注意在晴朗无风、12h 无雨的条件下喷雾。垄内和垄背都要均匀喷雾，并确保不使药剂飘散到其他谷田或作物上。适时防治黏虫、钻心虫、粟叶甲。

适宜区域：适宜在辽西干旱半干旱地区及自然条件相似地区种植。

2. 燕谷 18 号

品种来源：燕谷 18 以矮 88 为母本，以齐头白为父本杂交选育而成的品种。

特征特性：燕谷 18 生育期 110~120 天，幼苗绿色，株高 130~140cm；穗长 25~28cm，单穗重 20~25g，单穗粒重 15~20g，千粒重 3.2g，出谷率 78%~82%；褐谷、黄米，米质粳性；该品种抗逆性强，抗旱性强，抗倒伏，高抗谷瘟病、白发病、锈病、纹枯病。

产量表现：该品种在2009—2010年参加国家区域试验，平均亩产340.8kg，较对照品种增产9.41%。2010年参加国家生产试验，平均亩产373.5kg，较对照增产7.15%。

栽培技术要点：燕谷18号在山、坡、平地均可种植，播前做好精细整地耕翻耙压工作，播后及时压磙子，确保一次播种保全苗。亩施农家肥1 500~2 000kg，播种时施口肥复合肥10~20kg，结合耥地亩追尿素10~15kg。密度适宜，一般山地亩留苗2.0万~2.5万株，坡地2.5万~3.0万株，平地3.0万~3.5万株。管理需及时，幼苗2~5片叶时，压青苗1~2次，以便控制地上部分徒长，促进根系生长，苗高1~2寸时间苗、定苗，谷子生育期间要求铲2~3次，耘1次，耥1次，发生病虫害应及时进行防治。

适宜区域：适宜在辽宁西部、吉林省吉林市等地区及自然条件相似的其他地区种植。

3. 朝谷21

品种来源：朝谷21以神奇谷为母本，以昭农21为父本杂交的品种。

特征特性：朝谷21平均生育期120天，幼苗绿色，平均株高107.8cm；穗呈纺锤形、穗码松紧适中，平均穗长24.8cm，穗粗2.9cm，单穗重24.2g，单穗粒重18.6g，千粒重3.1g，出谷率77.4%；黄谷、黄米；该品种抗谷瘟病、谷锈病、白发病。

产量表现：2017—2018年参加东北核心主产区谷子新品种联合鉴定试验。2017年平均亩产399.5kg，对比九谷11号品种增产6.53%；2018年平均亩产317.5kg，对比九谷11号品种增产6.90%。

栽培技术要点：朝谷21播前做好耕、翻、耙、压保墒工作。亩施农家肥1 500~2 000kg，亩施口肥磷酸二铵10~15kg，或用复合肥15~20kg，拔节期结合耥地亩追尿素20~25kg，也可以播种时一次性施缓释肥30~40kg。播前对种子进行水选，清除秕粒，根据土壤墒情4月下旬至5月中旬播种均可正常成熟，最适宜播期为5月上中旬。谷子是靠群体增产的作物，为获得高产，必须达到适宜的种植密度，该品种亩留苗坡地2.5万~3.0万株，平地3.0万~3.5万株。发生黏虫危害时用4.5%高效氯氰菊酯2 000倍液喷雾。

适宜区域：适宜在春谷生态区辽宁省西部、吉林省南部、内蒙古通辽和敖汉地区春季种植。

4. 朝谷 27

品种来源：朝谷 27 以朝谷 58 为母本，以朝谷 15 为父本杂交的品种。

特征特性：朝谷 27 生育期 121 天。幼苗绿色，叶鞘浅紫色；株高 134.5cm；穗形圆锥形，穗密度中等，穗长 22.7cm，单穗重 24.6g，穗粒重 20.1g，千粒重 3.1g，出谷率 76.2%，籽粒黄色，小米中等黄色，胚乳粳型；该品种抗谷瘟病、白发病，高抗谷锈病，抗拿捕净除草剂。

产量表现：2018—2019 年参加全国谷子品种区域适应性联合鉴定试验。2018 年平均亩产 349.5kg，对比长农 35 号品种增产 14.52%；2019 年平均亩产 337.0kg，对比长农 35 号品种增产 9.13%。

栽培技术要点：播期一般为 5 月中下旬，播量一般 0.4kg/ 亩，使用包衣种子，防治白发病。施用硫酸钾做种肥 5kg/ 亩，磷酸二铵 10kg/ 亩为宜。追肥，以尿素 15kg/ 亩左右为宜。种植密度为 2.5 万 ~3.0 万株 / 亩。应注意防治谷子粟叶甲、钻心虫和黏虫。

适宜区域：适宜在辽宁西部、山西中部、陕西中北部等区域春季种植。

5. 朝 1459

品种来源：朝 1459 以朝谷 58 为母本，以朝谷 15 为父本杂交的品种。

特征特性：朝 1459 平均生育期 112 天，幼苗绿色，平均株高 131.0cm；穗形圆锥形，穗密度中到密，平均穗长 21.9cm，穗粗 2.58cm，单穗重 25.2g，穗粒重 21.5g，千粒重 3.27g；籽粒黄色，小米浅黄色，胚乳粳型；该品种高抗白发病、谷锈病，抗谷瘟病，抗除草剂拿捕净。

产量表现：2017—2018 年参加全国谷子品种区域适应性联合鉴定试验。2017 年平均亩产 379.9kg，对比长农 35 号品种增产 11.55%；2018 年平均亩产 363.3kg，对比长农 35 号品种增产 19.03%。

栽培技术要点：朝 1459 播期一般为 5 月中下旬，播量一般 0.4kg/ 亩，使用包衣种子，防治白发病。施用硫酸钾做种肥 5kg/ 亩，磷酸二铵 10kg/ 亩为宜，追肥以尿素 15kg/ 亩左右为宜。种植密度在 2.5 万 ~3.0 万株 / 亩。应注意防治谷子粟叶甲、钻心虫和黏虫。该品种为抗除草剂品种，在谷苗 3~5 叶期，每亩用 12.5% 拿捕净乳油 80mL，兑水 30L 喷施，可达到除禾本科杂草目的。注意在晴朗无风、12h 无雨的条件下喷雾。垄内和垄背都要均匀喷雾，并确保不使药剂飘散到其他谷田或作物上。

适宜区域：适宜辽宁西部、山西东北部、陕西中北部、河北承德市等地区春季种植。

6. 九谷 25

品种来源：九谷 25 是吉林市农业科学院以九谷 14 号为母本，以从河北农林科学院谷子研究所引进的抗拿捕净型 F_2 代株系 08 引 K129-2 为父本，经人工杂交后多年系谱选育而成。

特征特性：该品种幼苗紫色，生育期 117 天，株高 139.0cm，穗长 24.8cm，单穗重 23.9g，单穗粒重 19.3g，出谷率 80.85%，黄谷、白米，千粒重 2.88g。粗蛋白（干基）含量 10.91%，粗脂肪（干基）4.86%，直链淀粉（占样品干重）16.69%，胶稠度 122.5mm，碱消值 3.5 级。抗谷子白发病、中抗谷瘟病、抗谷子黑穗病。

产量表现：在 2014—2015 年全国谷子品种东北春谷区组区域试验中平均亩产 423.8kg，较对照品种增产 7.48%。

栽培技术要点：结合整地每亩施 30kg 氮磷钾三元复合肥作基肥，5 月上中旬播种。采用垄上机械条播，垄距 60~65cm。播种量为每亩 0.35kg，保苗 4.0 万株 / 亩。播种后出苗前每亩喷施 44% 谷友 100g，兑水 50kg 进行封地处理，出苗后至封垄前单子叶杂草较多时，于杂草 3 叶期前喷施 12.5% 日本进口拿捕净 100mL/ 亩，兑水 30~40kg。田间一般进行 3 次机械耥地，封垄时每亩追施 10kg 尿素。苗期注意防治粟芒蝇、粟负泥虫、粟跳甲，利用溴氰菊酯类药 800~1 000 倍液防治效果较好。6 月末至 7 月下旬，注意防治黏虫、玉米螟，利用高效氯氰菊酯类药 800~1 000 倍液或杜邦康宽防治效果较好。

适宜区域：适于吉林省中西部、东部、辽宁省西部，黑龙江省第 I 积温带种植。

7. 九谷 33

品种来源：九谷 33 是吉林市农业科学院以 200307-3 为母本，以 09K705-5 为父本，经人工杂交，结合米质鉴定、抗病鉴定、抗倒性鉴定、抗药性鉴定等多年系谱选育而成。

特征特性：绿色幼苗，幼苗叶鞘色绿色，生育期 117 天，株高 124.9cm，穗长 25.2cm，单穗重 24.5g，单穗粒重 18.2g，出谷率 74.3%，黄谷、黄米，千粒重 2.91g，纺锤形穗，穗码紧，熟相较好。人工接种鉴定表现为 5 级中抗白发病、7 级感谷瘟病，7 级感谷锈病。粮用粗蛋白含量 11.49%，粮用粗脂肪 4.36%，粮用总淀粉 79.77%，粮用支链淀粉 75.19%。赖氨酸含量 0.25%。

产量表现：2019—2020 年在东北核心产区谷子品种区域适应性联合鉴定试验中平均亩产 349.3kg，两年较对照九谷 11 增产 2.04%。

栽培技术要点：结合整地每亩施 30kg 氮磷钾三元复合肥作基肥，5 月上中旬播种。采用垄上机械条播，垄距 60~65cm。播种量为每亩 0.35kg，保苗 4.0 万株 / 亩。出苗后 3~5 叶期喷施专用除草剂。田间一般进行 3 次机械耥地，封垄时每亩追施 10kg 尿素。苗期注意防治粟芒蝇、粟负泥虫、粟跳甲等危害，6 月末至 7 月下旬，注意防治黏虫、玉米螟等为害。

适宜区域：适宜春季在吉林省白城地区、松原地区、吉林地区、内蒙古赤峰、辽宁省朝阳及黑龙江省哈尔滨等地种植，需要活动积温≥ 2 600℃。

8. 公矮 2 号

品种来源：公矮 2 号以矮 88 × 春谷 79128 衍生系为母本，以郑矮 2 号 × 春谷 80026 衍生系为父本杂交的品种。

特征特性：公矮 2 号生育期 128 天，幼苗绿色，株高 108cm；穗呈纺锤形，穗码松紧中等，穗长 24.0cm，穗粒重 17.9g，千粒重 3.0g，出米率 80%，整米率 98%，黄谷、黄米。该品种抗逆性较强，适应性广。2004 年通过吉林省农作物品种审定委员会审定，2009 年被评为国家一级优质米。2011 年获得吉林省科技进步奖三等奖。

产量表现：该品种一般肥力条件下，籽实公顷产量 5 000kg 左右，栽培条件较好的情况下有籽实公顷产量 7 000kg 的潜力，累计推广面积 800 余万亩。

栽培技术要点：公矮 2 号不抗除草剂，是绿色农业或有机农业的首选品种。播前做好耕、翻、耙、压保墒工作。亩施农家肥 1 500~2 000kg，亩施口肥磷酸二铵 10~15kg，或用复合肥 15~20kg，拔节期结合耥地亩追尿素 10~15kg。播前对种子进行浸种，清除秕粒，根据土壤墒情 4 月下旬至 5 月中旬播种。机播每公顷播种量 3~4kg，人工条播公顷播种量 4~5kg，每公顷保苗密度 60 万株左右。该品种应早管理细管理，及时间苗、定苗，中耕除草，加强病虫草害防治。

适宜区域：适宜在吉林省中、西部地区及黑龙江省、辽宁省相邻市县种植。

9. 公谷 85

品种来源：公谷 85 以公矮 2 号为母本，以豫谷 31 为父本杂交的品种。

特征特性：公谷 85 平均生育期 126 天，幼苗绿色，平均株高 79.8cm；穗呈圆筒形，穗松紧中等，平均穗长 23.9cm，单穗重 19.6g，单穗粒重 14.5g，千粒重 2.97g，出谷率 73.9%；谷黄色，米色鲜黄，粳性；该品种抗逆性强，抗倒伏，适应性强，抗谷瘟病、中抗白发病、黑穗病。2020 年通过国家非主要农作物品种登记，2019 年被评为国家二级优质米。

产量表现：2018—2019 年参加吉林省谷子品种区域应性联合鉴定试验，两年区域试验平均产量为 343.2kg/ 亩，比对照平均增产 6.02%。

栽培技术要点：公谷 85 为抗除草剂品种。在 4 月下旬至 5 月上旬播种，播种量为 3~4kg/hm^2，公顷保苗密度 50 万 ~60 万株。在谷苗 3~5 片叶时（出苗后 12~16 天）选择无风晴天，利用配套除草剂垄上均匀喷雾，亩用量为 80~100mL 兑水 40kg，防治禾本科杂草；可选用灭草松防治阔叶杂草（2~4 叶）。6—7 月注意防治黏虫、玉米螟，可用 4.5% 高效氯氰菊酯乳油 1 000 倍液或 48% 毒死蜱乳油 1 000 倍液，喷雾防治。种肥可用氮磷钾复合肥公顷用量 250~300kg。追肥以氮肥为主，结合中耕施入，一般每公顷施用尿素 150~200kg。

适宜区域：适宜在春谷生态区吉林省中西部，黑龙江省肇源、肇东、大庆，辽宁省阜新、朝阳、建平，内蒙古赤峰、通辽、呼和浩特≥ 10℃活动积温 2 600℃以上地区春季种植。

10. 公谷 86

品种来源：公谷 86 以公矮 2 号为母本，以豫谷 32 为父本杂交的品种。

特征特性：公谷 86 平均生育期 126 天，幼苗绿色，株高 82.6cm，穗长 24.4cm，穗呈圆筒形，穗松紧中等，刚毛长度短，刚毛颜色紫色，护颖颜色浅紫色，单穗重 21.0g，单穗粒重 15.7g，千粒重 2.98g，出谷率 74.7%。抗白发病、中抗谷瘟病、黑穗病，抗倒伏，适应性强。种皮黄色，米色鲜黄，粳性。2020 年通过国家非主要农作物品种登记，2019 年被评为国家二级优质米。

产量表现：2018—2019 年参加吉林省谷子品种区域适应性联合鉴定试验平均产量为 348.1kg/ 亩，比对照平均增产 7.82%。

栽培技术要点：公谷 86 为抗除草剂品种。在 4 月下旬至 5 月上旬播种，播种量为 3~4kg/hm^2，每公顷保苗密度 50 万 ~60 万株。在谷苗 3~5 片叶时（出苗后 12~16 天）选择无风晴天，利用配套除草剂垄上均匀喷雾，亩用量为 80~100mL 兑水 40kg，防治禾本科杂草；可选用灭草松防治阔叶杂草（2~4 叶）。6~7 月注意防治黏虫、玉米螟，可用 4.5% 高效氯氰菊酯乳油 1 000 倍液或 48% 毒死蜱乳油 1 000 倍液喷雾防治。种肥可用氮磷钾复合肥公顷用量 250~300kg。追肥以氮肥为主，结合中耕施入，一般每公顷施用尿素 150~200kg。

适宜区域：适宜在春谷生态区吉林省中西部，黑龙江、辽宁、内蒙古等部分地区≥ 10℃活动积温 2 600℃以上地区春季种植。

11. 公谷 88

品种来源：公谷 88 以公矮 2 号为母本，以安 4585 ×（豫 11 × 冀 31）为父本杂交的品种。

特征特性：公谷 88 生育期 126 天，幼苗绿色，株高 92.4cm，穗长 23.8cm，单穗重 20.7g，单穗粒重 15.6g，千粒重 2.96g，穗呈纺锤形，刚毛长度短，出谷率 75.28%。谷黄色，米色鲜黄，粳性，适口性佳。该品种抗谷瘟病、黑穗病、中抗谷子白发病，抗倒伏、抗旱，适应性强。2019 年通过国家非主要农作物品种登记，2019 年被评为国家二级优质米。2022 年获得吉林省科技进步奖二等奖。

产量表现：2017—2018 年参加全国区域试验（东北春谷区）。2017 年平均亩产 370.4kg，比对照九谷 11 增产 7.14%；2018 年平均亩产 342.5kg，比对照九谷 11 增产 1.27%。

栽培技术要点：公谷 88 为抗除草剂品种。在 4 月下旬至 5 月上旬播种，播种量为 3~4kg/hm^2，每公顷保苗密度 60 万株左右。在谷苗 3~5 片叶时（出苗后 12~16 天）选择无风晴天，利用配套除草剂垄上均匀喷雾，亩用量为 80~100mL 兑水 40kg，防治禾本科杂草；可选用灭草松防治阔叶杂草（2~4 叶）。6—7 月注意防治黏虫、玉米螟，可用 4.5% 高效氯氰菊酯乳油 1 000 倍液或 48% 毒死蜱乳油 1 000 倍液喷雾防治。种肥可用氮磷钾复合肥公顷用量 250~300kg。追肥以氮肥为主，结合中耕施入，一般每公顷施用尿素 150~200kg。

适宜区域：适宜在春谷生态区吉林省中西部，辽宁省朝阳、阜新，内蒙古通辽、赤峰，黑龙江省肇源、大庆≥ 10℃活动积温 2 650℃以上地区春季种植。

12. 公谷 89

品种来源：公谷 89 以公矮 2 号为母本，以冀谷 39 为父本杂交的品种。

特征特性：公谷 89 平均生育期 125 天，幼苗绿色，株高 89.9cm，穗长 23.7cm，单穗重 17.47g，单穗粒重 14.2g，千粒重 2.8g，穗呈圆筒形，刚毛长度短，出谷率 80.25%。黄谷、黄米，粳性，适口性佳。该品种抗谷瘟病、黑穗病、白发病，抗倒伏、抗旱，适应性强。2021 年通过国家非主要农作物品种登记，2021 年被评为国家一级优质米。

产量表现：2019—2020 年吉林省谷子品种区域试验平均亩产 348.67kg，较对照公谷 71 增产 9.1%。

栽培技术要点：公谷 89 为抗除草剂品种。在 4 月下旬至 5 月上旬播种，条播或穴播，播种量为 3~4kg/hm^2，公顷保苗密度 50 万 ~60 万株。在谷苗 3~5 片叶时（出苗后 12~16 天）选择无风晴天，利用配套除草剂垄上均匀喷雾，亩用量为 80~100mL 兑水 40kg，防治禾本科杂草；可选用灭草松防治阔叶杂草（2~4 叶）。6~7 月注意防治黏虫、玉米螟，可用 4.5% 高效氯氰菊酯乳油 1 000 倍液或 48% 毒死蜱乳油 1 000 倍液喷雾防治。种肥可用氮磷钾复合肥公顷用量 250~300kg。追肥以氮肥为主，结合中耕施入，一般每公顷施用尿素 150~200kg。大规模种植前应先小面积试验，避免因地区小气候造成大幅减产。

适宜区域：适宜在春谷生态区吉林省中西部，辽宁省朝阳、阜新、建平，内蒙古通辽、赤峰、乌兰浩特，黑龙江省肇源、肇东、大庆≥ 10℃活动积温 2 600℃以上地区春季种植。

13. 嫩选 15

品种来源：黑龙江省农业科学院齐齐哈尔分院以铁力黄沙古为母本，以哲 121 为父本杂交育成的品种。

特征特性：幼苗绿色，叶鞘绿色，穗形圆筒棒状，紧穗，刺毛绿色中长。粒卵圆形，黄色。秆高 127~135cm，穗长 18~20cm，秆强不倒伏，抗旱性为高抗，高抗谷子白发病。口紧不落粒。千粒重 3.5g，糙米率 75%。生育日数 110~115 天，活秆成熟。其粗蛋白质 11.40%，粗脂肪 3.97%，直链淀粉（占淀粉）29.50%，胶稠度 175.8mm，碱消值 5.0 级。

产量表现：1996—1997 年参加黑龙江省区域试验，平均产量 4 058.9kg/hm^2，比对照品种增产 19.99%。1998 年参加全省生产试验，平均产量 3 755.9kg/hm^2，比对照品种增产 16.34%。

栽培技术要点：该品种高度抗旱，适宜平岗地种植，前茬最好是大豆、玉米，要求整地质量好，秋翻，秋耙，秋起垄，春灌。秋施基肥，每公顷施有机肥 15 000kg，磷酸二铵做种肥 200kg/hm^2。谷子从拔节到孕穗是吸收氮素的高峰期，此期吸收氮素占全生育期的 2/3，所以应注意追肥。播前进行盐水选种，在白发病和黑穗病高发区进行药剂拌种。适宜播期 4 月 25 日至 5 月 5 日，播幅 10~12cm，在土壤墒情好的地块播深 2~3cm，一般 3~4cm，但在风大，旱情重的地块应做到深播浅覆土，踩好底格子，随播随压。谷子出土后 1~3 叶时踩压（踩仰脸格子）防止透风死苗。苗高 3~6cm，3~5 叶时进行间苗，每公顷保苗 75 万 ~80 万株。二铲三耥（产前耥一犁）。

适宜区域：适宜黑龙江省西部第Ⅱ、第Ⅲ积温带种植。

14. 嫩选 18

品种来源：黑龙江省农业科学院齐齐哈尔分院以地方品种“吉 8132”经辐射后诱变选育而成。

特征特性：该品种幼苗绿色。穗纺锤形，大穗，平均穗长 27cm，口紧不落粒。千粒重 3.1g，粒卵圆。出谷率 81%，米黄，具有较好的适口性。秆高 127cm，生育日数 120 天左右，抗逆性强，高抗谷子白发病，抗谷子黑穗病，茎秆粗壮，植株繁茂，活秆成熟。经农业农村部谷物及制品质量监督检验测试中心检验，平均含粗蛋白质 10.1%，粗脂肪 2.9%，胶稠度 90mm，支链淀粉（占总淀粉）72.17%，碱硝值 5.3。

产量表现：2019—2020 年全国联合鉴定试验（春谷区组）平均亩产 362.0kg，较对照品种增产 12.70%。

栽培技术要点：宜平岗地种植，前茬最好是豆茬，要求整地质量好。秋施基肥，每公顷施有机肥 15 000kg，磷酸二铵做种肥 200kg/hm^2。播前进行盐水选种，在白发病和黑穗病高发区进行药剂拌种。适宜播期 5 月 1—15 日，播幅 10~12cm，在土壤墒情好的地块播深 2~3cm，但在风大、旱情重的地应做到深播浅覆土，随播随压。谷子出苗后 1~3 叶时踩压防止透风死苗。苗高 3~6cm（3~5 片叶）进行间苗，每公顷保苗 65 万株左右。

适宜区域：适宜黑龙江省第Ⅰ积、第Ⅱ积温带种植。

15. 龙谷 37

品种来源：龙谷 37 是以龙谷 31 为母本，以 M909 为父本采用有性杂交方法选育，经连续定向选择育成。

特征特性：龙谷 37 平均生育期 110 天，幼苗叶鞘浅紫色，株高 136.6cm，亩穗数 4 万株，圆筒穗，穗长 20.9cm，单穗重 22.1g，单穗粒重 19.6g，出谷率 88.7%，千粒重 2.75g，黄谷、黄米，商品性好。感谷瘟病、谷锈病。小米含粗蛋白 12.78%，粗脂肪 3.63%，赖氨酸 0.18%，粗淀粉 78.04%，直链淀粉 21.24%。2017 年在中国作物学会粟类作物专业委员会举办的全国第十二届优质食用粟鉴评会上，被评为二级优质米。

产量表现：龙谷 37 在 2017—2018 年黑龙江省适应性试验平均亩产 274.8kg，较对照龙谷 25 增产 3.7%。

栽培技术要点：① 每亩播量在 0.3~0.4kg，采用垄上双条播种方法，行距

65cm，亩保苗 4.0 万 ~4.5 万株。

②苗高 3~5cm 时开始头遍间苗；苗高 8~10cm 时定苗，每亩留苗 4.0 万~4.5 万株，做到留苗均匀一致，既不要过密、也不要过稀、达到合理密植。

③间苗后防治钻心虫，隔 7 天再防 1 次；田间发现谷瘟病、褐条病等病害时及时防治；6 月中旬至 7 月上旬防治黏虫、蚜虫等虫害。

适宜区域：该品种适宜在黑土平川肥沃地上种植，在黑龙江省哈尔滨市、肇源县、肇州县、肇东市等区域适宜播期为 5 月上旬春播种植。

16. 龙谷 38

品种来源：龙谷 38 是以龙谷 31 为母本，以 M909 为父本采用有性杂交方法选育，经连续定向选择育成。

特征特性：龙谷 38 平均生育期 115 天，幼苗叶鞘浅紫色，株高 139.2cm，亩穗数 3.8 万株，纺锤穗，穗长 24.3cm，单穗重 19.9g，单穗粒重 15.6g，出谷率 78.17%，千粒重 3.05g，熟相好。田间自然鉴定抗倒性、抗旱性、谷瘟病、谷锈病、纹枯病和褐条病 1 级，白发病未见发生，蛀茎率 1.72%。黄谷、黄米，商品性好，小米含粗蛋白含量 12.93%，粗脂肪含量 3.92%，赖氨酸含量 0.19%，粗淀粉含量 78.67%，直链淀粉含量 15.82%，2017 年在中国作物学会粟类作物专业委员会举办的全国第十二届优质食用粟鉴评会上，评为二级优质米。

产量表现：2017—2018 年联合鉴定试验平均亩产 337.0kg，较对照九谷 11 增产 0.30%，居 2017—2018 年参试品种第 5 位。两年 21 点次联合鉴定试验 10 点次增产，增产幅度为 2.05%~14.18%；11 点减产，减产幅度为 0.36%~15.24%，增产点率 47.62%。2017 年联合鉴定试验平均亩产 349.0kg，较对照九谷 11 增产 1.34%，居参试品种第 10 位；2018 年联合鉴定试验平均亩产 325.0kg，较对照九谷 11 减产 0.76%，居参试品种第 14 位，11 个试点 5 点增产，增产幅度在 2.05%~12.33%；6 点减产，减产幅度为 1.34%~15.24%，变异系数是 10.21%，增产点率为 45.45%。

栽培技术要点：① 每亩播量在 0.3~0.4kg，采用垄上双条播种方法，行距 65cm，亩保苗 4.0 万 ~4.5 万株。每亩施用农家肥 2 000~4 000kg、磷酸二铵 10~15kg 做种肥。

② 苗高 3~5cm 时开始头遍间苗；苗高 8~10cm 时定苗，每亩留苗 4.0 万~4.5 万株，做到留苗均匀一致，既不要过密，也不要过稀，达到合理密植。

③ 间苗后采用 4.5%高效氯氰菊酯乳油 1 500 倍液喷施苗基部防治钻心虫，

隔 7 天再防 1 次；出现谷瘟病时用 40% 克瘟散乳油 500~800 倍液或 6% 春雷霉素可湿性粉剂 1 000 倍液喷雾防治；发生褐条病时用 72% 农用链霉素叶面喷施，隔 7 天再防 1 次；6 月中旬至 7 月上旬防治虫害，用 10% 吡虫啉 2 000 倍液防治蚜虫，4.5%高效氯氰菊酯 1 500~2 000 倍防治黏虫。

适宜区域：适宜在黑龙江省肇源、哈尔滨，辽宁省朝阳、建平，吉林省九台、双辽、白城、公主岭市、内蒙古赤峰、通辽等气温≥ 10℃活动积温 2 700℃以上地区春播种植。

17. 龙谷 39

品种来源：龙谷 39 是以安 4585 为母本，以冀谷 26 × L70 为父本杂交选育而成的品种。

特征特性：龙谷 39 平均生育期 116 天，幼苗绿色，平均株高 126.0cm；穗呈圆锥形，穗码松紧适中，平均穗长 25.3cm，穗重 24.3g，穗粒重 19.8g，千粒重 2.98g，出谷率 81.5%，褐谷，黄米。小米粗蛋白含量 12.22%，粗脂肪含量 3.32%，赖氨酸含量 0.22%，粗淀粉含量 77.04%，直链淀粉含量 13.62%。2017 年在中国作物学会粟类作物专业委员会举办的全国第十二届优质食用粟鉴评会上，被评为一级优质米。该品种抗除草剂拿捕净，熟相好。

产量表现：该品种在 2017—2018 年参加国家区域试验，平均亩产 354.0kg，较对照增产 5.36%。2017 年平均亩产 355.9kg，较对照增产 3.34%；2018 年平均亩产 352.0kg，较对照增产 7.48%。

栽培技术要点：龙谷 39 播前做好耕、翻、耙、压保墒工作。适宜在黑土平川肥沃地种植，在黑龙江省哈尔滨市、肇源县、吉林省吉林市、长春市九台区等区域适宜播期为 4 月下旬至 5 月上旬；在内蒙古赤峰市、通辽市、吉林省公主岭市、辽宁省九站市等区域适宜播期为 5 月中下旬。每亩播量在 0.3~0.4kg，采用垄上双条播种方法，行距 65cm，亩保苗 4.0 万 ~4.5 万株。每亩施用农家肥 2 000~4 000kg、磷酸二铵 10~15kg 种肥。间苗前喷施 12.5% 烯禾啶除草剂可有效防除田间单子叶杂草，苗高 3~5cm 时开始头遍间苗；苗高 8~10cm 时定苗，每亩留苗 4.0 万 ~4.5 万株，做到留苗均匀一致。间苗后用 4.5% 高效氯氰菊酯乳油 1 500 倍液喷施苗基部防治钻心虫；出现谷瘟病时用 40% 克瘟散乳油 500~800 倍液或 6% 春雷霉素可湿性粉剂 1 000 倍液喷雾防治，隔 7 天再防一次；发生褐条病时用 72% 农用链霉素叶面喷施；6 月中旬至 7 月上旬防治好病虫害，用 10% 吡虫啉 2 000 倍液防治蚜虫，4.5% 高效氯氰菊酯 1 500~2 000 倍液防治黏虫。

适宜区域：适宜在黑龙江省哈尔滨市、肇源县，辽宁省朝阳市、建平县，吉林省长春市九台区、双辽市、白城市、公主岭市，内蒙古赤峰市、通辽市等地区春播种植。

18. 龙谷 45

品种来源：龙谷 45 是以豫谷 18 为母本，以冀谷 32 × Y9 为父本杂交选育而成的品种。

特征特性：龙谷 45 平均生育期 117 天，幼苗绿色，平均株高 124.0cm；穗呈纺锤形，穗码松紧适中，平均穗长 253.1cm，穗重 18.2g，穗粒重 15.6g，千粒重 2.8g，出谷率 85.7%，黄谷、黄米。小米含粗蛋白 12.8%，粗脂肪 4.6%，赖氨酸 0.24%，粗淀粉 77.46%，支链淀粉 74.1%，该品种抗除草剂拿捕净，熟相好。

产量表现：该品种 2019—2020 年在东北春谷区和西北春谷早熟区 38 点平均亩产 292.5kg，较对照豫谷 18 增产 8.7%。2019 年在东北春谷区和西北春谷早熟区 19 点平均亩产 294.7kg，较对照增产 8.2%。2020 年在东北春谷区和西北春谷早熟区 19 点平均亩产 290.3kg，较豫谷 18 增产 9.1%。

栽培技术要点：龙谷 45 播前做好耕、翻、耙、压保墒工作。东北春谷区适宜播期为 4 月下旬至 5 月上旬。每亩播量在 0.3~0.4kg，采用垄上双条播种方法，行距 60~65cm，亩保苗 4.0 万 ~5.0 万株。每亩施 15~20kg 氮磷钾三元复合肥作基肥，结合中耕每亩追施尿素 10~15kg。出苗后 3~5 叶期喷施配套除草剂，田间进行三次机械深松中耕封垄。出现谷瘟病时用 40% 克瘟散乳油 500~800 倍液或 6% 春雷霉素可湿性粉剂 1 000 倍液喷雾防治，隔 7 天再防一次；发生褐条病时用 72% 农用链霉素叶面喷施。6 月末至 7 月下旬，防治黏虫、玉米螟危害，可用 4.5% 高效氯氰菊酯乳油 1 000 倍液或 48% 毒死蜱乳油 1 000 倍液，喷雾防治。

适宜区域：适宜在黑龙江省第 I 积温带、吉林省中西部、辽宁朝阳市、内蒙古通辽市等气温≥ 10℃活动积温 2 700℃以上地区春播种植。

第二节 东北春谷区谷子高效栽培关键技术

一、合理轮作

谷子对茬口的反应敏感，特别是保存养分较多的肥茬，对谷子有良好的增产效果，谷子种子小，播种浅不易抓苗，苗期最怕草欺。谷子重迎茬，易造成草荒，农谚说“一年谷，三年莠”，说明谷子重迎茬的不良后果。种过一年谷子，在几年内，还会长出谷莠子，谷莠子是谷子伴生性杂草。因为谷莠子幼苗与谷子幼苗相似，间苗时不易识别，又比谷子成熟早，易落粒，谷莠子生命力强，分蘖多，所以容易造成草荒。谷子重迎茬病虫害增加，特别是白发病，谷瘟病加重。重迎茬还会大量消耗同一营养要素，造成营养要素的失调，给谷子生长带来不利的影响。从目前生产情况看，谷子的前茬主要有玉米、大豆、小麦、马铃薯和高粱。玉米、大豆、马铃薯是谷子的好前茬。

二、整地

（一）秋季整地

旱地谷子播种出苗需要的水分主要来自上一年。因此，做好秋雨春用，贮墒保墒是保全苗的关键措施。从入伏多雨时候开始，就要做好贮墒工作，在作物行间中耕松土，这样既可多贮伏雨，又能保护底墒，减少水分蒸发，提高秋耕质量。

秋季深耕，对谷子有明显的增产效果。秋季深耕可以熟化土壤，改良土壤结构，增强保水能力，加深耕层，有利于谷子根系下伸，扩大根系数量，增强吸收肥水能力，使植株生长健壮，从而提高产量。秋季整地，前茬作物收获后，采用多功能联合作业机具进行秸秆粉碎灭茬、土壤耕翻、施有机肥及旋耕整地作业（图 3-1），深度 20cm 以上，达到无漏耕、无坷垃、施肥均匀。

图 3-1　秋施肥起垄

（二）春季整地

东北春谷区多在旱地种植，并且播种季节干旱多风、降水量少、蒸发量大，而谷子因种子小，不宜深播，表土极易干燥，因此必须严格做好春季整地保墒工作，才能保证谷子发芽出苗所需要的水分。

进入冬季后，气温降低，土壤蒸发量不大，土壤水分由上而下逐渐结冰，下层水分通过毛细管向上移动，以水气形式扩散在冻层孔隙里结成冰屑。春季气温升高，进入返浆期，土壤化冻，随着气温不断升高，土壤水分沿着土壤毛细管不断蒸发丧失。因此，当地表刚化冻时就要顶凌耙耢，切断土壤表层毛细管，耙碎坷垃，弥合地表裂缝，防止水分蒸发。播种前土壤表层含水量降到 12% 以下，只靠耙耢已不能起到保墒作用，通过镇压抑制气态水扩散是有效的保墒措施。春季整地要根据具体情况灵活运用。如土壤干旱严重，就要多耙耢重镇压不浅耕；如果雨水多地湿，就不需要耙耢镇压，而要采取耕翻散墒，以提高地温。

春季整地，早春土壤化冻 15~20cm 时，先旋耕灭茬，破原垄合新垄，施肥、起垄、镇压一次成型，整地平均深度为 15cm。

三、施肥

（一）生育期间对养分的要求

谷子在拔节前的苗期阶段吸收氮素很少，但在拔节后穗分化期，吸收氮素最多，出现吸收氮素的第 1 个高峰。在此后 1 个月内，吸收氮素占全生育期的 2/3。7 月下旬抽穗前，生长速度稍下降，植株吸收氮素也稍减少。8 月上旬谷子抽穗开花，结实器官迅速生长，植株吸收氮素又增加，达到第 2 个高峰，主要是向穗部供应氮素，促进籽粒发育。8 月中旬以后，谷子灌浆，营养体生长停止，结实器官所需氮素主要依靠茎叶中氮素转运到穗中去。从土壤中吸收氮素很少，植株总氮量增加极少。谷子在拔节前的苗期阶段吸收氮素很少，吸收氮素总量只占 3%。谷子对氮素吸收有两个高峰，从拔节到孕穗短短 20 天内，谷子吸收氮素占总吸收量的 54%，因此，孕穗期是谷子需氮最多的临界期。

谷子对磷素吸收比较均匀，从拔节期开始吸收增多。到 7 月中旬，穗分化期和 8 月上旬开花灌浆期吸收磷素较多，与植株吸收氮素的两个高峰相一致。到第一个高峰时谷子吸收磷素的数量达到 50%，到第二个高峰时磷素吸收数量占总数的 20% 左右，以后对磷素的吸收减少，到灌浆乳熟期对磷素吸收又稍有回升，这与灌浆乳熟期谷子植株有机物合成、转运需要较多的磷素有关。

谷子对钾素的吸收，在拔节前苗期阶段吸收很少，在 5% 左右，拔节后由于茎叶生长迅速，钾素吸收量增多，从拔节到抽穗前的 1 个月内，钾素吸收达到 60%，成为谷子对钾素吸收的高峰期。以后对钾素的吸收逐渐减少，到灌浆时，对钾吸收趋于停止。

（二）基肥、种肥

谷子播种前和播种时施用的肥料，主要有基肥和种肥两种。基肥是谷子高产的基础，秋施基肥比春施好，基肥施肥量一般都在每亩撒入优质腐熟农家肥 30~50m^3，结合整地均匀施入耕层土壤。种肥每公顷施用尿素 75kg、磷酸二铵 75kg、钾肥 60kg。在播种时随播种机深施种子下方或侧下方 5~6cm 处，与种子分层隔开。

四、播种

（一）播前种子处理

选择已审定推广的、经生产实践认可的、抗倒伏能力和抗逆能力强的并适合于本地积温条件的谷子品种。机械或人工对种子进行精选，剔出病粒、虫粒、小粒。对地下害虫严重的地块用农药拌种。可用种子重量 2% 的 35% 克百威种衣剂拌种。防治白发病采用药剂拌种，即用 25g/L 咯菌腈 +37.5g/L 精甲霜灵种衣剂包衣，用药量为种子量的 0.3%，即每 1kg 谷种用药 3g。

（二）播种期

播种期早晚对谷子生育影响很大。由于谷子种子小，不能播深，加上东北地区生育期短，春季风大，土壤返浆期短，如何充分利用春季土壤返浆期水分，使种子迅速吸水发芽，避免落干是保证谷子全苗壮苗的重要措施。适期播种的谷子能够充分适应自然条件，使谷子需水规律与当地自然降水规律一致。使谷子及时发芽、出苗，苗期处于干旱少水季节，有利于蹲苗，谷子壮实；拔节期以后，需要水分较多，正是多雨季节，使抽穗期与降雨高峰期相遇。东北地区适期早播的种子基本上都能做到谷子生育对水分要求与降水变化相一致。综合东北地区播种期试验与生产实践表明，谷子播种适期为 4 月下旬到 5 月中旬。南部地区播种适期大致在 4 月下旬到 5 月上旬；北部地区大致在 5 月上旬到 5 月中旬。立夏以后，春风大土壤表层 10cm 水分含量急剧下降，只有在土壤墒情好的地块，才可以适期晚播。所以，谷子播种时，应尽可能安排提前播种以保证谷子全苗。

（三）播种方法

谷子的播种可分为垄播和平播两种。垄播也叫垄上播种，是目前东北地区最普遍采用的一种谷子播种方法。垄播主要有垄上机械条播或者穴播（图 3-2）。垄上两行，播幅宽度 11~12cm。垄上机械穴播，每穴 3~4 株，形成拐子穴。

图 3-2 谷子机械播种

（四）播量和播深

谷子粒小，如按千粒重 2.5g 计算，1kg 种子就有 40 万粒。按每亩保苗 5

万~6万株计算，亩播量150~200g就够用。实际上，播种量往往超过留苗数的几倍甚至十几倍，谷子出苗后密如马鬃，增加间苗用工，延长间苗时间，影响幼苗的生长。因此，在生产上，必须适当控制播种量，力争少间苗或不间苗。确定播量，主要根据种子发芽率、播前整地质量，地下害虫为害情况等条件而定。根据春季干旱难抓苗的特点，一般每亩播量，应不低于0.2~0.4kg。播种应做到下籽散落，要做到这一点，可在谷子里混拌炒熟的谷瘪子、毒谷，使下籽均匀散落，并要注意搅拌均匀，以免先下籽后下肥，种、肥分离，造成出苗稀厚不匀，甚至出现断条现象。

播种深浅影响种子萌发和出苗，种子发芽后根状茎的长短随播深而变化。播种深度浅，根状茎很短或不形成；相反，播种深度加深，根状茎过度伸长，由于根状茎的形成和加长，需要消耗大量胚乳养分，使出苗后幼苗细弱，甚至不能出土，造成缺苗。一般播种深度2~3cm。但在风大、旱情重的地块，应做到深播浅覆土，播后及时镇压。

五、苗期管理

（一）间苗除草

精量播种地块可简化间苗或者不间苗，抗除草剂品种在出苗后6~15天（谷子3~5叶期）采用配套除草剂间苗和除草（图3-3）。一般土壤封闭除草剂于播种后、出苗前喷施，按说明书使用。

图3-3　谷子化学间苗除草效果

（二）留苗密度

谷子产量高低，像其他谷类作物一样，决定于单位面积的穗数、每穗粒数和粒重 3 个元素的乘积，一切栽培措施都是争取这个乘积的最大数值。一般情况下，植株密度每亩由 3.5 万株增加到 5.5 万株时，穗数随着株数的增加而增加，产量也相应提高，但密度超过 5.5 万株再增大植株密度，密度与穗粒数、穗重的矛盾逐渐激化，穗重降低，穗粒数减少。因此，提高产量已不能从加大植株密度，增加穗数来实现，而必须在保证一定穗数的基础上，增加粒数和穗重来提高单位面积产量，也就是要正确处理个体与群体的关系，创造合理的群体结构，使单位面积密度与穗粒数、穗粒重的矛盾得到统一从而获得高产。在不同密度条件下，粒重是一个比较稳定的因素，它的变幅较小。由于东北地区谷子品种大多是不分蘖或分蘖少的单秆型品种，所以每亩穗数与每亩保苗数基本一致。保苗株数因栽培方式、土壤肥力、品种特性等条件的不同，密植幅度也不一样。根据近几年各地试验和生产实践认为，每亩保苗 4 万 ~6 万株是谷子合适的密植幅度。南部地区生长期较长，植株生长繁茂，种植密度应低些，每亩在 4 万 ~5 万株；北部地区由于生育期短，植株生长较矮，种植密度应高些，可达到 5 万 ~6 万株。

（三）苗期病虫害防治

防治谷瘟病。在谷子拔节期选用 2% 春雷霉素预防，在谷子封垄前喷药防治，隔 5~7 天再次防治。

防治黏虫。用 20% 氰戊菊酯乳油 1 000~1 500 倍液、4.5% 高效氯氰菊酯乳油 1 000 倍液或 48% 毒死蜱乳油 1 000 倍液，任选其一喷雾。防治玉米螟用 1.8% 阿维菌素乳油 1 000 倍液、2.5% 溴氰菊酯乳油 1 500 倍液或 30% 乙酰甲胺磷乳油 1 000 倍液针对叶背和茎秆喷雾（图 3–4）。

图 3–4　谷子机械喷药防治病虫害

（四）苗期常见问题及措施

谷子苗期生长缓慢，幼苗能忍受短时间的1~2℃低温。地面温度达到零下1~2℃，叶片及生长点就会遭受冻害。谷子是抗旱力很强的作物。在拔节前的苗期阶段，能忍受较长时间的干旱，即使土壤含水量在不到10%条件下，幼苗仍然不死。叶片纵卷，叶色灰绿，一旦吸水，叶片很快舒展，恢复正常。从生产实际情况也可看出，出苗后春季干旱对谷子生育并无多大影响。农谚说："幼苗旱个死，秋后一包籽"，正是说明谷子苗期具有很强的抗旱力。拔节前的苗期阶段，谷子的生长中心主要是根系的生长。

在谷子出苗到拔节阶段，应防止透风死苗，注意蹲苗，促进根系生长发育，适当控制地上部的生长以达到根旺苗壮。

化学除草喷药量不当或浓度不适，都会影响效果。喷药少了起不到杀灭杂草作用，喷药多了幼苗受药害，甚至引起死亡，必须引起注意。喷药气温，以18~20℃时为合适。

六、拔节—抽穗期管理

东北春谷区早熟谷子品种6月中旬、晚熟品种6月下旬拔节。节间伸长受温度，水分和光照强度等因素影响，在通风透光和干旱的条件下，节间较短，茎秆较强。谷子拔节后的生长中心，由根系生长为主过渡到以茎叶生长为主的阶段，拔节初期由于茎秆开始伸长，生长较慢，茎叶比值以叶为大，直到孕穗期叶占比重最大。以后随着茎秆生长加速，茎叶比值逐渐缩小，但是叶占比仍然较大，直到灌浆期，茎叶比重才趋于平衡。以后由于下部叶片衰老脱落，茎秆重大于叶重。

主茎叶片相差很大，拔节前出叶较慢，两叶出生间隔日数为4~5天，叶片较小，拔节后叶长出速度加快，出叶间隔日数为2~3天。从9~10片叶开始，单片叶面积增长量迅速上升，到15~19片叶，叶面积最大，以后逐渐变小。第15片叶以后，出生叶片，叶片功能期较长，特别是上部4~5个叶片，功能效率较高，叶片生育好坏，与籽粒关系密切，直接影响产量。谷子拔节到抽穗期，前期主要是以叶片和茎秆生长为中心，后期主要转向幼穗的分化和发育。在此时期群体叶面积迅速扩大，叶片生长与幼穗分化同时进行。在此阶段前期，即在第10个叶片以前，应适当蹲苗控制，使基部节间健壮，但蹲苗时间不能过长，不宜超过10个叶片。在此阶段的主攻方向是：创造一个适宜的土壤养分，水分和通气环境，促进叶片和茎秆生长，使叶面积指数较快发展到一个合理的动态指标，以达到秆壮叶茂而又不徒长的丰产长相。

（一）拔节—抽穗期中耕、追肥

谷子的中耕除草，多数做到二铲三耥。一般所说二铲三耥，就是把铲前耥一犁包括在内。铲前耥一犁，能消灭垄沟大部分杂草，还可以起到抗旱防风的作用。谷子抽穗后，及时拔一遍大草，有利于通风透光，促进谷子成熟。在窄行平播的情况下，虽然不方便铲耥，也应该用小扒锄子进行松土除草1~2次，促进植株根系发育。

在施用种肥的基础上，适时追肥，以补充谷子对肥料需要的不足，增产效果显著。从拔节后穗分化开始，直到小穗分化的孕穗期，都可以说是追肥的适期。时间在7月上旬到7月中旬，结合封垄时追肥，效果较好。追施一次，一般每亩尿素用量5~10kg。

（二）拔节—抽穗期常见问题及措施

谷子拔节后在幼穗分化发育，营养生长与生殖生长同时进行，对水分需要量大，在幼穗分化过程水分供应不足，就会影响谷穗的发育。7月上中旬如果天气干旱，降雨少，谷子抽穗往往顶端有一段“白毛”。这是由于穗上部的小穗分化时水分供应不足，使小穗分化停止，只剩下白色枝梗，形成“白尖”现象。特别是早熟品种，7月初就进入小穗分化阶段，东北雨季尚未来到，遇上干旱受害尤重。因此，小穗分化时对水分的反应是很敏感的，应注意水分的供应，干旱时要及时灌水。

在谷子幼穗分化过程中需要充足的养分条件。养分充足能够延长幼穗的分化发育过程，增加小穗数。一般来说，氮肥对营养生长比对生殖生长有较大的效果。但是氮肥对幼穗分化的作用也极明显。氮肥充足，能使植株生育良好，光合作用旺盛，供应植株较多的碳水化合物，促使小穗分化增多，减少小穗小花的退化。试验证明，在穗分化时施用磷肥，有增加穗粒数、减少空瘪粒的明显效果。

七、开花—灌浆期管理

谷子的抽穗开花，标志着植株营养体生长的停止，转入籽粒的形成与发育。到开花期，植株高度不再增加，茎叶生长停止。谷子单株叶面积在抽穗开花时达到高峰值，高产群体叶面积指数达到5.5~6.0较合适。以后由于下部叶片衰亡，叶片逐新减少，到快要成熟时只剩下上部 5~6 个叶片。如养分不足，则绿叶还要减少。开花后如果水肥条件好，特别是土壤氮肥充足，能使下部叶片衰亡时间推迟，延长叶片的功能期。谷子抽穗后需 2~3 天才开始开花，以开花后第 3~ 第 5 天开花数最多，一穗开花次序是由中上部的顶端小穗先开放，然后向上向下同时进行。一天内以早晨 4：00—8：00 花数最多，晴天以气温 20℃，相对湿度在 80%以上时开花最盛。谷子天然杂交率 2%~3%，属于自花授粉作物。谷子虽然抗旱力很强，但在不同生育阶段抗旱力差别很大，苗期抗旱力强，拔节后抗旱力逐渐减弱，到抽穗前后 15~20 天抗旱力最弱。谷子抽穗前后 20 天是谷子生育最旺盛的时期，也是谷子一生中需水最多期，在此时期内谷子耗水量占全生育期需水量的 40% 左右。综合各地干旱试验结果也可以证明：孕穗期干旱处理，减产严重。资料表明，孕穗期干旱，穗重减轻 40%~50%，抽穗期干旱，穗重减轻 30%左右。孕穗期干旱，主要是干旱使小穗数减少，抽穗期干旱主要是由于不结实小花增多而减产。苗期干旱，对植株高度、穗长和穗重都无影响，拔节期干旱，降低株高、穗长和穗重，减产在 20%左右。谷子生长前期需水少，中期需水较多，后期较少。拔节期间需要降水约 100mm。抽穗期间是植株内部新陈代谢最活跃阶段，需水较多，需要降水 170~200mm，日平均需水量为 5~8mm。灌浆期需要降水 120mm，日平均需要降水 2~3mm，才能保证谷子的需要。东北地区谷子生育期间的降水量，除谷子苗期阶段降雨偏少比较干旱外，降水量是可以满足谷子生育需要的。“卡脖旱”情况一般不易发生。谷子怕涝，抽穗后植株受涝 1~2 天，也会严重减产。“旱谷涝豆”，充分说明谷子具有抗旱怕涝的特性。

谷子开花授粉后种胚开始发育。授粉后第 20 天种胚发育完成，发芽率可达 80%以上。授粉后第 5 天千粒重鲜重只有 0.91g，之后第 2 天达到 2.04g，达到最大干重的 30%左右。增重最多阶段是开花后 10~20 天，第 20 天测定干重达到最大干重的 80%左右。此后由于籽粒含水量降低，鲜重逐渐下降，干重继续增加，直到第 30 天干重增加停止。从一穗谷子分析，由于开花次序是中上部的小穗先开放，然后逐渐向上向下扩展。因此，一穗籽粒充实过程也是位于中上部枝梗籽粒先增重，然后向上向下扩展。虽然谷穗上小花开花到成熟只需要 30 天左右，但由于一穗上先开花与后开花往往相差 10 天，所以整个一穗从抽穗到成熟就需要 40 天左右。试验测定表明，抽穗前积累的干物质仅占籽粒产量的 18%，其余 82%籽粒产量要靠抽穗后灌浆期间的光合作用来完成。因此，生育后期气候好坏是影响谷子产量的关键因素。籽粒灌浆的适宜温度是20~25℃，如白天温度在26~27℃，晚上温度在15~16℃，有利于籽粒灌浆和成熟；白天温度低于16℃，光合作用强度降低，就会影响灌浆，熟期。在籽粒灌浆成熟阶段，土壤最大持水量以70%左右为合适。

籽粒在灌浆期间需要一定量的氮、磷、钾养分。氮素有防止植株早衰、延长叶片功能期的作用，使光合强度维持在一个较高的水平，有利于灌浆成熟。如氮肥过多也会加强叶片的合成作用，抑制或减缓养分由茎叶向穗部的输送，减缓成熟进程，引起贪青晚熟。磷、钾肥能促进碳水化合物的合成和含氮物质的转化，有利于籽粒灌浆成熟，特别是磷肥对促进早熟效果更为明显。天气晴朗，平均日照时数多于10h，光照充足，温度的升高有利于光合作用的进行，加快籽粒的灌浆成熟。如果阴天降雨日数多，日照时数少，就会延长成熟期，减缓籽粒灌浆成熟进程，瘪粒增加，产量降低。所谓“淋出瘪来，晒出米来”就是指这个时期。

（一）开花—灌浆期常见问题

谷子小花发育过程中由于天气干旱，特别是低温，花粉母细胞减数分裂期对低温敏感，温度低于16℃，遭受冷害，花粉败育，不能授粉，形成空粒。在山区气候变化较大的情况下，容易发生这种情况。开花时低温、干旱和多雨，也会降低花粉的生活力，降低授粉率，增加空粒。

谷子在灌浆成熟期间，需要的水分仍占全生育期需水量的29%左右。如土壤干旱，会使植株生活力减弱，叶片早衰，养分向籽粒输送减少，输送进程缓慢，甚至停止，籽粒含水量迅速下降，形成“青熟”，瘪粒增多；相反，如地势低洼，排水不良，根系窒息，籽粒灌浆中止，形成“死熟”，籽粒大部分是瘪粒。

养分供应不足，氮、磷肥不足，造成后期脱肥，使籽粒灌浆不饱满；或密度过大，植株分布不合理，或灌浆期间植株倒伏。株间光照条件恶化，光合产物供应不足，瘪粒也会增多。

谷子开花期长，早开花与晚开花的小穗往往相差10天，成熟期也要相应延长。秋季低温霜来早，使后期开花的谷粒灌浆不饱满，瘪粒增加。

（二）措施

适时早播，可以早出苗，有促进早熟，减少谷子瘪粒的效果。播种时应抓住农时，缩短播期，提高播种质量。近年来，由于高产晚熟品种的推广，稍不注意就有贪青晚熟上不来的危险。选择品种生育期不能满打满算，应适当留有余地，品种成熟的保证率达到80%较合适。

籽粒灌浆时灌浆物质主要是碳水化合物，氮化物也向籽粒同时输送。如土壤氮素不足，籽粒需要的氮素将全由根、茎、叶供给，这样就会降低根、茎、叶中氮素含量，引起植株早衰，谷子瘪粒大量增加。如土壤肥力不足，可以在抽穗期适当供应氮素肥料，对提高千粒重，减少瘪粒，促进早熟，效果都很显著。

低温早霜是东北地区谷子空瘪产生的主要气象因素。虽然气象因素是目前人力不能完全抗御的，但是生产实践证明，在适期早播，选用适合品种的基础上，采取加强田间管理，及时间苗除草，早铲早耥，增施肥料等综合栽培技术，对促进早熟、抗御低温早霜为害、减少瘪粒行之有效。同时，也要针对品种特性，植株密度，水肥情况进行科学管理，防止倒伏以促进籽粒灌浆，减少瘪粒。

八、成熟期管理

（一）收获技术

及时收获是保证丰产丰收的重要环节。过早割倒，影响籽粒饱满，招致减产；收获太晚，增加落粒损失。遇大风落粒，减产更为严重；遇上阴雨天，籽粒还会在穗上发芽，影响产量和品质。因此，当种皮变为品种固有的色泽，籽粒变硬，成熟“断青”，就要及时收获，不论茎叶青绿都要割倒。因为茎叶颜色和品种特性、播种早晚、施肥水平、土壤条件有关。肥地颜色变黄晚；早播、薄地变黄早。谷子收获后籽粒含水量一般在15%~20%，应及时晾晒使籽粒含水量降至15%以下。

（二）收获方式与机械

收获可采用联合收割机（图3-5至图3-8）直接收获，也可采用割晒机割倒晾晒后，再使用谷子脱粒机脱粒的分段收获。

图 3-5　常发佳联收割谷子

图 3-6　约翰迪尔收获谷子

图 3-7　久保田收获谷子

图 3-8　沃得收获谷子

第四章 西北春谷早熟区谷子优质高效栽培技术

第一节 西北春谷早熟区谷子分布及其主推品种

一、西北春谷早熟区谷子栽培历史

根据谷子播种时间的早晚，谷子种植划分为春谷和夏谷。春谷在春季播种，秋季霜前成熟，一年一熟，充分地利用了无霜期。春谷主要分布在我国的东北地区和西北高原地区，包括黑龙江省、吉林省、辽宁省、内蒙古自治区、甘肃省、宁夏回族自治区 6 省（区）和山西、陕西 2 省的部分县。西北春谷早熟区主要分布在内蒙古自治区的呼伦贝尔市、兴安盟、赤峰市，新疆维吾尔自治区的奇台县、喀什市、伊犁地区，甘肃省的会宁县、张掖市、庆阳市、天水市，宁夏回族自治区的固原市、西吉县、海原县等地区。谷子栽培技术历来是以新品种为基础，对提高产量水平、扩大种植面积、提高机械化水平、增加经济效益具有重要意义。

（一）谷子产量水平

据联合国粮农组织《生产年鉴》报道，1969—1971 年世界粟类作物平均产量 41.3kg/ 亩，1978 年平均产量 45.7kg/ 亩，1989 年平均产量 54.3kg/ 亩。由此可见，世界上粟类作物的单位面积产量还处于较低的水平，从不同年份的产量对比来看，单位面积的产量有逐年上升的趋势。

黎裕（1992）报道，世界上粟类作物（millets）包括珍珠粟、龙爪粟、谷子、黍稷、食用稗等作物。粟类作物在世界上的分布，不同国家和地区有很大差异。苏联主要生产黍稷，中国主要种植谷子和黍稷，印度主要生产珍珠粟，而非洲主要种植珍珠粟和龙爪稷。因此，世界上粟类作物的单产数据可以作为参考。

我国是谷子主产区，占世界谷子面积的85%，其次是印度、韩国和朝鲜，欧洲只有法国、葡萄牙和匈牙利有少量种植，土耳其、南非也有少量种植。

中华人民共和国成立以前，我国谷子的生产水平很低，病虫的为害较重，旱涝灾害较多，难以保收，产量不足50.0kg/亩。在中华人民共和国成立以后的10年期间，农业生产得到恢复，谷子的产量达到61.0~73.0kg/亩。据农业农村部计划司统计，1980年全国谷子平均产量为93.5kg/亩。20世纪80年代，由于推广了高产谷子新品种，单位面积产量水平有显著提高，达到99.0~123.5kg/亩。由此可见，谷子的单位面积产量有了显著的提高，不少春谷早熟地区出现了产量300.0kg/亩的高产地块，有的地方出现了产量超过450.0kg/亩的高产典型。2012—2022年，谷子产量有小幅度增长，同时抗除草剂品种在这个时期问世，为谷子产业化、规模化种植奠定基础。其中种植面积最大的抗除草剂优质谷子品种金苗K1（图4-1），年播种面积超过100万亩，张杂谷13号（图4-2）因适应性广、高产、优质等优点在早熟区、晚熟区大面积种植，最高产量超过600.0kg/亩。豫谷18因适应性广、产量高等优点在春夏谷区大面积推广应用。赤优金苗1号因高产、抗倒伏能力强在春谷区大面积种植。

图4-1　金苗K1大面积种植

图 4-2 张杂谷 13 号大面积种植

（二）春谷高产育种的历史和现状

中华人民共和国成立以前，我国的农业技术比较落后。1920 年前后，吉林省公主岭农事试验场就开展了谷子品种鉴定和选育。1926 年华北地区前燕京作物改良试验场也开展了谷子育种，经过系统选种育成了“燕京 811”。1929—1935 年，南京金陵大学农学院在南京、宿县（今宿州市部分地区）、开封、济南、定县（今定州市）及北平（今北京）等地开展了谷子育种和研究。抗日战争时期，晋察冀边区农场，选出了谷子品种“边区 1 号”，在延安一带推广应用。这些谷子品种的推广和应用，对提高产量水平起到了一定的作用。中华人民共和国成立以后，由于国家对农业科学研究工作的重视，相继建立了省和地区的农业科研机构，开展了谷子新品种选育工作。据统计，在中华人民共和国成立后的 40 多年里，全国各级科研单位共育成并推广了春谷高产品种 200 多个，彻底改变了谷子低产面貌，对提高谷子产量、发展畜牧业、增加经济效益和社会效益起到了积极的作用。20 世纪 50—60 年代，首先开展了谷子品种资源的搜集工作，并以农家品种为材料，采用混合选种和系统选种方法，开展了谷子新品种选育，先后育成黄沙子 1 号、安谷 18、龙谷 1 号、公谷 6 号、白沙 971、锦谷 118、昭农 1 号、张农 9 号、晋谷 1 号、东风谷、甘粟 1 号等春谷高产品种。这些品种的推广，代替了生产上混杂退化的农家品种，实现了中华人民共和国成立以后第一次谷子良种的更新换代，提高了春谷的产量水平。例如，“黄沙子 1 号”是黑龙江省克山农业试验站在 1950 年以“黄沙子”为材料，用混合选种方法选出的谷子新品种，1953 年推广，一般产量 100.0~150.0kg/ 亩，在该省克拜（克山、拜泉）地区 12 个县推广 90 多万亩。公谷 6 号是 1958 年吉林省农业科学院以“花脸 1 号”为材料，用单株选穗方法育成的谷子新品种，1968 年在榆树县推广、试验 345 亩，平均产量 312.0kg/ 亩，推广面积达 200 万亩。“张农 9 号”是 1955 年河北省张家口地区坝下农业科学研究所以农家品种“小白苗”为材料，用单株选种方法育成的谷子新品种，平均产量 200.0~300.0kg/ 亩，适于在冷凉地区种植，推广面积达 30 万亩。

20 世纪 70 年代，全国农业科研水平有了很大提高，在搜集、整理、研究和利用品种资源的基础上开展了以杂交育种为主的春谷高产品种选育工作，先后育成了龙谷 23、合光 9 号、公谷 23、四谷 1 号、锦谷 9 号、朝谷 4 号、哲谷 8 号、晋谷 2 号、延谷 5 号、榆谷 1 号、陇粟 2 号等谷子新品种。这些品种除具有明显的丰产性能外，在抗倒、抗旱、抗病能力等方面也有很大提高，是第二批更新换代的春谷品种，在提高产量方面发挥了更大的作用。例如，延谷 5 号是陕西省延安地区农业科学研究所用杂交方法选育的春谷新品种。1977 年，在洛川县 1 000 亩试验结果，平均产量 225.0kg/ 亩，最高产量达 437.5kg/ 亩，该品种不仅丰产性能好，而且具有抗旱、抗倒伏性能，对谷瘟病抗性较强。锦谷 9 号是辽宁省锦州市农业科学研究所育成的春谷品种，平均产量 250.0~300.0kg/ 亩，该品种除产量较高外，还具有耐旱、抗倒伏、抗病性能，是锦州主栽品种，推广面积达 50 万亩。

20 世纪 80 年代，谷子科研水平又有了进一步提高。“七五”期间（1986—1990 年），我国北方 9 个省（区）的 13 个科研院所联合协作，承担了“谷子高产、多抗、优质新品种选育”专题的攻关任务，采用杂交育种和辐射诱变等方法，先后育成了龙谷 28、嫩选 13、公谷 62、朝谷 7 号、铁谷 4 号、内谷 3 号、赤谷 4 号、延谷 8 号、晋谷 16 等春谷新品种。这批品种达到了较高的水平，除了具有产量高的优点之外，还有多抗、优质等优良性状，是第三批更新换代品种。例如，赤谷 5 号是内蒙古自治区赤峰市农业科学研究所育成的春谷早熟品种，平均产量 250.0~300.0kg/ 亩，1985 年在赤峰市林西县种植 100 亩示范田，平均产量 463.2kg/ 亩，1981 年赤峰市农牧科学研究院用 7506 为母本，昭谷 1 号为父本，人工有性杂交后，经系谱法选育而成。赤谷 4 号是内蒙古自治区赤峰市农业科学研究所育成的春谷高产品种，平均产量 250.0~350.0kg/ 亩，1988 年，两个水浇地试验点的产量分别为 496.0kg/ 亩和 441.0kg/ 亩。龙谷 28 是黑龙江省农业科学院育成的春谷高产品种，平均产量 300.0~400.0kg/ 亩，1989 年，肇东市种植 60 亩生产示范田的平均产量为 406.9kg/ 亩，黎明乡春光村农户马占文种植 10.9 亩，平均产量 539.0kg/ 亩，被评为黑龙江省谷子高产大王。晋谷 15 是山西省农业科学院谷子研究所育成的春谷高产品种，平均产量 300.0~400.0kg/ 亩，最高产量 486.7kg/ 亩。1990 年，沁县和潞城两县分别建立了谷子万亩高产田，平均产量达到 335.0kg/ 亩，深受农户的好评。

2007 年以后，农业部 * 成立了国家现代农业产业技术体系，谷子新品种如雨后春笋般问世，其中金苗 K1、赤优金谷（图 4–3）、张杂谷 13 号、豫谷 18、冀谷 168（图 4–4）等多个谷子品种在春谷区谷子主产区大面积推广应用。其中，赤优金谷平均产量 389.6kg/ 亩，2019 年，赤峰市松山区、阿鲁科尔沁旗两县（旗）建立了谷子高产示范方，产量达到 464.0kg/ 亩以上。金苗 K1 在 2019 年全国第十三届优质食用粟米评选中被中国作物协会粟米作物专业委员会评为国家一级优质米，平均产量 334.2kg/ 亩，2022 年推广面积超 100 万亩以上。

图 4–3　赤优金谷

* 2018 年机构改革后，改为农业农村部。

图 4-4　冀谷 168

（三）春谷早熟品种高产育种的展望

目前春谷早熟品种高产育种已经取得了很大进展，产量达到了较高的水平，再提高一步具有一定的难度。然而，只要不断的开拓创新，改进育种方法，加强基础材料的研究，突破现有的产量水平还是大有希望的。“八五”期间（1991—1995 年），各地新育成的春谷高产品种或品系，有些已经突破现有的产量水平。例如，黑龙江省农业科学院作物育种研究所采用辐射诱变方法育成的龙谷 29 谷子新品种。1994 年，黑龙江省第一积温带的肇东市示范种植龙谷 29，经秋收实打称量，有 1 148 亩平均产量达 516.8kg/ 亩，最高达 614.0kg/ 亩，创造了春谷大面积高产纪录。河北张家口农科所选育的张杂谷 13 号，生育期宽泛，在内蒙古兴安盟 2 300~2 600℃活动积温地区均可种植，2021—2022 年平均产量 422.3kg/亩，最高产量可达 570.0kg/ 亩。为了突破春谷现有的产量水平，重点应该做好以下几项工作。

第一，随着现代科学技术的发展，在高产品种的选育方法上，要采用新方法、新技术、新手段，使育成的新品种具有较大的增产潜力。

第二，在选育高产品种的过程中，特别要兼顾抗病、抗倒伏、优质、株型合理等优良性状的选择，因为这些性状也是影响产量的重要因素。

第三，在高产品种推广应用过程中，要坚持优良品种和科学的栽培技术相结合，充分发挥高产品种的潜力。

二、西北春谷早熟区谷子分布

西北春谷早熟区主要分布在内蒙古自治区的呼伦贝尔市、兴安盟、赤峰市，新疆维吾尔自治区的奇台县、喀什市、伊犁地区，甘肃省的会宁县、张掖市、庆阳市、天水市，宁夏回族自治区的固原市、西吉县、海原县等地区。

（一）内蒙古自治区谷子早熟区

内蒙古自治区谷子种植区主要分布在赤峰市、通辽市、呼和浩特市和兴安盟，其中早熟区谷子主要分布在赤峰的宁城县、克什克腾旗、松山区北部、翁牛特旗北部；通辽市的开鲁县、扎鲁特旗、奈曼旗；兴安盟的突泉县、扎赉特旗；呼和浩特的武川县等地区。种植的早熟品种主要有赤优金苗 4 号、金苗 K1、赤谷 K2、赤谷 K3、冀谷 168、赤谷 C1、张杂 13、赤早 1 号、峰红谷、赤早 1 号等。

（二）甘肃省谷子早熟区

甘肃省谷子种植主要分布在 3 个区域，张掖市、武威市等河西走廊的绿洲灌溉区；兰州市、白银市、定西市、天水市等陇中半干旱旱作区；平凉市、庆阳市等陇东半湿润旱作区。其中早熟谷子主要分布在张掖市的甘州区、山丹县和民乐县、武威市的凉州区和古浪县、兰州市的榆中县、白银市的会宁县、定西市的安定区、通渭县和陇西县。种植的品种主要有陇谷 5 号、陇谷 7 号、陇谷 8 号、陇谷 12 号、张杂 13 等。

（三）新疆维吾尔自治区谷子早熟区

新疆维吾尔自治区谷子种植区主要分布在昌吉州的奇台县、木垒县、吉木萨尔县、喀什疏勒县、阿勒泰地区、伊犁地区、塔城地区等地。适合北疆冷凉区种植的品种有晋杂优 2 号、豫谷 1 号、豫谷 18、峰红谷、赤优金苗 4 号、赤谷 K2、金苗 K1、赤谷 K1、金苗 K2、赤优金苗 1 号（图 4-5）等。

图 4-5　赤优金苗 1 号

（四）宁夏回族自治区谷子早熟区

宁夏回族自治区谷子种植区主要分布在干旱区的同心县、西吉县、海原县及北部山坡地。适合宁夏回族自治区种植的谷子品种主要有张杂 13、张杂 19、峰红谷、晋谷 43 号、陇谷 11、陇谷 13 号等。一部分热量条件好的地区有少量晋谷 21 号和晋谷 40 号种植。

三、西北春谷早熟区谷子品种简介

西北春谷早熟区谷子生育期一般在 90~110 天，早熟，抗早衰，株高在 80~135cm，适合机械化收获。21 世纪初期，西北春谷区生产上种植的谷子品种主要是当地农家品种。2008 年开始，经过对农家品种的引进、筛选，经过系统选育、杂交育种等手段，先后育成了 20 多个在生产上可以推广的谷子品种，对于发展西北春谷的生产起到了一定的推动作用。生产推广面积较大的代表品种如下。

1. 赤谷 6 号

品种来源：1979 年赤峰市农牧科学研究所以早熟品种赤谷 3 号作母本、以

图 4–6 赤谷 6 号

中熟品种昭谷 1 号作父本，经有性杂交用系谱法选育而成，1992 年通过内蒙古自治区农作物品种审定委员会审定定名，1994 年被评为国家优质米（图 4–6）。

特征特性：绿苗、绿秆，叶片绿色狭长，株高 125.8cm，短纺锤穗形，码松紧适中，短刺毛，穗长 18.8cm，单穗粒重 12g，秕谷少，出谷率在 85% 以上，千粒重 3.0g，黄谷、黄米。株型紧凑、健壮，抗白发病、粟瘟病、黑穗病，活秆熟，适应性强，对光照反应迟钝。

产量表现：1986 年参加区域试验，同时在各地进行小面积试种，1986—1988 年 3 年区域试验，10 个点次，平均产量 271.4kg/ 亩，比对照赤谷 3 号增产 6.1%，平均产量 277.61kg/ 亩。

栽培技术要点：2 300℃积温区域以南 5 月下旬播种，以北在 4 月末 5 月初播种。一般保苗 2.5 万 ~3.5 万株 / 亩。早间苗、适时定苗，及早预防病虫害。

适宜区域：根据试验结果，该品种适宜在≥ 10℃积温 1 900℃地区种植。在赤峰市翁牛特旗乌丹镇以南、阿鲁科尔沁旗南部积温较高的旗县和大部分地区作备荒品种或等墒播种。喀喇沁旗西部山区、郊区北部，在翁牛特旗五分地以北，林西县、巴林左旗等地旱、水地都可作主栽品种。

2. 峰红谷

品种来源：赤峰市农牧科学研究所以赤谷 8 号为母本，当地农家品种红谷为父本进行有性杂交，对后代以穗紧实、熟期早、抗逆性强、熟相好为目标，按系谱法进行定向选育而成。2012 年 5 月通过内蒙古谷子品种认定，定名为峰红谷，认证编号为蒙认谷 2012001 号（图 4–7）。

特征特性：幼苗、叶鞘均为绿色，刺毛中等，春播生育期 103 天，株高 147.1cm，主穗长 25.0cm，穗纺锤形，穗松紧适中，穗重 21.15g，穗粒重 17.65g，千粒重 3.2g，红谷、黄米，出谷率 83.45%。粗蛋白 10.97%，粗脂肪 1.41%，粗淀粉 84.96%，胶稠度 103mm，碱指数 2.9。抗黑穗病、抗白发病、抗谷锈病。

产量表现：平均产量 398.6kg/ 亩，较对照赤谷 6 号、赤谷 8 号分别增产 14.2%、3.4%。

栽培技术要点：精细整地，施足基肥，精选种子，用药剂处理，适时播种。因后期灌浆成熟较快，部分地区可视土壤墒情适时晚播 3~5 天。该品种幼苗生长势较强，应早间苗，早中耕。留苗密度 2.0 万 ~2.5 万株 / 亩，密度不宜过大。生长后期及时防治病虫害。

适宜区域：适宜峰红谷适宜在内蒙古赤峰市 2 600~2 900℃积温区的旱地种植。

图 4–7　峰红谷

3. 赤谷 17

品种来源：赤峰市农牧科学研究所以承谷 8 号为母本，赤谷 4 号为父本进行有性杂交，对后代以穗紧实、熟期早、抗逆性强、熟相好为目标，按系谱法进行定向选育而成。于 2013 年 1 月通过国家谷子品种鉴定，定名为赤谷 17，鉴定编号为国品鉴谷 2013012（图 4–8）。

特征特性：幼苗、叶鞘均为绿色，刺毛中等，春播生育期 112 天，株高 144.8cm，主穗长 21.8cm，穗纺锤形，穗松紧适中，穗重 21.8g，穗粒重 16.5g，

图 4-8 赤谷 17

千粒重 3.2g，黄谷、黄米，出谷率 75.7%。粗蛋白含量 12.60%，粗脂肪含量 3.8%，粗淀粉含量 70.5%，胶稠度含量 113mm，碱消指数 2.3。抗黑穗病、抗白发病、抗谷锈病。

产量表现：平均产量 343.6kg/ 亩，较对照九谷 11 平均产量 323.5kg/ 亩增产 6.21%。

栽培技术要点：精细整地，施足基肥，精选种子，用药剂处理，适时播种。因后期灌浆成熟较快，部分地区可视土壤墒情适时晚播 3~5 天。该品种幼苗生长势较强，应早间苗，早中耕。留苗密度 2.0 万 ~2.5 万株 / 亩，密度不宜过大。生长后期及时防治病虫害。

适宜区域：适宜在内蒙古自治区赤峰市 2 450~2 550℃积温区的旱地种植。

4. 赤早 1 号

品种来源：2012 年赤峰市农牧科学研究所从谷子农家品种“60 天还仓”中发现了一株极早熟、抗倒伏的单株，单株考种后，经过 7 个世代的单株选育，育成极早熟、适合晚播、抗倒伏、综合性状较好的谷子新品系，2016 年通过内蒙古自治区农作物品种审定委员会审定定名（图 4-9）。

特征特性：幼苗叶片、叶鞘均为绿色，穗纺锤形，深黄色，小穗排列稍松，平均株高 114.2cm，穗长 24.6cm，穗粗 3.0cm，穗重 26.2g，穗粒重 22.4g，小穗尖部略秃尖，草重 14.0g，根重 4.8g，节数 12，千粒重 3.9g，生育期短，适合抗旱备灾。

产量表现：平均产量 241.3kg/ 亩，较对照品种增产 3.7%。

栽培技术要点：北方春谷区 6 月 10 日后旱地种植，留苗密度 2.5 万株 / 亩，选用能预防白发病和黑穗病的包衣谷种，同时注意配套药剂的使用。早间苗、适时定苗，及早预防病虫害。

适宜区域：适宜内蒙古自治区、辽宁省、吉林省活动积温≥ 10℃积温 2 500℃以上的旱坡地、山地种植。

图 4-9　赤早 1 号

5. 赤谷 C1

品种来源：2015 年以"吨谷 1 号"为母本、以抗拿捕净材料"K2104-5"为父本人工有性杂交，按系谱法在海南三亚和赤峰异地动态定向 7 个世代选育而成。2021 年进行全国异地鉴定试验，2022 年 8 月通过农业农村部非主要农作物品种登记，登记号：GPD 谷子（2022）150116，定名为"赤谷 C1"（图 4-10）。

特征特性：生育期 108 天，属中早熟品种。幼苗色、叶鞘色均为绿色。穗为纺锤形，穗码较紧，刺毛中等，植株高度均 125.2cm，穗长 27.6cm，单穗重 32.5g，单穗粒重 27.0g，出谷率 83.08%，白谷、黄米，千粒重 3.0g。米质粳性，粗蛋白含量 11.4%，粗脂肪含量 3.7%，总淀粉含量 81.15%，支链淀粉占总淀粉的 77.8%，赖氨酸含量 0.20%。对锈病抗性中等、对黑穗病抗性中等、对白发病抗性中等。对倒性 0 级，抗旱性、耐涝性 1 级，蛀茎率 0.98%。

产量表现：平均产量 352.0kg/ 亩，较对照品种增产 4.0%。

栽培技术要点：4 月下旬至 5 月中上旬播种，播量一般 0.15kg/ 亩。留苗密

图 4-10 赤谷 C1

度 2.0 万 ~2.5 万株 / 亩，可以根据地力情况调整种植密度。避免重茬或迎茬。4~5 叶期，每亩使用烯禾啶 100mL（含量 12.5%）、辛酰溴苯腈 100mL（含量 25%）、高效氯氰菊酯 50mL（含量 4.5% 的乳油）兑水 40~50L，在 4~5 叶期喷洒，防除杂草、防治粟叶甲、粟灰螟成虫。喷施除草剂选择在 24h 内无风、无雨天气进行。注意防治谷子粟叶甲、钻心虫和黏虫。后期注意抗旱排涝。谷子成熟后及时进行收获。

适宜区域：适宜在内蒙古自治区的赤峰市、兴安盟、通辽市、呼和浩特市，辽宁省朝阳市、阜新市，吉林省，山西省、河北省张家口市、承德市，甘肃省张掖市、会宁县、白银市，新疆昌吉州、哈密市、伊犁州、库尔勒市≥ 10℃活动积温 2 400℃以上地区春季种植。

6. 赤谷 C2

图 4-11 赤谷 C2

品种来源：2015 年以“吨谷 1 号”为母本、以抗拿捕净材料“K2104-5”为父本人工有性杂交，按系谱法在海南三亚和赤峰异地动态定向 7 个世代选育而成。2021 年进行全国异地鉴定试验，2022 年 8 月通过农业农村部非主要农作物品种登记，登记号为 GPD 谷子（2022）150118，定名为“赤谷 C2”（图 4-11）。

特征特性：生育期 102 天，属早熟品种，幼苗色、叶鞘色均为绿色。穗为纺锤形，穗码较紧，刺毛中等，植株高度均 128.6cm，穗长 24.5cm，单穗重 24.7g，单穗粒重 19.5g，出谷率

78.9%，白谷、黄米。米质粳性，粗蛋白含量 10.4%，粗脂肪含量 3.7%，总淀粉含量 81.46%，支链淀粉占总淀粉的 78.9%，赖氨酸含量 0.19%。田间进行抗性鉴定，对锈病抗性中等、对黑穗病抗性中等、对白发病抗性中等。抗倒性 0 级，抗旱性、耐涝性 1 级，蛀茎率 1.12%。

产量表现：平均产量 365.05kg/ 亩，较对照品种增产 5.8%。

栽培技术要点：一般 5 月中上旬播种，播量 0.15kg/ 亩。种植密度 2.0 万 ~2.5 万株 / 亩。可以根据地力情况调整种植密度。4~5 叶期，每亩使用烯禾啶 100mL（含量 12.5%）、辛酰溴苯腈 100mL（含量 25%）、高效氯氰菊酯 50mL（含量 4.5% 的乳油）兑水 40~50L，在 4~5 叶期喷洒，防除杂草、防治粟叶甲、粟灰螟成虫。注意防治谷子粟叶甲、钻心虫和黏虫。后期注意抗旱排涝。谷子成熟后及时进行收获。

适宜区域：适宜在内蒙古自治区、黑龙江省、吉林省、辽宁省、甘肃省、山西省、新疆维吾尔自治区≥ 10℃活动积温 2 000℃以上地区春季种植。

7. 赤优金苗 4 号

品种来源：2013 年以“黄金谷”为母本、以抗拿捕净突变材料“吨谷 1 号”为父本人工有性杂交，按系谱法在海南三亚和赤峰异地动态定向 6 个世代选育而成。2017 年进行全国异地鉴定试验，2020 年 9 月通过农业农村部非主要农作物品种登记，登记号为 GPD 谷子（2020）150066，定名为“赤优金苗 4 号”（图 4–12）。

特征特性：生育期 108 天，属中熟品种，幼苗色、叶鞘色均为黄绿色。穗为纺锤形，穗码较紧，刺毛中等，植株高度 113.6cm，穗长 22.30cm，单穗重 21.96g，单穗粒重 17.13g，出谷率 78.02%，白谷、黄米，千粒重 3.18g。粗蛋白含量 13.64%，粗脂肪含量 3.58%，总淀粉含量 81.01%，支链淀粉占总淀粉的 72.8%，赖氨酸含量 0.20%。田间进行抗性鉴定，对锈病抗性中等、对黑穗病抗性中等、对白发病抗性中等。抗倒性 0 级，抗旱性、耐涝性 1 级，蛀茎率 1.05%。

产量表现：平均产量 353.15kg/ 亩，较对照增产 3.7%。

栽培技术要点：一般 5 月中上旬播种，播量一般 0.2kg/ 亩。种植密度 2.0 万 ~2.5 万株 / 亩，可以根据地力情况调整种植密度。避免重茬或迎茬。喷施除草剂选择在 24h 内无风、无雨天气进行。注意防治谷子粟叶甲、钻心虫和黏虫。后期注意抗旱排涝。谷子成熟后及时进行收获。

适宜区域：适宜在内蒙古赤峰市、通辽市和呼和浩特市，黑龙江省哈尔滨市和齐齐哈尔市，吉林省四平市和吉林市，辽宁省朝阳市和阜新市，甘肃省会宁县和兰州市，山西省大同市和太原市，新疆奎屯市和乌鲁木齐市≥ 10℃活动积温 2 500℃以上地区春季种植。

图 4–12　赤优金苗 4 号

8. 金苗 K1

品种来源："金苗 K1"（图 4–13）是赤峰市农牧科学研究所选育的优质抗旱抗除草剂（烯禾啶）的谷子新品种，由当地农家品种"黄金苗"变异株选育而来，2018 年 11 月通过国家非农作物品种登记，登记编号为 GPD 谷子（2018）150216。

特征特性：幼苗叶片颜色为黄绿色，幼苗分蘖在 3 个左右。平均生育期 116 天，属中熟品种，穗为纺锤形，穗码中等，刺毛较短等，平均株高 125.0cm，平均穗长 20.2cm，平均单穗重 24.1g，平均单穗粒重 17.7g，出谷率 73.4%，黄谷、黄米，平均千粒重 2.8g。粗脂肪含量 2.25%，粗蛋白含量 10.30%，支链淀粉占总淀粉的 77.20%，总淀粉含量 73.85%，赖氨酸含量 0.20%。后期成熟灌浆期快，成熟时谷粒金黄圆润，籽粒饱满，熟相好，品质极佳。

产量表现：平均产量 397.3kg/ 亩，较对照赤谷 8 号增产 3.61%。

栽培技术要点：该品种生育期伸缩性较强，一般 5 月上旬到 5 月下旬均可播种，精量播种 0.1~0.15kg/ 亩，种植密度 1.2 万 ~3.0 万株 / 亩，可以根据地力情况调整种植密度。底肥硫酸钾 5kg/ 亩，磷酸二铵 10kg/ 亩为宜。追肥以尿素 15kg/ 亩左右，硫酸钾 8kg/ 亩左右。3~5 叶期喷药，每亩使用烯禾啶 100mL（含量 12.5%）、麦草畏 25~30mL（含量 48%）、高效氯氰菊酯 50mL（含量 4.5%的乳油）兑水 40~50 L 喷洒，防治杂草、粟叶甲及粟灰螟成虫。

适宜区域：适宜在春谷生态区内蒙古自治区的通辽市、赤峰市、呼和浩特市、兴安盟，宁夏回族自治区固原市，辽宁省的朝阳市、阜新市，山西省的太原市、忻州市、朔州市，新疆维吾尔自治区的昌吉回族自治州、巴音郭楞蒙古自治州、伊犁哈萨克自治州、博尔塔拉蒙古自治州，河北省的承德市、张家口市，甘肃省的白银市、平凉市≥ 10℃活动积温 2 600℃的地区春季种植。

图 4-13　金苗 K1

9. 金苗 K2

品种来源：抗拿捕净谷子新品种“金苗 K2”是以“吨谷 1 号”为母本、以“黄金谷”为父本，人工有性杂交，杂交后代按抗倒、优质、矮秆、高产的目标，按系谱法在海南三亚和赤峰异地动态定向 6 个世代选育而成的新品种。2020 年获得品种登记证书，编号为 GPD 谷子（2020）150031（图 4–14）。

特征特性：幼苗黄绿色，平均生育期 115 天，平均株高 120.6cm，平均穗长 20.3cm，平均穗粗 2.6cm，平均单穗重 19.6g，平均单穗粒重 14.1g，平均出谷率 74.6%，浅黄谷、黄米，千粒重 2.6g，棍棒形穗，穗码较紧，熟相较好。粗蛋白含量 11.55%，粗脂肪含量 3.78%，总淀粉含量 81.40%，支链淀粉含量 80.01%，赖氨酸含量 0.21%。中抗谷瘟病，中抗谷锈病，中抗白发病。

产量表现：平均产量 364.5kg/ 亩，较对照品种增产 4.1%。

栽培技术要点：播种为 5 月中旬，播量一般 0.2kg/ 亩，使用包衣种子，防治白发病和黑穗病。种植密度是 2.5 万 ~3.5 万株 / 亩。硫酸钾做种肥 5kg/ 亩，磷酸二铵 10kg/ 亩为宜。追肥，以尿素 15kg/ 亩左右为宜。每亩使用烯禾啶

图 4–14　金苗 K2

100mL（含量12.5%）、辛酰溴苯腈100mL（含量25%）、高效氯氰菊酯50mL（含量4.5%的乳油）兑水40~50 L，在4~5叶期喷洒，防治杂草、粟叶甲及粟灰螟成虫。

适宜区域：适宜在内蒙古赤峰市、通辽市，黑龙江省齐齐哈尔市、哈尔滨市，吉林省吉林市、四平市，辽宁省朝阳市、阜新市，甘肃省兰州市、会宁县，山西省大同市、太原市，新疆奇台县、奎屯市等≥10℃活动积温2 650℃以上地区春季种植。

10. 赤谷K1

品种来源：2011年，赤峰市农牧科学研究所以吨谷1号为母本，黄金谷为父本进行有性杂交，对后代以优质、矮秆、高产为目标，按系谱法进行定向选育6代而成，定名为“赤谷K1”（图4-15）。2018年获得品种登记证书，编号为GPD谷子（2018）150215。

特征特性：该品种幼苗绿色，分蘖1~2个，平均生育期117天，平均株高121.0cm，平均穗长22.87cm，平均单穗重21.50g，平均单穗粒重17.34g，平均

图4-15 赤谷K1

千粒重 2.79g。粗蛋白含量 10.62%，粗脂肪含量 3.62%，总淀粉含量 82.59%，支链淀粉占总淀粉的 78.02%，赖氨酸含量 0.27%。穗较紧，穗圆筒形（随外界环境变化，有时为纺锤形），浅黄谷、黄米，抗倒伏，熟相好。

产量表现：平均产量 379.5kg/ 亩，较对照九谷 11 增产 7.5%。

栽培技术要点：播种时间一般为 5 月中旬以后，6 月 10 日前播种均可，播量一般 0.2kg/ 亩，使用包衣种子，防治白发病和黑穗病。肥力高的一般种植密度 3.5 万 ~4 万株 / 亩，可以根据地力情况调整种植密度。底肥硫酸钾 5kg/ 亩，磷酸二铵 10kg/ 亩为宜。追肥以尿素 15kg/ 亩左右为宜。在 4~5 叶期喷药，每亩使用烯禾啶 100mL（含量 12.5%）、辛酰溴苯腈 100mL（含量 25%）、高效氯氰菊酯 50mL（含量 4.5%的乳油）兑水 40~50L 在 4~5 叶期喷洒，防治杂草、粟叶甲及粟灰螟成虫。

适宜区域：适宜在春谷生态区内蒙古赤峰、通辽、呼和浩特，辽宁朝阳、阜新，吉林九台、吉林、长春、双辽、白城，黑龙江哈尔滨，新疆乌鲁木齐、奎屯有效积温≥ 10℃活动积温 2 650℃以上地区春季种植。

11. 赤谷 K2

品种来源：赤峰市农牧科学研究所以农家品种黄八杈作母本、张杂谷 12 号作父本，利用种间人工有性杂交的方法把亲本间的有利基因组合在一起，在杂种后代中用系谱法及派生系谱法进行定向选择，逐步稳定成新品种，定名为“赤谷 K2”（图 4–16）。2018 年获得品种登记证书，编号为 GPD 谷子（2018）150214。

特征特性：幼苗绿色，分蘖 2~3 个，平均产量 325.4kg/ 亩，平均生育期 112 天，平均株高 125cm，平均穗长 23cm，平均单穗重 21.50g，平均单穗粒重 17.5g，平均出谷率 81.4%，纺锤穗，穗码较松，浅黄谷、黄米，平均千粒重 2.6g，熟相好。粗蛋白含量 11.76%，粗脂肪含量 2.47%，总淀粉含量 81.16%，支链淀粉含量 78.47%，赖氨酸含量 0.22%。中抗谷瘟病，中抗谷锈病，中抗白发病。

产量表现：平均产量 325.35kg/ 亩，较对照品种增产 3.3%。

栽培技术要点：播种时间一般为 5 月下旬，播量一般 0.2kg/ 亩，使用包衣种子，防治白发病和黑穗病。种植密度是 2.5 万 ~3.0 万株 / 亩。硫酸钾做种肥 5kg/ 亩，磷酸二铵 10kg/ 亩为宜。以尿素 15kg/ 亩左右为宜进行追肥。每亩使用烯禾啶 100mL（含量 12.5%）、辛酰溴苯腈 100mL（含量 25%）、高效氯氰菊酯 50mL（含量 4.5%的乳油）兑水 40~50L，在 4~5 叶期喷洒，防治杂草、粟叶甲及粟灰螟成虫。

适宜区域：适宜在春谷区内蒙古赤峰≥ 10℃活动积温 2 500℃以上的地区春季种植。

图 4-16　赤谷 K2

12. 赤谷 K3

品种来源：2014 年冬，在海南岛以“矮 88”为母本，“张杂谷 13 号”为父本，按系谱法进行定向选育 5 代而成（海南加代）。2016 年定名“赤谷 K3”（图 4-17）。2020 年获得品种登记证书，编号为 GPD 谷子（2020）150030。

特征特性：幼苗、叶鞘均为绿色，平均生育期 109 天，平均株高 109.0cm，平均穗长 23.14cm，平均穗粗 3.03cm，平均单穗重 24.61g，平均单穗粒重 19.27g，平均出谷率 78.29%，白谷、黄米，平均千粒重 2.94g，穗纺锤形，穗码中到密，熟相较好。米质粳性，粗蛋白含量 11.28%，粗脂肪含量 2.65%，总淀粉含量 81.81%，支链淀粉占总淀粉的 78.7%，赖氨酸含量 0.22%。该品种抗旱、耐涝、抗倒伏。

产量表现：平均产量 400.15kg/ 亩，较对照品种增产 5.05%。

栽培技术要点：一般5月中下旬播种，播量一般0.2kg/亩。种植密度3.5万~4.0万株/亩。避免重茬或迎茬。4~5叶期喷施含12.5%拿捕净（烯禾啶）乳油除草剂，喷施浓度为80~100mL/亩，兑水50L/亩。注意防治谷子粟叶甲、钻心虫和黏虫。后期注意抗旱排涝。谷子成熟后及时进行收获。

适宜区域：适宜在内蒙古赤峰市、通辽市≥10℃活动积温2 400℃以上地区春季种植。

图4-17　赤谷K3

13. 赤谷K4

品种来源：2014年以“张杂谷13号”为母本，“矮88”为父本做组合，杂交后代以抗倒、优质、矮秆、高产的目标，系谱法进行定向选育6代，2022年在农业农村部完成非主要农作物品种登记，登记号为GPD谷子（2022）150086（图4-18）。

特征特性：幼苗绿色，叶鞘色绿色，平均生育期110天，平均株高115.0cm，有分蘖2~4个，平均穗长24.1cm，刚毛长度中等，平均穗粗4.1cm，平均单穗重 32.1g，平均单穗粒重 26.2g，平均出谷率 81.6%，白谷、黄米，平均千粒重 2.98g，穗纺锤形，穗码中到密，熟相较好。田间进行抗性鉴定，中抗锈病、中抗黑穗病、中抗白发病。抗倒性 0 级，抗旱性、耐涝性 1 级，蛀茎率 1.1%。粗蛋白含量 12.34%，粗脂肪含量 3.24%，总淀粉含量 82.38%，支链淀粉占总淀粉的 78.65%，赖氨酸含量 0.20%。

产量表现：平均产量 406.6kg/ 亩，较对照品种增产 12.3%。

栽培技术要点：5 月中下旬播种，播量一般 0.15~0.2kg/ 亩，使用包衣种子，防治白发病和黑穗病。亩保苗 0.8 万 ~1.6 万株。可以根据地力情况调整种植密度。每亩底施复合肥（氮：磷：钾 =18：18：18）30kg 左右，以尿素 7.5kg/ 亩，钾肥 7.5kg/ 亩为宜进行追肥。喷药：4~5 叶期，每亩使用烯禾啶 80~100mL（含量 12.5%）兑水 40~50L 在 4~5 叶期喷洒，防除禾本科杂草。3~5 叶期加强田间管理及时间苗、定苗、中耕除草，以利于蹲苗。喷施除草剂选择在 24h 内无风、无雨天气进行。注意防治谷子粟叶甲、钻心虫和黏虫。后期注意抗旱排涝。谷子成熟后及时进行收获。

适宜区域：适宜在内蒙古赤峰市、兴安盟、通辽市、呼和浩特市，辽宁省

图 4–18　赤谷 K4

朝阳市、阜新市，吉林省，山西省，河北省张家口市、承德市，甘肃省张掖市、会宁县、白银市、新疆昌吉州、哈密市、伊犁州、库尔勒市≥ 10℃活动积温 2 350℃以上地区春季种植。

14. 赤谷 K5

品种来源：2014 年赤峰市农牧科学研究所以“吨谷 1 号”为母本，“黄金谷”为父本，经有性杂交系谱法 6 代选育而成，2022 年在农业农村部完成品种登记，登记号为 GPD 谷子（2022）150087（图 4-19）。

特征特性：幼苗绿色，分蘖 2~3 个，平均生育期 113 天，平均株高 116.8cm，平均穗长 18.9cm，平均穗粗 2.32cm，平均单穗重 19.8g，平均单穗粒重 14.7g，平均出谷率 74.2%，浅黄谷、黄米，千粒重 2.70g，棍棒形穗，刚毛较短，穗码适中，熟相较好。锈病抗性中等、黑穗病抗性中等、白发病抗性中等，抗倒性 3 级，抗旱性 1 级，耐涝性 2 级。粗蛋白含量 10.0%，粗脂肪含量 2.7%，总淀粉含量 82.7%，支链淀粉占总淀粉的 76.9%，赖氨酸含量 0.18%。

产量表现：平均产量 393.91kg/ 亩，较对照增产 9.9%。

图 4-19　赤谷 K5

栽培技术要点：5月中旬播种，播量0.2 kg/亩，使用包衣种子，防治白发病和黑穗病。亩保苗2.5万~3.0万株。每亩底施复合肥（氮：磷：钾=18：18：18）30~40kg，以尿素7.5kg/亩，钾肥7.5kg/亩为宜进行追肥。4~5叶期喷施含12.5%拿捕净（烯禾啶）乳油除草剂，喷施浓度为80~100mL/亩，兑水50L/亩。

适宜区域：适宜在内蒙古赤峰市、通辽市；吉林省四平市、吉林市；辽宁省朝阳市、阜新市≥10℃活动积温2 450℃以上地区春季种植。

15. 赤谷K6

品种来源：2016年赤峰市农牧科学研究所以“赤谷K1”为母本，“金苗K1”为父本做组合，杂交后代按早熟、优质、高产的目标，按系谱法进行定向选育6代。2022年通过农业农村部品种登记，定名“赤谷K6”（图4-20），登记号为GPD谷子（2022）150084。

特征特性：粮用常规谷子品种，早熟。平均生育期108天，幼苗叶鞘绿色，平均株高127.6cm，平均穗长22.1cm，穗码中等，熟相较好。平均单穗重32.5g，平均单穗粒重27.3g，平均出谷率84.0%，浅黄谷、黄米，平均千粒重2.7g。粗蛋白含量10.2%，粗脂肪含量3.1%，总淀粉含量81.67%，支链淀粉占总淀粉的78.1%，赖氨酸含量0.19%。

产量表现：平均产量309.5kg/亩，较对照增产3.9%。

栽培技术要点：5月中下旬播种，播量0.2kg/亩，使用包衣种子，防治白发病和黑穗病。留苗密度3.0万株/亩。每亩底施复合肥（氮：磷：钾=18：18：18）30~40kg，以尿素7.5kg/亩，钾肥7.5kg/亩为宜进行追肥。4~5叶期，每亩使用烯禾啶80~100mL（含量12.5%）兑水40~50L防除禾本科杂草。避免重茬或迎茬，播前做好种子消毒，用种子包衣剂包衣效果好。注意防治谷子粟叶甲、钻心虫和黏虫、成熟后及时收获。

图4-20 赤谷K6

适宜区域：适宜在内蒙古赤峰市≥ 10℃活动积温 2 400℃以上地区春季种植。

16. 冀谷 168

品种来源：冀谷 168（图 4-21）是河北省农林科学院谷子研究所（国家谷子改良中心）采用专利技术通过有性杂交方法育成的非转基因优质抗拿捕净除草剂谷子新品种。2020 年通过农业农村部非主要农作物品种登记，登记编号为 GPD 谷子（2020）130039。

特征特性：幼苗叶鞘绿色，在华北两作制地区夏播生育期 89 天，春播生育期 110~124 天，幼苗绿色，平均株高 120cm，穗长 22cm，千粒重 2.8g，黄谷、黄米，2019 年在中国作物学会粟类作物专业委员会第十三届优质食用粟鉴评中获评一级优质米。1 级耐旱，抗倒伏，中抗谷锈病、谷瘟病、纹枯病，白发病发病率 2.1%，熟相较好。

产量表现：平均产量为 406.2kg/ 亩，较对照增产 9.61%。生产示范产量为 300.0~400.0kg/ 亩，最高为 620.0kg/ 亩。

栽培技术要点：冀鲁豫夏谷区适宜播期 6 月 15 日至 7 月 10 日，冀中南太行山区、冀东、北京、豫西及山东丘陵山区春播种植，适宜播种期 5 月 10 日至 6 月 10 日。山西、内蒙古、吉林春播适宜播期 4 月 25 日至 5 月 20 日。播量 0.4~0.5kg/ 亩。适宜亩留苗 3.5 万 ~4.5 万株。在谷子 3~5 叶期，杂草 2~4 叶期，每亩使用与谷种配套的谷阔清（二甲氯氟吡氧乙酸异辛酯）40~50mL 兑水 30kg 防治双子叶杂草，采用 12.5% 烯禾啶（拿捕净）80~100mL，兑水 30~40L，防治单子叶杂草，若单双子叶杂草同时较多，可将两种除草剂混合喷施。

图 4-21　冀谷 168

适宜区域：适宜河

南、河北、山东夏谷区春夏播种植，山西、内蒙古、吉林无霜期 160 天、年活动积温 2 700℃以上地区春谷区种植。

17. 豫谷 18

品种来源：豫谷 18（图 4–22）为河南省安阳市农业科学院利用国家一级优质米豫谷 1 号为母本，大穗型新品系保 282 为父本，于 2003 年在河南安阳进行有性杂交，利用动态育种技术在海南、安阳交替选育，历经 5 年 6 代定向选育而成。2012 年 2 月通过全国谷子品种鉴定委员会鉴定，鉴定编号为国鉴谷 2012001。

特征特性：幼苗浅紫色，成株绿色。平均株高 114cm，穗短纺锤形，穗长 18.4cm，单穗重 14.4g，单穗粒重 10.3g，千粒重 3.3g。籽粒浅黄色，黄米，米质粳性。籽粒含蛋白质 14.0%，粗脂肪 4.86%，淀粉 77.17%，赖氨酸 0.32%。生育期 100~120 天，属中早熟品种。抗旱、抗倒，抗黑穗病。

产量表现：平均产量 365.35kg/ 亩，两年 23 点次区域试验全部增产，增产幅度为 1.29%~47.24%。

栽培技术要点：豫谷 18 属中熟品种，夏谷春播应在 5 月 20 日左右播种，夏

图 4–22　豫谷 18

播麦收后尽量抢时早播，适宜播期为6月10—25日，且尽量做到足墒下种，力争一播全苗。播种前要施足底肥，以有机肥为主；4~6叶期定苗，单株留苗增产效果较佳，春播3万~4万株/亩，夏播留苗密度4万~5万株/亩；幼苗期至抽穗开花期注意防治虫害，成熟后及时收获。

适宜区域：适宜于河南、河北、山东夏谷区及同类生态区晚春播或夏播种植。

18. 张杂谷13号

品种来源：2012年由张家口市农业科学院育成的两系杂交谷子新品种，以不育系A2为母本，自育优质米恢复系黄六为父本杂交选育而成（图4-23）。2014年3月取得植物新品种权授权，品种权号CNA 2080686.6，公告号CNA 004395G。

特征特性：该品种春播生育期115天，幼苗绿色，叶鞘绿色，株高121.0cm，穗长26.3cm，棍棒穗形，松紧适中；单穗重24.2g，穗粒重18.3g，出谷率75.6%，出米率79.8%，千粒重3.10g，白谷、黄米。粗蛋白含量10.6%，粗脂肪含量3.7%，支链淀粉23.82%，赖氨酸含量0.16%。抗旱性强，抗病性强。高抗谷瘟病，抗谷锈病，抗白发病。

产量表现：产量为300~400kg/亩，较对照品种增产1.05%。

图4-23 张杂谷13号

栽培技术要点：4月下旬至5月25日播种，播量一般0.75kg/亩。留苗密度0.8万~1.2万株/亩。出苗期喷施农药防治粟鳞斑肖叶甲、拟地甲。生长期勤查看苗情，有钻心虫、粟负泥虫等虫害时，及时喷药。及时拔除白发病、黑穗病株并深埋。

适宜区域：适宜在河北省、山西省、陕西省、甘肃省的北部及宁夏、新疆、吉林、内蒙古、辽宁、北京、黑龙江省等≥10℃积温2 450℃以上的地区春播种植。

19. 赤谷 19

品种来源：赤谷 19（图 4-24）以赤谷 8 号为母本、以 K129-7 为父本选育而成。

图 4-24 赤谷 19

特征特性：赤谷 19 生育期 115~116 天，属中早熟品种。穗形为纺锤形，穗码松紧度适中，植株高度均 141.0cm，穗长 22.79cm，单穗重 24.46g，单穗粒重 20.46g，出谷率 84.2%，黄谷、黄米，千粒重 3.0g。米质粳性，粗蛋白含量 12.27%，粗脂肪含量 1.33%，粗淀粉 81.25%，支链淀粉占总淀粉的 74.71%，赖氨酸含量 0.23%。对锈病抗性中等、对黑穗病抗性中等、对白发病抗性中等。抗倒性 0 级，抗旱性、耐涝性 1 级。

产量表现：平均亩产 463.0kg，较对照品种增产 5.88%。

栽培技术要点：4 月下旬至 5 月中上旬播种，播量一般 0.20kg/ 亩。留苗密度 2.0 万 ~2.5 万株 / 亩，可以根据地力情况调整种植密度。避免重茬或迎茬。4~5 叶期，每亩使用烯禾啶 100mL（含量 12.5%）、辛酰溴苯腈 100mL（含量 25%）、高效氯氰菊酯 50mL（含量 4.5% 的乳油）兑水 40~50L，在 4~5 叶期喷洒，防除杂草、防治粟叶甲、粟灰螟成虫。喷施除草剂选择在 24h 内无风、无雨天气进行。注意防治谷子粟叶甲、钻心虫和黏虫。后期注意抗旱排涝。谷子成熟后及时进行收获。

适宜区域：适宜在内蒙古赤峰市≥10℃活动积温 2 700℃的地区春季种植。

20. 赤金谷 14

品种来源：赤金谷 14（图 4-25），2015 年赤峰市农牧科学研究所以毛毛谷为母本，以中国农业科学院作物科学研究所引进材料创 18-23-4 为父本，经多代杂交、回交、系统选育而成。

图 4-25 赤金谷 14

特征特性：赤金谷14生育期115天，属中早熟品种。幼苗色、叶鞘色均为绿色。穗为纺锤形，穗码中等，刺毛中等，植株高度均133.3cm，穗长29.1cm，单穗重26.6g，单穗粒重19.3g，白谷、黄米，千粒重3.0g。米质粳性，粗蛋白含量10.1%，粗脂肪含量5.0%，总淀粉含量81.1%，支链淀粉占总淀粉的72.71%，赖氨酸含量0.25%。抗倒性、抗旱性、耐涝性均为1级。

产量表现：平均产量358.8kg/亩，较对照品种增产9.72%。

栽培技术要点：密度为每亩保苗28 000~32 000株。施肥应施足底肥，种肥施磷酸二铵或复合肥每亩20kg，拔节期追施尿素每亩7.5kg。播种时施用氧化乐果颗粒剂，防治地下害虫；出苗后注意防治粟叶甲为害；6月下旬防治黏虫，生育后期注意防治玉米螟。抽穗前及时浇水，保证抽穗。

适宜区域：适宜在中早熟生态区活动积温≥2 600℃的辽宁省朝阳市、阜新市，吉林省公主岭市、吉林市，内蒙古通辽市、赤峰市等地区的春季种植。

21. 赤金谷 31

品种来源：2017年赤峰市农牧科学研究所以赤谷10号与小香米杂交为母本，以抗拿捕净中间材料18-10为父本，经多代杂交、回交、系统选育而成（图4-26）。

特征特性：赤金谷31生育期114~116天，属中早熟品种。幼苗绿色、叶鞘色为黄绿色。穗为纺锤形，穗码较紧，刺毛中等，植株高度均105.6cm，穗长35.4cm，单穗重39.5g，单穗粒重20.4g，浅黄谷、黄米，千粒重2.80g。米质粳性，粗蛋白含量9.84%，粗脂肪含量3.9%，粗淀粉含量80.8%，支链淀粉占总淀粉的75.27%，赖氨酸含量0.22%。对谷锈病抗性中等、对谷瘟病抗性中等、对白发病抗性中等。抗倒性、抗旱性、耐涝性均为2级。

产量表现：平均产量445.6kg/亩，较对照增产18.91%。

栽培技术要点：播期在赤峰地区5月中上旬，地面温度稳定在≥7℃时播种。密度为亩保苗3.0万~3.5万株。施肥应施足底肥，种肥亩施50%复合肥25~30kg，拔节期追施尿素7.5~10kg。喷施除草剂在出苗后3~5叶期，茎叶喷施拿捕净乳油80~100mL/亩，兑水20kg/亩。播种同时撒毒谷，防治地下害虫，出苗后注意防治粟叶甲、玉米螟，6月下旬防治黏虫，抽穗期注意防治玉米螟。

图4-26　赤金谷31

适宜区域：适宜在气温≥10℃活动积温2 600℃以上的内蒙古、山西大同、辽宁朝阳、河北张家口、新疆、宁夏固原、陕西榆林等地区水、旱地适应地区春季种植。

22. 峰红6号

品种来源：峰红6号（图4-27）是以绿野为母本、以红谷为父本人工有性杂交选育而成。

特征特性：生育期108天，属中早熟品种。幼苗色为绿色。穗为纺锤形，穗码中等，刺毛中等，植株高度均154.7cm，穗长33.3cm，红谷、黄米，千粒重3.2g。米质粳性，粗蛋白含量13.27%，粗脂肪含量2.13%，粗淀粉含量79.04%。抗旱性、耐涝性均为2

图4-27　峰红6号

级，谷锈病为 3 级，谷瘟病为 1 级，纹枯病为 2 级，褐条病为 1 级。

产量表现：平均产量 436.6kg/ 亩，较对照品种增产 37.0%。

栽培技术要点：亩留苗 2.0 万 ~2.3 万株，密度不宜过大防止倒伏。种子用含有甲霜灵成分的种衣剂进行包衣，防治白发病。

适宜区域：适宜在赤峰市活动积温≥ 2 500℃以上地区种植，凡适宜黄金苗种植地区均适合本品种。

23. 峰红 699

品种来源：峰红 699（图 4-28）是 2013 年赤峰市农牧科学研究院以自主选育材料 50-6 为母本，以安阳市农科院引进抗拿捕净材料安 15h-8306 为父本，经多代杂交、回交、系统选育而成。

特征特性：生育期 105 天，属中早熟品种。幼苗色、叶鞘色均为绿色。穗为纺锤形，穗码中等，刺毛中等，植株高度平均 99.0cm，穗长 27.0cm，单穗重 36.0g，单穗粒重 26.8g，红谷、黄米，千粒重 3.2g。米质粳性，粗蛋白含量 10.1%，粗脂肪含量 2.68%，总淀粉含量 84.13%，支链淀粉占总淀粉的 75.6%，赖氨酸含量 0.18%。对锈病抗性中等、对黑穗病抗性中等、对白发病抗性中等。抗倒性、抗旱性、耐涝性均为 2 级。

图 4-28 峰红 699

产量表现：平均产量 349.5kg/ 亩，较对照增产 9.5%。

栽培技术要点：4 月下旬至 5 月中上旬播种，播量一般 0.15~0.2kg/ 亩。留苗密度 3.0 万株 / 亩，可以根据地力情况调整种植密度。避免重茬或迎茬。4~5 叶期，每亩使用烯禾啶 100mL（含量 12.5%）、辛酰溴苯腈 100mL（含量 25%）、高效氯氰菊酯 50mL（含量 4.5% 的乳油），兑水 40~50L，在 4~5 叶期喷洒，防除杂草、防治粟叶甲、粟灰螟成虫。喷施除草剂选择在 24h 内无风、无雨天气进行。注意防治谷子粟叶甲、钻心虫和黏虫。后期注意抗旱排涝。谷子成熟后及时进行收获。

适宜区域：适宜在中早熟生态区活动积温≥ 2 400℃的内蒙古赤峰市、通辽市，吉林省吉林市、公主岭市，辽宁省朝阳市、阜新市等地区春季播种。

24. 陇谷 5 号

品种来源：陇谷 5 号（图 4–29）是 1973 年甘肃省农业科学院粮食作物研究所以张北大黄谷作母本、伏黑齐作父本，经有性杂交多代水旱穿梭选育而成，1990 年通过甘肃省农作物品种审定委员会审定定名。

特征特性：幼苗叶片、叶鞘均为绿色，穗筒形，深黄色，小穗排列稍松，平均株高 95.2cm，穗长平均 17.2cm，黄谷、黄米。生育期 120~125 天，属中早熟品种。单穗粒重 14.94g，穗粒重 11.8g，出谷率 77.8%。米质粳性，含粗蛋白质 12.3%，赖氨酸 0.29%，粗脂肪 4.52%，淀粉 69.8%，水分 7.06%，灰分 1.49%。二级抗旱，抗粟灰螟能力强，感染黑穗病。

产量表现：平均产量 238.5kg/ 亩，较对照增产 6.1%。

栽培技术要点：谷雨前后播种，复种宜在 7 月 5 日前播种。留苗密度旱地 2.0 万 ~2.5 万株 / 亩、水地 3.5 万 ~4.5 万株 / 亩。早间苗、适时定苗，及早预防

图 4–29　陇谷 5 号

病虫害。

适宜区域：适宜甘肃中部地区海拔 1 900~2 000m 山旱地种植和海拔 1 200~1 400m 水地和旱塬地复种。

25. 陇谷 7 号

品种来源：陇谷 7 号（图 4-30）是 1989 年甘肃省农业科学院作物研究所以适宜高纬度种植的极早熟品种龙谷 26 作父本与抗旱、丰产、晚熟优良品种陇谷 3 号作母本有性杂交，通过水、旱动态育种选育而成的极早熟谷子品种。1999 年通过甘肃省农作物品种审定委员会审定定名。

特征特性：幼苗浅紫色，成株绿色。株高 85~98cm，穗长 14~18cm，穗棒形、细紧，刚毛短。单株穗重 8.0g，单穗粒重 6.5g，出谷率为 8%，籽粒深黄色，千粒重 2.8~3.2g。小米白色，含粗蛋白质含量 15.36%，粗脂肪含量 5.53%，淀粉含量 74.84%，赖氨酸含量 0.32%。生育期 90~100 天，极早熟品种，抗旱抗倒，抗黑穗病。

产量表现：一般正茬春播旱地产量 150~200kg/ 亩，夏播或救灾播种产量

图 4-30 陇谷 7 号

100~150kg/ 亩。

栽培技术要点：整茬春播 4 月下旬至 5 月中旬，夏播和复种 6 月中下旬至 7 月 5 日。旱地种植适宜密度 3.5 万 ~4.5 万株 / 亩，水地和复种适宜密度为 5 万 ~ 6 万株 / 亩。耐水肥、耐密植。早间苗、早定苗，及时防治病虫鸟害。

适宜区域：适宜在甘肃省 2 000~2 200m 的高海拔冷凉地区春播，海拔 2 000m 以下地区可晚春播，海拔 1 400~1 550m 一季有余二季不足地区可复种或套种。

26. 陇谷 8 号

品种来源：陇谷 8 号（图 4-31）是 1989 年甘肃省农业科学院作物研究所从陇谷 5 号中系选、经多年水旱穿梭选育而成的早熟谷子新品种。2003 年通过甘肃省农作物品种审定委员会认定。

特征特性：幼苗浅紫色，成株绿色。平均株高 114cm，穗短纺锤形，穗长 18.4cm，单穗重 14.4g，单穗粒重 10.3g，千粒重 3.3g。籽粒浅黄色，黄米，米质粳性。籽粒蛋白质含量 14.0%，粗脂肪含量 4.86%，淀粉含量 77.17%，赖氨酸含量 0.32%。生育期 100~120 天，属中早熟品种。抗旱、抗倒，抗黑穗病。

图 4-31　陇谷 8 号

产量表现：平均产量 238.0kg/ 亩，较对照陇谷 5 号增产 7.3%。丰产田可达 250kg 以上。

栽培技术要点：甘肃中部地区春播 4 月 20 日谷雨前后，灾后抢播和迟播宜在 5 月底 6 月初播完，陇东和沿黄灌区可在 7 月 5 日前复种。春播适宜密度为 2.5 万 ~3.0 万株 / 亩，夏播适宜密度为 4.0 万 ~4.5 万株 / 亩，复种适宜密度为 4.5 万 ~5.5 万株 / 亩。

适宜区域：适宜甘肃省海拔 1 800~2 100m 旱川、旱山地正茬春播，沿黄灌区和陇东海拔 1 400m 以下地区夏播复种。

27. 陇谷 12 号

品种来源：陇谷 12 号（图 4-32）是 1997 年甘肃省农业科学院粮食作物研究所以高抗黑穗病种质 B476 为母本、会宁地方资源等身齐为父本有性杂交系统选育而成。2013 年通过甘肃省农作物品种审定委员会认定。

特征特性：属中早熟品种，生育期 120~130 天。幼苗、成株色均为绿色，穗纺锤形，穗码较紧，短刚毛，黄谷、黄米，米质粳性。平均株高 144.7cm，穗长 25.5cm，单株穗重 22.6g，单穗粒重 16.3g，千粒重 3.3g。该品种高抗谷子黑穗病，田间未见谷子白发病发生。

图 4-32　陇谷 12 号

产量表现：多点试验中平均产量 315.7kg/ 亩，较对照陇谷 6 号增产 15.2%。生产试验中所有试点均表现增产，平均产量 364.2kg/ 亩，较对照陇谷 6 号增产 15.2%。在会宁进行的现场测产中陇谷 12 号留膜免耕穴播种植折合产量 346.2kg/ 亩，较对照陇谷 6 号增产 14.8%。

栽培技术要点：甘肃省中部地区春播适宜播期 4 月 20 日前后，陇东地区可推迟至 5 月上旬播种。适宜种植密度 2.5 万 ~3.0 万株 / 亩，高水肥条件地区可控制在 3.0 万 ~3.5 万株 / 亩。及时间苗、定苗，及时防治病虫害，严防麻雀危害。

适应区域：适宜甘肃省白银、定西、平凉、天水、庆阳等市海拔 1 900m 以下谷子产区种植。

第二节 合理轮作

一、轮作的必要性

轮作是指在相同区域内有顺序地在季节间和年际间按照一定顺序轮换种植不同作物或复种组合的种植方式。合理轮作是防止土壤连作障碍发生的有效途径，有利于土壤养分的均衡利用，调节土壤肥力及土壤的理化性状，并能增加作物产量，从而提高农业生产的经济效益。

谷子对土壤的要求不十分严格，几乎在所有的土壤上谷子都能生长。谷子耐瘠薄，在山岗地种植，产量比其他作物高，但土壤肥力仍是重要的增产因素。只有保水、保肥，供水、供肥力强的高肥土壤才能充分及时地满足谷子生长发育的要求，形成较高的产量。土壤有机质和含氮量越高，谷子产量越高。谷子宜种在偏酸到中性的土壤（pH 值 5.5~7.0）上，当土壤含盐量 0.2%~0.3% 时，则需改良土壤才可种植。

一个地区或一个生产单位，除了在特殊情况下，如在水田稻作区因条件的限制，只种水稻之外，一般都是种植几种作物，而且在同一田块上，总是按一定的顺序轮换种植不同的作物，这种种植方式就是轮作，俗称倒茬（变换茬口）。轮作的好处是多方面的。

1. 轮作能合理利用土壤养分

谷子是耐瘠薄作物，对土壤养分要求并不严格，但是如果同一地块连续几年种植谷子，必然造成养分失调，通过轮作可以协调利用土壤的养分，改善土壤的理化性状，当谷子与需氮较多的粮食作物（小麦、玉米等），或者与需磷、钙较多的豆类作物轮换种植，就可以均衡地利用土壤中的各种养分。另外，谷子根系在土壤中分布的深度和广度与其他作物有所不同，属于浅根系作物，轮换不同种类的深根系作物，对改善耕层土壤的理化状况有积极的作用，并且能合理利用各耕层深度的土壤养分，对后作也会产生良好的影响。

2. 轮作能消除或减轻病虫害

不同作物感染病害的种类是不同的，大多数的病菌和害虫都有一定的寄主和寿命，谷子白发病、黑穗病，除了种子带菌传染外，土壤传染也是一个重要原因。实行合理轮作，隔数年种植，就可以大大减轻病菌的感染。

3. 轮作能抑制或消灭田间杂草

田间种植的各种作物都有与之相伴而生的杂草（图 4-33 至图 4-35），通常称为“伴生杂草”，常见的谷子伴生杂草如谷莠。不同作物对杂草的竞争能力不

图 4-33　虎尾草

图 4-34　狗尾草

图 4-35　谷莠子

同。一般来说，密植作物和速生作物具有抑制杂草的能力，而稀植作物和前期生长缓慢的作物则差。如麦类作物茎叶繁茂荫蔽度较大，可以抑制杂草的生长，而谷子幼苗生长缓慢，对杂草的抑制能力较差。随着连作年限的增加，伴生杂草的数量也逐年大幅度增加，最后可能酿成无法收拾的后果。

西北春谷区自然生态环境脆弱，农耕系统耕地过度投入，土壤肥力低下，导致作物产量较低，所以更加需要调整种植结构，通过轮作以提高后茬作物的产量和品质。研究表明，连作条件下，谷子的土壤酶活性均呈逐年降低的趋势。连作还会影响谷子的叶片功能代谢，随着连作持续年限的增加，叶片功能期降低，植株衰老加剧，最终导致谷子减产。合理的轮作制度可以提高谷子的产量，选择适宜的谷子轮作系统，对克服谷子连作障碍和实现旱农区农田可持续发展具有重要意义。

二、茬口选择

谷子适应能力较强，对前茬要求不严格，但应当从防治病虫草害传播、根系分泌物、有效利用土壤养分水分的角度加以综合考虑，作物茬口对后作的影响还与土壤肥力有一定关系。谷子茬口的选择，可借助科学实验和生产实践加以佐证，并结合当地的作物结构和布局而定。

茬口反应是指前茬作物的土壤状况对后茬作物的综合影响。评价一种作物的茬口，要估算它从土壤中吸取养分和水分的多少，留给后作的养分水分是多少。这就与当地的土壤肥力基础、施肥水平、土壤水分状况有直接关系。施肥水平低，土壤肥力差的地区，茬口反应明显，暴露出该作物的耗地程度；施肥数量充足，土壤较肥沃的地区，施肥增加的养分补偿了前茬作物消耗的养分，而掩盖了前作耗地的缺陷。因此，评论茬口的优劣，要视其对土壤养分的消耗程度，并与其他作物进行对比，才能得出正确结论。

下面是几种作物消耗肥料三要素多少的比较顺序。

耗氮程度：甜菜＞高粱＞玉米＞棉花＞向日葵＞甘薯＞小麦＞油菜＞大豆＞花生＞马铃薯＞谷子。

耗磷程度：甜菜＞高粱＞甘薯＞棉花＞小麦、油菜＞马铃薯＞谷子＞向日葵＞玉米＞大豆＞花生。

耗钾程度：甜菜＞向日葵＞甘薯＞马铃薯＞高粱＞玉米＞棉花＞小麦＞油菜＞大豆＞花生＞谷子。

从上述肥料消耗的顺序中可以看出，谷子对氮元素和钾元素的消耗很低，对磷元素的消耗中等，属于低耗作物。

轮作中前作对后作的影响是综合性的，因为一季作物在生长发育、形成产量的过程中，对土壤会产生物理的、化学的、生物的多方面影响，从而形成一定的土壤结构、养分状况、根系分泌物、残茬分解物以及病、虫、杂草等，这一切都可能对后作产生或正面或反面的作用，这是多因素共同影响的极其复杂的一个过程。以上所述对营养元素的消耗也是相对的一个趋势，可以作为茬口选择的一个重要参考。

目前，我国种植谷子的地区，普遍存在土地辽阔、地广人稀、肥料缺乏、土壤贫瘠、干旱少雨等制约因素，不施肥或少量施肥的地块较多，这也是产量低、产量不稳定的主要因素，把绿肥作物纳入轮作制度中，是解决肥料奇缺的有效措施之一。绿肥作物，尤其是豆科绿肥作物，能增加土壤有机质，而且根瘤共生固氮、绿色植物覆盖地表，对改良土壤结构、丰富土壤养分有积极作用。另外，一些绿肥品种有较强的耐盐碱力和改良盐碱土地的作用。

根据不同前作对土壤环境的影响以及谷子对土壤条件的要求，谷子的优良前作依次为豆类、马铃薯和甘薯、麦类、玉米、高粱茬等。豆类茬具有深翻基础和好的耕层结构，较好的氮素营养，较少的谷子伴生杂草；马铃薯和甘薯茬的土壤耕层疏松，剩余肥力足，杂草少；麦茬的优势在于麦子收获早、休闲时间长、地力恢复好，同时麦后耕翻有效地减少了杂草，疏松的土壤有利于谷子根系的发育；玉米茬的肥力条件好，草害较轻；高粱茬的优点是土壤紧实，容易保苗（图 4-36）。

图 4-36　几种适宜谷子轮作的前茬作物

此外，棉花、油菜、烟草等茬口均是谷子较为适宜的前茬。

三、轮作模式

基于西北春谷区的自然条件、作物种植结构、种植制度及生产水平，主要采用以一季春谷为主的一年一熟年际轮作制，黄土高原区热量资源较丰富，光照充足，谷子是重要的粮食作物。主要的轮作制度有以下几种。

五年轮作制：高粱—向日葵—谷子—豆类—玉米；高粱—豆类—谷子—向日葵—玉米。

四年轮作制：小麦—大豆—谷子—玉米；玉米—高粱—谷子—大豆；玉米—向日葵—大豆—谷子。

三年轮作制：高粱—谷子—大豆；大豆—高粱—谷子；大豆—谷子—玉米；玉米—谷子—向日葵；小麦—谷子—豌豆；燕麦—谷子—绿豆；胡麻—谷子—荞麦；大豆—谷子—马铃薯；马铃薯—谷子—小麦。

第三节　种植模式

西北春谷区 80% 以上的谷子种植在山旱丘陵区，种植模式比较单一，谷子旱地清种和谷子覆膜穴播技术是生产中的常用技术。近几年，随着科研水平、谷子种植效益的提高以及多种种植模式的成功示范，使得谷子覆膜穴播、谷子清种全程机械化种植技术、谷子无膜浅埋滴灌技术等多种种植技术在生产上成功应用。

一、内蒙古中东部旱地谷子栽培技术

1. 范围

内蒙古自治区中东部旱地谷子生产的产地条件、选地整地、种子处理、播种、施肥、田间管理、收获等技术，适用于赤峰市、通辽市、兴安盟等地区，应用该技术，在气候正常年份，产量可达 4 500~5 250kg/hm^2。

2. 产地条件

（1）气候条件

年平均气温≥ 4℃，无霜期 110 天以上，年活动积温≥ 2 400℃，年降水量在 300mm 以上。

（2）土壤条件

符合 HJ/T 332—2006 要求，耕地坡度＜ 5°，土体厚度＞ 30cm，pH 值 7.0~8.5。前茬作物收获后，及时进行秋翻，秋翻深度 25cm 以上，要求深浅一致、扣垄均匀严实、不漏耕。在秋翻地的基础上，早春耙耢，使土壤疏松，达到上平下碎。

3. 播前准备

（1）选地

选用土层深厚，排水良好，有机质含量 1% 以上，pH 值在 7.0~8.5 的土壤，最好选择前茬为豆科作物、油菜、马铃薯、麦茬或玉米茬等茬口，其中以豆茬、油菜茬为最好，避免重茬、迎茬。

（2）整地

秋翻地深度 25cm 以上，早春耙耢保墒，播前深耕耙耱，使土壤疏松，上平下碎。

（3）施农家肥

4 月初，春播前整地时，施农家肥（鸡、猪、牛、马等自然堆放腐熟粪肥）22 500~30 000kg/hm^2。

（4）品种选择及种子处理

① 品种选择。选用高产、优质、增产潜力大、粮草兼收的谷子品种。

② 种子处理。种子符合 GB 4404.1—2008 要求，芽率≥ 85%，净度≥ 98%，水分≤ 13%。播前用符合要求的种子包衣剂进行种子处理。

4. 播种

（1）播期

一般在 4 月下旬至 5 月上旬，地温稳定在 8~10℃时播种。墒情好的地块要适时早播。

（2）播量

6.0~7.5kg/hm^2。

（3）种植形式

① 露地谷子。行距 40~45cm，株距 5~7cm，保苗 30 万 ~45 万株 /hm^2。

② 覆膜谷子。双膜带 1.2m 种植 4 行，行距 40cm，膜带间距 60cm，穴距 15cm，15 万穴 /hm^2，每穴留苗 2~3 株，留苗 30 万 ~45 万株 /hm^2。亦可一膜两行，大小垄种植，大垄宽 60cm，小垄宽 30cm，穴距 15cm，每穴 2~3 株，保苗 30 万 ~45 万株 /hm^2。

（4）播种方法

① 露地谷子。可选用改进后 2BFJ-4 型多功能播种机或 2DF-1D 破茬播种

机，采用条播（图 4-37）方式，播深 5cm 左右，覆土 2~3cm，石磙镇压 2 次。

② 覆膜谷子。可选用改进后 2BFJ-4 型多功能播种机或 2DF-1D 破茬播种机，采用穴播方式。选用厚 0.008mm 以上幅宽 85cm 的薄膜。采用先播种、后覆膜，或先覆膜，后播种均可。要做到行直、边齐、深浅一致、下种均匀、覆膜严密，达到田间作业标准化要求（图 4-38）。

图 4-37　旱地谷子栽培技术

图 4-38　谷子覆膜穴播种植技术

5. 施肥

（1）露地谷子

播种时可根据当地测土配方推荐的使用量，肥料参照 NY/T 496—2010 要求，施磷酸二铵 225~300kg/hm^2、尿素 22.5kg/hm^2，硫酸钾肥 75kg/hm^2。在拔节期结合耥地，施尿素 375~450kg/hm^2。

（2）覆膜谷子

图 4-39　谷子覆膜穴播施肥

肥料参照 NY/T 496—2010 要求，播前施用长效缓释肥 375~450kg/hm^2 或用磷酸二铵 375kg/hm^2，长效碳酸氢铵 750kg/hm^2，硫酸钾 75kg/hm^2。在已起垄的耕地，根据覆膜要求，确定谷子播种垄，在覆膜谷子的两垄间先开沟，深度以 15~20cm 为宜，而后将缓释肥或尿素及长效碳酸氢铵、硫酸钾均匀的施入垄沟内覆土盖严（图 4-39）。

6. 田间管理

（1）露地谷子

当谷苗长到 2 叶 1 心时压青苗，下午用磙子顺垄压 1~2 遍。4~5 叶进行疏苗，6~7 叶期定苗，苗距 5~7cm，间苗时要拔除弱苗和枯心苗，边间苗边进行第一次浅中耕、锄草。拔节后，拔掉垄眼中的杂草，进行第二次深中耕，将杂草、病苗、弱苗全部清除并培土。孕穗中期进行第三次浅锄。即做到“头遍浅，二遍深，三遍不伤根”。

（2）覆膜谷子

当幼苗长到 4~5 叶期时，采取一次放苗、定苗。按穴距要求人工破膜引苗，每穴留 2~3 株，并及时用土封严放苗孔。

7. 病虫草害防治

农药的使用应符合 NY/T 1276—2007 要求。

（1）粟叶甲

谷子出苗后，用 8% 丁硫 · 啶虫脒乳油 1 500 倍液，或用 2.5% 溴氰菊酯乳油 2 500 倍液，或用 20% 氰戊菊酯乳油 2 500 倍液等高效、低毒、低残留农药喷雾。

（2）玉米螟、粟灰螟、黏虫、粟茎跳甲

出苗后 1 个月左右（6 月下旬）用高效、低毒、低残留胺基甲酸酯及菊酯类农药，兑水常规喷雾。

（3）地下害虫

用 50% 辛硫磷乳油或 40% 毒死蜱乳油 1 500mL，兑水 7.5kg，加 75kg 麦麸（或煮半熟的玉米面）拌匀，闷 5 小时，晾干后，播种时施入播种沟内，或于傍晚撒入垄沟，用量 45kg/hm^2。

（4）白发病

用含有 35% 甲霜灵（瑞毒霉）成分的种子包衣剂，按种子量的 2%~3% 处理种子，防治谷子白发病。

（5）黑穗病

用含有 40% 拌种双成分的种子包衣剂，按种子量的 2%~3% 处理种子，防治谷子黑穗病。

（6）防草害

谷子对大部分除草剂敏感，因此可选择的除草剂品种较少。

① 播后苗前防治技术。用 50% 扑灭津可湿性粉剂 1 500~3 000g/hm^2，兑水 600~750kg/hm^2，进行土壤均匀喷雾处理。不同品种对扑灭津反应不同，使用前应做品种敏感性试验。

② 苗后防治技术。用 72% 2,4-D 丁酯乳油 750mL/hm^2 或 56% 2- 甲基 -4- 氯苯氧乙酸 600~750mL/hm^2 兑水 300~450kg/hm^2，于 3~4 叶期喷雾，可防治阔叶杂草，谷子拔节后慎用。

8. 收获

谷穗变黄，籽粒变硬，叶片黄化后，即可适时收获、晾晒、风干后脱粒。

二、抗烯禾啶谷子品种简化栽培技术

1. 范围

适用于内蒙古自治区抗烯禾啶谷子品种简化栽培生产。

2. 产地条件

土壤厚度＞ 30cm，坡度＜ 5°，排水良好，pH 值 7.0~8.5，有机质含量 1% 以上，前茬以豆类、油菜、马铃薯、麦类或玉米等作物为宜的各类土壤，避免重茬和迎茬。

3. 播前准备

（1）整地

在前茬作物收获后土壤封冻前，及时进行深翻或深松（图 4-40），要求深度 25cm 以上，深浅一致、扣垡均匀严实、不漏耕。早春耙耢保墒（图 4-41），打碎根茬、坷垃，地平土细，上虚下实。

图 4-40　深翻

图 4-41　耙地

（2）施基肥

春播前整地，随整地施腐熟农家肥，均匀撒施地面，用量 22 500~30 000kg/hm^2。

（3）品种选择

选择抗除草剂烯禾啶的专用谷子品种。种子符合 GB 4404.1 要求。

（4）种子处理

选择包衣谷子品种。未包衣的谷子品种，在播种前 10 天，用清水清洗，捞出漂在水面上的秕粒，再用 10% 盐水漂去不饱满的籽粒，将下沉籽粒捞出，用清水洗 2~3 遍，晾干。播种前 5~7 天，将种子摊放 2~3cm 厚，翻晒 2~3 天，以杀死种子表面病原菌和虫卵。

4. 播种

（1）播期

一般在 4 月底至 5 月中旬，地温稳定在 8℃以上时播种。

（2）播种方法

播种方法采用条播或穴播，条播行距 45~50cm，穴播采用宽窄行，窄行行距 40cm，宽行行距 70cm。播种深度根据土壤墒情确定，一般 3~5cm。

（3）播量

精量播种量为 0.150~0.200kg/ 亩。保苗 1.5 万 ~2.5 万株 / 亩。

（4）施种肥

播种时可根据当地测土配方推荐的使用量施种肥。或施磷酸二铵 225~300kg/hm^2、硫酸钾肥 75kg/hm^2。肥料参照 NY/T 496 要求。

5. 化学除草及防虫

（1）专用除草剂

去除单子叶杂草的除草剂选用经国家登记的含有有效含量为“烯禾啶”的除草剂，去除双子叶杂草的除草剂选用经国家登记的含有有效含量为“辛酰溴苯腈”的除草剂。

（2）专用除草剂（表 4–1，图 4–42）及杀虫剂使用方法

表 4–1 专用除草剂使用方法

区域	春谷区		
专用药剂	烯禾啶	辛酰溴苯腈	啶虫・哒螨灵
喷施时间	谷苗 4~5 叶期	谷苗 4~5 叶期	谷苗 4~5 叶期
有效剂量 /（mL/ 亩）	12.5	25.0	40~60
兑水量 /（L/ 亩）	40~50	40~50	40~50
喷施方法	12h 内无风、无雨天气，均匀喷施于垄沟和垄背	辛酰溴苯腈和烯禾啶可同时使用。选择 12 小时内无风、无雨天气，均匀喷施于垄沟和垄背	结合除草剂一同喷施
备注	如双子叶杂草较多，可在第一次喷施辛酰溴苯腈后，于 6~7 叶期，再喷施 1 次辛酰溴苯腈，有效剂量 25mL/ 亩，兑水量为 50L/ 亩		

图 4-42 机器喷施除草剂

6. 田间管理

（1）中耕除草

6~7 叶期进行一次浅中耕，深度 3cm 左右。拔节期进行一次深中耕，深度 8~10cm。

（2）追肥

拔节—孕穗期结合深中耕，追施含氮量为 46% 尿素 15~20kg/ 亩。

（3）灌水

结合耥地在孕穗期浇一次孕穗水，灌浆期再进行一次浇水。

7. 病虫害防治

以下病虫害防治所使农药均符合 NY/T 1276、GB/T 8321、DB13/T 840 的规定。

（1）白发病

用 35% 甲霜灵种子处理干粉剂按种子重量 0.2%~0.3% 拌种，防治白发病。

（2）黑穗病

使用 2% 戊唑醇湿拌剂或 60g/L 立克秀悬浮种衣剂按种子重量 0.2% 拌种，防治黑穗病。

（3）地下害虫

用 10% 二嗪磷颗粒剂 400~500g/ 亩，拌 10kg 砂壤土，播种时随肥料施入播种沟内，保证药剂均匀分布在土层 5cm 左右，地下害虫严重的地块可适当增加用药量，防治蛴螬、地老虎、金针虫等地下害虫。

（4）粟叶甲

谷苗 4~5 叶期，及时选用 42% 啶虫·哒螨灵可湿性粉剂，每亩 40~60g 常规喷雾防治，消灭越冬代成虫兼治幼虫。视虫情情况，7~10 天防治一次，喷施 2~3 次。

（5）玉米螟、粟灰螟、黏虫、粟茎跳甲

出苗后 1 个月左右（6 月下旬），根据虫情，用高效、低毒、低残留氨基甲酸酯及菊酯类农药，兑水常规喷雾。

8. 收获与贮藏

（1）收获

籽粒应于蜡熟期及时收割（图 4-43，图 4-44），收割后要束捆置于田间或通风处，干燥后脱粒。

图 4-43　久保田收割机直收作业

图 4-44　谷子割晒机割晒作业

（2）贮藏

保持种子水分控制在 14% 以下，注意防热、防潮、防杂、防鼠害及虫害。

三、谷子浅埋滴灌栽培技术规程

1. 范围

内蒙古自治区谷子浅埋滴灌生产的滴灌系统设备配置、播前准备、播种、滴灌带铺设、田间管理、病虫草害防治、收获及滴灌带回收等技术措施，适用于内蒙古自治区年平均气温≥ 10℃活动积温 2 600℃以上地区春季谷子种植。

2. 术语和定义

浅埋滴灌是将滴灌带或滴灌毛管掩埋到地表下 2~4cm，由水源、首部枢纽、输配水管网和滴灌带组成的一种节水灌溉技术。

3. 播前准备

（1）选地

选用地势平坦，土层深厚，井渠配套的地块。土壤类型为砂土或砂壤土，不宜选用涝洼地、重盐碱地、黏土地。土地前茬最好是玉米、薯类或者豆类，不能重茬种植，建议轮作时间控制在 3 年左右。

（2）整地

前茬作物收获后及时灭茬、耕翻，耕翻深度 25cm 以上，深浅一致，扣垄均匀严实。播前耙地，使土壤上虚下实。

（3）种肥

随播种时施入磷酸二铵 15~20kg/ 亩，硫酸钾肥 5kg/ 亩。

（4）品种选择及种子处理

① 品种选择。选择通过国家非主要农作物登记的抗除草剂优质高产谷子品种，且适宜在内蒙古自治区≥ 10℃活动积温 2 400℃以上地区春季播种。种子质量符合 GB 4404.1 规定。

② 种子处理。播前进行种子清选，种子进行包衣处理。防治谷子白发病和黑穗病，用 35% 精甲霜灵种子处理乳剂和 2% 戊唑醇湿拌剂按照种子量的 0.2%~0.3% 进行拌种。药剂使用符合 NY/T 1276 规定，包衣种子质量符合 GB/T 15671 规定。

4. 播种

（1）播种时间与播量

5 月上中旬播种为宜，播种量 0.1~0.3kg/ 亩。

（2）种植方式与种植密度

开沟条播，大小垄种植，大垄距 60cm，小垄距 40cm，根据品种合理密植。

（3）种植模式与滴灌带铺设

采用膜下滴灌播种机，不挂地膜，在小垄中间铺设滴灌带，一次性完成施种肥、播种、铺滴灌带各项作业，覆土 2~4cm（图 4–45）。选择单翼迷宫式滴灌，将滴灌带与地上支管连接。

地上主管道与滴灌带的选择、连接与铺设按照 GB/T 19812.1 执行。过滤器类型、组合方式及运行方式按照 GB/T 50485 执行。滴灌带支架的焊接、安装按照 GB/T 19812.1 执行。

5. 田间管理

（1）浇水

视土壤墒情及谷苗生长情况适时适量滴水，一般播种后滴灌出苗水（图 4-46），拔节期滴灌一次（图 4-47），抽穗期滴灌一次。

（2）间苗定苗

3~4 叶期第一次间苗，5~6 叶进行定苗，常规种亩保苗 2.5 万株，可根据土壤肥力情况，肥力差的适当降低留苗密度。

（3）追肥

根据植株长势，在拔节期、灌浆期结合滴灌进行水肥一体化技术追施水溶肥 15~20kg/ 亩。肥料使用符合 NY/T 496 规定。

（4）除草（表 4-2）

图 4-45　谷子浅埋滴灌种植技术

图 4-46　谷子浅埋滴灌播种后滴灌

图 4-47　谷子浅埋滴灌技术苗期

表 4-2 除草剂使用方法

区域	春谷区	
专用药剂	烯禾啶	辛酰溴苯腈
喷施时间	4~5 叶期	4~5 叶期
有效剂量 /%	12.5	25.0
使用剂量 /（mL/ 亩）	100	100
兑水量 /（L/ 亩）	40~50	40~50
喷施方法	12h 内无风、无雨天气，均匀喷施于垄沟和垄背	可与烯禾啶同时使用。选择 12h 内无风、无雨天气，均匀喷施于垄沟和垄背
备注	如双子叶杂草较多，可在第一次喷施辛酰溴苯腈后，于 6~7 叶期，再喷施 1 次辛酰溴苯腈	

（5）后期管理

田间可放置稻草人、驱鸟器，亦可人工驱赶。在孕穗期彻底拔除谷子白发病灰背病株，抽穗初期集中拔除田间出现的白尖病株，抽穗后继续拔除白尖、枪杆、刺猬头等，间隔 7 天后再次拔除。拔除病株必须彻底干净，并及时带到地头集中深埋（> 30cm）或烧毁。

6. 病虫害防治

（1）粟叶甲

25% 辛酰溴苯腈 100mL 兑水 40~50L，常规喷雾。防治虫害同时，增强防除阔叶杂草效果。药剂使用符合 NY/T 1276 规定。

（2）玉米螟、粟灰螟、黏虫、粟茎跳甲

出苗后 1 个月左右（6 月下旬），根据虫情，用高效、低毒、低残留氨基甲酸酯及菊酯类农药，兑水常规喷雾。药剂使用符合 NY/T 1464.66 规定。

7. 收获

蜡熟期及时收割，收割后要束捆置于田间或通风处，干燥后脱粒。

8. 滴灌带回收

收获后回收滴灌带。

四、谷子全程绿色生产技术（西北春谷区）

1. 范围

春谷区谷子种植区域的土壤条件、播前准备、播种、施肥、田间管理、收获等技术规范，适用于西北春播谷子种植区域。

2. 要求

（1）基本条件

① 产地环境。产地空气质量条件、土壤质量条件应符合 NY/T 391 的规定。

② 产地气候。年无霜期 100 天以上，年有效积温 2 400℃以上，常年降水量在 300mm 以上。

（2）投入品使用原则

农药使用原则。选择的农药类型及农药使用规范应符合 NY/T 393 的规定。

肥料使用原则。符合绿色生产、安全优质、化肥减控、持续发展主原则，应符合 NY/T 394 的规定。其中农家肥料的重金属限量指标应符合 NY 525 的规定；大肠菌群数、蛔虫卵死亡率应符合 NY 884 的要求。肥料使用符合 NY/T 496 的规定。

3. 播前准备

（1）茬口选择

一般选择玉米、高粱、豆类、薯类等作物茬口，进行 2~3 年轮作倒茬。同时前茬使用的肥料、农药、除草剂、生长调节剂均符合 DB13/T 1519 的规定。

（2）整地

前茬作物收获后进行冬前或第二年春天深翻，深度达 30~40cm，根据实际情况可施入适量的有机肥和农家肥。

（3）品种选择

选择优质农家谷子品种，或已登记的优质、抗拿捕净、适合机械化收获的谷子常规种或杂交种，符合 GB 4404.1 的规定。品质达到由中国作物学会粟类作物专业委员会评选的国家级一级优质米或二级优质米标准；适合机械化收获的品种应符合 THBCIA 003 的规定。

4. 播种

（1）播种时期

视土壤墒情 4 月下旬至 5 月中旬播种。

（2）播种方式

大地块采用与拖拉机配套的多行谷子精量播种机，播深均匀一致。种植行距在 45~50cm。播种深度为 3~5cm，及时镇压。小地块采用人工或畜力牵引的单、双行精量播种机（图 4–48）。

图 4-48　谷子精量播种

（3）施肥

随播种亩施入 SODm 尿素（氮含量≥ 46.4%）30kg，磷肥（过磷酸钙，P_2O_5 含量≥ 12%）15kg，钾肥（硫酸钾，K_2O 含量≥ 52%）5kg，有机肥 150~200kg 或农家肥 0.6~1m^3。

（4）播种量

一般亩播种量 150~200g，具体按照种子说明书执行。

（5）留苗密度

一般春谷常规种亩留苗密度为 2 万 ~2.5 万株，杂交种亩留苗密度 1.2 万 ~1.8 万株。具体按照种子说明书执行。

5. 田间管理

（1）间苗、除草、防虫

抗烯禾啶除草剂品种一般在谷苗 3~5 叶期，杂草 2~3 叶期，亩用 12.5% 的烯禾啶 80~100mL。除阔叶杂草亩用 25% 辛酰溴苯腈 80~100mL。两种除草剂可一起兑水 40kg 喷施。注意要在晴朗无风、12h 内无雨的条件下喷施，喷施时垄内和垄背都要均匀喷施，并确保不使药剂飘散到其他谷田或作物。可使用喷药机、无人机喷施。如双子叶杂草较多，可在第一次喷施辛酰溴苯腈后，于 6~7 叶期，再喷施 1 次辛酰溴苯氰，用 25% 辛酰溴苯腈 100mL/ 亩，兑水量为 30L。

随除草剂的喷施可同时加入 2.5% 高效氯氟氰菊酯 20mL/ 亩，能有效防治粟叶甲等害虫带来的危害。农药使用符合 GB/T 8321、GB 12475 的规定。

（2）中耕、追肥

6~7 叶期进行一次浅中耕，深度 3cm 左右。拔节期进行一次深中耕，深度 8~10cm。同时结合中耕，在拔节期或者灌浆期亩喷施 0.2%~0.3% 磷酸二氢钾 100~150g，兑水 30kg，采用人力背负式喷雾器或遥控无人机进行作业，符合 GB/T 17997 的规定（图 4-49）。

图 4-49　中耕、追肥

6. 收获

（1）收获方式

蜡熟末期，当籽粒变硬、籽粒的颜色变为本品种的特征颜色，90% 以上成熟即可。有晾晒场地，可采用大型谷物联合收割机直接收获，籽粒在晾晒场进行晾晒，含水率降到 14% 以下时装袋入库；无晾晒场地，可采用割晒机割倒，晾晒 5 天左右，水分降到 14% 以下时，利用捡拾机进行捡拾及脱粒后，籽粒直接入库。

（2）收获机械选择

割晒机。按照谷子割晒机使用说明书的规定进行操作。选择多功能割晒机。

作业要求。割茬高度≤ 100mm；总损失率≤ 8%；铺放质量 90° ± 20°。

脱粒机。选择小型谷穗脱粒机或整株脱粒机，脱净率超过 95%，破碎率小于 0.5%，含杂率小于 5%。按照谷子脱粒机使用说明书进行操作，脱粒机符合 DB13/T 1694 的规定。

联合收割机。生产上常用的联合收割机机型为常发佳联、雷沃谷神、约翰迪尔、星光等；亦可采用其他谷物联合收获机，通过更换谷子收获专用拾禾器，调整脱粒滚筒与分离筛间隙，调整风机风量来达到要求。

作业质量。留茬高度≤ 200mm；总损失率≤ 4%；破碎率≤ 3%；含杂率≤ 5%。

五、救灾备荒谷子品种赤早 1 号栽培技术规程

1. 技术使用范围

内蒙古地区旱作农业救灾备荒谷子品种赤早 1 号的产地环境以及选地、整地、播种、施肥、田间管理及收获等栽培技术，主要适用于内蒙古自治区赤早 1 号的栽培。

2. 特征特性

该品种自谷子农家品种“60 天还仓”经系统选育而出，抗性和农艺性状好，株高 1.1m 左右，穗长 24.6cm，千粒重 3.9g，穗纺锤形，略有秃尖，黄壳黄米，生育期可塑性强，早种生育期偏长，晚种也能成熟，最短生育期 70 天左右。旱作条件下，若发生严重旱霜春冻、大风、沙暴和冰雹等灾害毁种后，可以补种该品种救灾备荒。

3. 栽培技术

（1）播前准备

① 选地。土壤厚度＞ 30cm，坡度＜ 5°，排水良好，pH 值 7.0~8.5，有机质含量 1%以上的地块，以前茬为豆类、油菜、马铃薯、麦类或玉米等作物茬口为宜，避免重茬和迎茬。

② 整地。播种前深松要求深度 25cm 以上，深浅一致、扣垡均匀严实、不漏耕。早春耙耢保墒，打碎根茬、坷垃，要求地平土细。

③ 施基肥。结合整地施腐熟农家肥，均匀撒施地面，用量 2 000~2 500kg/hm^2。播种时可根据当地测土配方推荐的使用量，肥料参照 NY/T 496 要求，施磷酸二铵 200~250kg/hm^2、硫酸钾肥 70kg/hm^2。

④ 种子处理。播种前 10 天，用清水清洗，捞出漂在水面上的秕粒，再用

10%盐水漂去不饱满的籽粒，将下沉籽粒捞出用清水洗2~3遍，晾干。播种前5~7天，将种子摊放2~3cm厚，翻晒2~3天，以杀死种子表面病原菌和虫卵，种子质量符合GB 4404.1。播种前使用2%戊唑醇湿拌剂或60g/L立克秀悬浮种衣剂按种子重量0.2%拌种，防治黑穗病。农药使用符合GB/T 8321规定。

（2）播种

① 播期。严重早霜春冻、大风、沙暴和冰雹等灾害发生导致毁种后，其他品种不能播种情况下，内蒙古地区6月底之前可以播种。

② 播种方法具体如下。

条播：行距45~50cm。

穴播：宽行距70cm，窄行距40cm，穴距8~12cm。播种深度为3~5cm，覆土压实。

③ 播量。播种量为0.15~0.40kg/亩。

（3）田间管理

① 间苗定苗。3~4叶期开始间苗，5~6叶期进行定苗，保苗30万~45万株/hm^2。

② 中耕除草。结合间苗进行一次浅中耕，深度3~4cm。拔节期进行一次深中耕，深度5~10cm。整个生育期内及时拔除杂草。

③ 追肥。拔节—孕穗期采用中耕培土机追施尿素125~300kg/hm^2。

（4）病虫害防治

病虫害防治方法要符合GB/T 8321、NY/T 2683及DB13/T 840规定。

① 白发病。用35%甲霜灵种子处理干粉剂按种子重量0.2%~0.3%拌种，防治白发病。

② 黑穗病。使用2%戊唑醇湿拌剂或60g/L立克秀悬浮种衣剂按种子重量0.2%拌种，防治黑穗病。

③ 地下害虫。用10%二嗪磷颗粒剂400~500g/亩，拌10kg砂壤土，播种时随肥料施入播种沟内，保证药剂均匀分布在土层5cm处左右，地下害虫严重地块可适当增加用药量。防治蛴螬、地老虎、金针虫等地下害虫。

④ 玉米螟、粟灰螟、黏虫、粟茎跳甲。出苗后1个月左右，根据虫情，用高效、低毒、低残留氨基甲酸酯及菊酯类农药，兑水常规喷雾。

（5）收获与脱粒

① 收获。蜡熟期后及时收获，避免受鸟害及风吹落粒。

② 晾晒。收获的谷穗及时摊开晾晒，降低含水量。

③ 脱粒与贮藏。脱粒后的谷子含水量低于14%后贮藏，注意防热、防潮、防杂、防鼠害及虫害。

六、谷子全覆膜穴播栽培技术

1. 内容与适用范围

内蒙古春谷区机械化穴播全覆膜膜下滴灌简化栽培模式的产地条件、选地整地、种子处理、播种、施肥、田间管理、收获等技术；其适用于内蒙古赤峰市、通辽市、兴安盟以及华北、东北大部分春谷种植地区，应用本技术，在气候正常年份，产量可达6 750kg/hm^{2}以上。

2. 产地条件

（1）气候条件

年平均气温≥4℃，无霜期110天以上，年活动积温≥2 400℃，年降水量300mm以上。

（2）土壤条件

符合HJ/T 332—2006要求，土层厚度＞30cm，坡度＜5°排水良好，pH值7.0~8.5。

3. 播前准备

（1）选地

选用土层深厚，排水良好，有机质含量1%以上的砂壤土，最好选择前茬为豆科作物、油菜、马铃薯、麦茬或玉米茬等茬口，其中以大豆茬、马铃薯茬最好，避免重茬、迎茬。

（2）整地

前茬作物收获后土壤封冻前，及时进行深翻或深松，要求深度25cm以上，深浅一致、扣垡均匀严实、不漏耕。早春耙耢保墒，播前深耕耙耱，打碎根茬、坷垃，要求地平土细，无残株残茬，土壤细、透、平、绒，上虚下实。

（3）施肥

春播前整地或秋翻时，随整地将农家肥（鸡、猪、牛、马等自然堆放腐熟粪肥）均匀撒施地面，用量22 500~30 000kg/hm^2。

（4）品种选择及种子处理

① 品种选择。选用优质、高产、增产潜力大、粮饲兼用的优良品种，分蘖

品种和不分蘖品种均可。

② 种子处理。采用精量播种技术，必须重视种子质量，要求种子质量符合GB 4404.1—2008 标准（纯度≥98%，净度≥98%，芽率≥85%，水分≤13%），并结合以下处理进一步提高种子发芽率和发芽势。

③ 选种。播种前 10 天左右，清选种子。先用清水清洗，捞出漂在水面上的秕谷、草籽、杂质，再用 10%盐水漂去不饱满的籽粒，将下沉籽粒捞出用清水洗 2~3 遍，晾干。

④ 晒种。播种前 5~7 天，将清选过的种子摊放在席上 2~3cm 厚，翻晒 2~3 天，以杀死病菌，减少病源并提高种子的发芽率和发芽势。

⑤ 药剂拌种。将晒过的种子用种子重量 0.1%的内吸磷类农药（如辛硫磷）拌种防治地下害虫；用种子重量 0.3%的甲霜灵（瑞毒霉）可湿性粉剂拌种，防治白发病；用种子重量 0.3%的 40%多菌灵可湿性粉剂拌种，防治黑穗病。要求药剂质量符合标准。

4. 播种

（1）播种时间

一般在 4 月中旬至 5 月上旬，地温稳定在 8~10℃时播种。墒情好的地块要适时早播，正常播种时间应比当地露地栽培提前 7~10 天。

（2）播种方式

采用配套动力 30~35 马力的 2KDSB 型“双垄开沟全覆膜施肥播种机一体机”或功能类似的机械一次性完成双垄开沟、全膜覆盖、施肥、打孔、播种、喷除草剂、铺滴管带、覆土镇压等工序（图 4-50）。

图 4-50　谷子全膜穴播播种技术

（3）播种密度

采用大小垄全膜覆盖膜上种植方式（图 4-51）。大垄行距 70cm，小垄行距 40cm，垄高 10cm，宽 25cm，穴距 16~24cm，每穴播 3~5 粒种子，种子用量 1.35~7.5kg/hm^2，每公顷留苗 22.5 万株左右。也可以根据需要和品种特性自行设计留苗数量，播种密

图 4-51　谷子全膜穴播播种密度

度=667m²/ 平均行距（m）/ 平均株距（m）。

（4）播种深度

采用膜上滚筒鸭嘴式谷子专用播种器，播种深度以 3~5cm 为宜，播种时土壤墒情好可适当浅些，播深 3~4cm；墒情差可适当深些，播深 4~5cm。播种时确保播种器粒内有足够的种子，防止缺苗断垄，力争一次播种保全苗。

（5）地膜选择

地膜选择幅宽 110~140cm，厚度 0.008mm 以上的优质地膜，采用前取土直落式压膜方式，地膜两侧及垄沟均覆土压盖，地膜紧贴垄沟底面，有利保墒保湿。

（6）滴灌管选择

滴灌带铺埋在小垄间，采用开沟铺埋滴灌带，选择内嵌式滴灌管，外径 16mm，壁厚 0.3mm，滴头流量 1.4L/h，滴头间距 0.4m。

（7）开沟施肥

采用链式开沟，沟深 6~8cm，宽 18cm。种肥使用长效复合缓释肥，施肥量 900~1 200kg/hm²，加施口肥 300kg/hm²，以防后期脱肥。

（8）除草剂喷洒

播种时利用机械自带的打药泵喷洒除草剂，可用 50% 扑灭津可湿性粉剂 1 500~3 000g/hm²，兑水 600~750kg/hm² 或 44% 谷友可湿性粉剂 1 500~ 2 250g/hm²，兑水 600~750kg/hm²。

5. 田间管理

采用谷子机械化穴播全覆膜膜下滴灌简化栽培模式播种后，常规的间苗、中耕、追肥等田间管理措施可省去（图 4-52，图 4-53），但要加强管护，经常检查地膜是否严实，发现有破损或土压不实的要及时用土压严，防止被风吹开或牲畜踏坏。

图 4-52　谷子全膜穴播技术苗期

图 4-53　谷子覆膜穴播抽穗期

（1）放苗

播后遇急雨天气要及时查看，遇播种孔被淤泥封住影响出苗时及时镇压，以利出苗。

（2）查苗、定苗

出苗后及时查苗，发现漏种或缺苗断垄时要及时补种。当幼苗长到 4 叶 1 心至 5 叶期时，采取一次定苗，每穴留 1~3 株，并及时用土封严放苗孔。

（3）除草

出苗后，两膜之间会有少量杂草，可在 2~3 叶期喷施 72% 2,4-D 丁酯乳油 750mL/hm^2、56% 2- 甲基 -4- 氯苯氧乙酸 600~750mL/hm^2 兑水 300~450kg/hm^2 或人工拔除。地膜里面长出的杂草可选用黑色地膜进行预防，或在杂草长出后用脚在膜上轻踩，并在膜上压土使地膜紧贴地面，以抑制其生长。从播种孔长出的杂草要及时人工拔除，并用细土密封。

（4）灌水

苗期不滴灌，拔节期遇干旱适当灌水，孕穗、抽穗期、开花期、灌浆期遇干旱及时灌水，灌浆后到成熟不再灌水，具体灌水次数及灌水量视田间土壤干湿程度进行。谷子生长后期怕涝，应避免灌水并在谷田设置排水沟渠，避免地表积水。

（5）防止倒伏及鸟害

种植密度过大时，灌浆期遇大风急雨易倒伏，要及时查看。生育后期控制浇水量，防止倒伏。早熟品种还要注意防治鸟害。

6. 病虫害防治

农药使用符合 NY/T 1276—2007 要求。

（1）粟叶甲

谷子出苗后，用8%丁硫·啶虫脒乳油1 500倍液或2.5%溴氰菊酯乳油2 500倍液；或用20%氰戊菊酯乳油2 500倍液等高效、低毒、低残留农药喷雾。

（2）玉米螟、粟灰螟、黏虫、粟茎跳甲

出苗后1个月左右（6月下旬）用高效、低毒、低残留胺基甲酸酯及菊酯类农药，兑水常规喷雾。

（3）地下害虫

用50%辛硫磷乳油或40%毒死蜱乳油1 500mL，兑水7.5kg，加75kg麦麸（或煮半熟的玉米面）拌匀，闷5h，晾干后，播种时施入播种沟内，或于傍晚撒入垄沟，用量45kg/hm^2。

（4）白发病

用含有35%甲霜灵（瑞毒霉）成分的种子包衣剂，按种子量的2%~3%处理种子，防治谷子白发病。

（5）黑穗病

用含有40%拌种双成分的种子包衣剂，按种子量的2%~3%处理种子，防治谷子黑穗病。

（6）谷瘟病

瘟病可用20%的甲基托布津按种子量的0.4%的比例拌种，防治谷子谷瘟病。

7. 适时收获

谷穗变黄、籽粒变硬，叶片黄化后，即可适时收获、晾晒、风干后脱粒。

8. 地膜处理

秋收后，用专用机械或人工及时回收清理田间残膜，尽量减轻残膜对土壤的污染。

七、谷子间作、套种等立体种植模式

发展立体种植，可以充分发挥人力、物力、空间、资源和技术作用，有效地提高单位面积产量和产值。杂粮作物种类繁多，实行立体种植具有很大的潜力，下面介绍几种立体种植模式，仅供参考。

1. 谷子、绿豆（或红小豆）间作

（1）种植形式及方法

种植方法采取1.6m或3.2m一带，两作物行比为3∶3或6∶6等行距种植，行距 27cm，谷子用木耧耩，绿豆（或红小豆）可用木耧耩也可以人工点种。

（2）品种选择

绿豆选用冀绿 1 号、鹦哥绿豆、明绿豆、中绿一号。红小豆以天津红小豆或冀红小豆 16 号最好。谷子品种选用高产优质品种。

（3）整地施肥

播种前结合春耕施足底肥，施肥量为 1 500~3 000kg/ 亩农家肥、25kg/ 亩磷肥、15kg/ 亩碳酸氢铵或磷酸二铵 8~10kg/ 亩。施肥方法是农家肥于春耕前撒施，化肥结合耕翻施入犁沟，整平耙细。

（4）播种

谷子播种期因品种、种植区域而异，一般在 4 月下旬至 5 月上旬。丘陵区和大日期品种应适时早播。播种量为 0.5kg/ 亩左右，留苗密度因品种和土壤肥力而异，一般留苗 1.5 万 ~3 万株 / 亩。绿豆生育期短，南北丘陵区在 6 月上旬播种，河川区在 6 月中旬播种，红小豆一般在 5 月下旬播种。绿豆或红小豆播种量 1.5~2.5kg/ 亩，留苗 6 000~8 000 穴 / 亩，每穴 3~4 株，穴距 15~20cm。

（5）田间管理及收获

谷子在 3~4 叶时定苗，9~11 叶时苗定施尿素 10~15kg，绿豆（或红小豆）幼苗展出第 1 片真叶时结合中耕除草开始间苗，2 片真叶展出时定苗，在现蕾前追施尿素 5~15kg/ 亩。绿豆要分层分次适时采收，防止裂荚。

2. 谷子、花生带状间作

谷子是禾本科植物，边行优势明显。谷子花生间作体系集合了禾本科作物和豆科作物间作的优点，在盐碱地上的资源利用率、土地复种指数、群体覆盖及产量等方面的有明显优势。因此，谷子、花生间作种植模式具有实际意义，推广谷子花生间作种植模式利于提高作物群体覆盖和土地生产力，从而促进作物高效生态共生、盐碱土地改良利用与可持续发展。

（1）种植形式及方法

① 谷子、花生 2∶2 等幅间作模式（图 4-54）。谷子约 35 万株 /hm^2，行距 40cm，株距 3.5cm；花生约 8 万穴 /hm^2，垄宽 80cm，1 垄 2 行，2 粒播种，穴距 15cm。带宽 1.6m，谷子带 0.8m，花生带 0.8m。

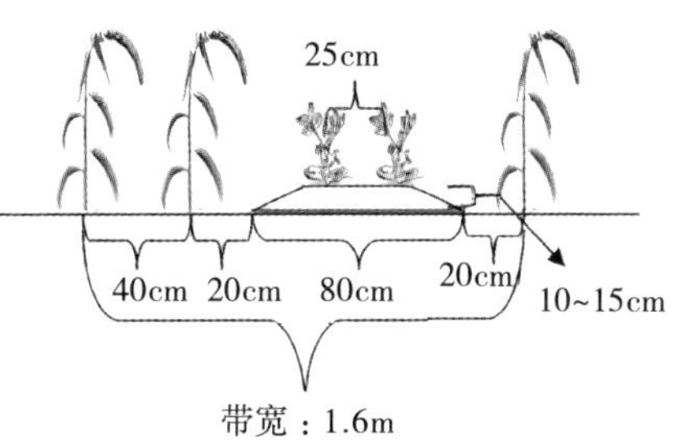

图 4-54 谷子、花生 2∶2 带状间作田间种植模式示意图

② 谷子、花生 4∶4 等幅间作模式

（图 4-55）。谷子约 35 万株 /hm²，行距 40cm，株距 3.5cm；花生约 8 万穴 / hm²，垄宽 80cm，1 垄 2 行，2 粒播种，穴距 15cm。带宽 3.6m，谷子带 1.8m，花生带 1.8m。

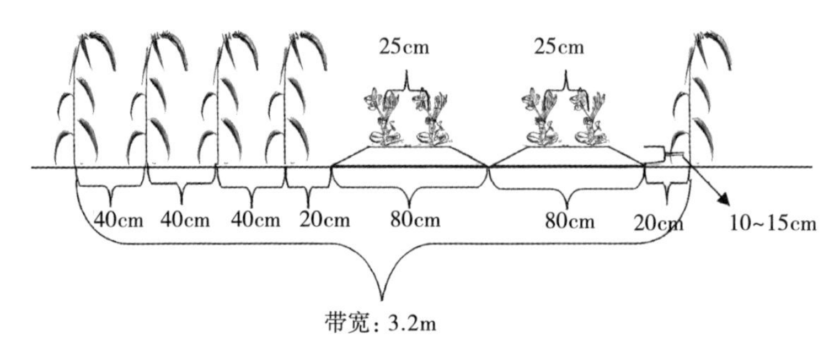

图 4-55　谷子、花生 4∶4 带状间作田间种植模式示意图

（2）施肥、播种、收获时间

基施复合肥（15-15-15）750kg/hm²。5 月中旬谷子、花生同时播种，9 月中旬谷子收获，9 月下旬花生收获，其他田间管理措施基本一致。

3. 谷子、苜蓿套种

谷子套种苜蓿种植技术，适用于土壤肥力条件比较低的新种植地块和需要进行土壤改良的盐碱地块，通过谷子套种苜蓿栽培种植模式，第 1 年每亩可收获谷子 120~150kg，谷子草和苜蓿草产量总和远高于第 1 年单种苜蓿的出草量。谷子套种苜蓿栽培种植模式，苜蓿播种密度大，单位面积产出干物质多；通过 1 年种植，秋季将苜蓿高茬收割后，直接将苜蓿深翻作绿肥，可在 2~3 年内迅速改良土壤，提高土壤有机质含量。

（1）品种选择

① 谷子选用。适合在新疆种植的耐旱、抗病、绿叶黄穗、粮草兼用型谷子品种。

② 苜蓿选用。紫花苜蓿和大叶苜蓿品种，如阿尔冈金、新牧 2 号等品种。

（2）整地

因谷子、苜蓿种子小，不容易出苗，在土壤墒情合适的情况下，用圆盘耙耙耱保墒，整地要求达到土地平整、地块中无大的土块，土壤松碎。如果地块比较疏松，播种前可用木磙镇压，确保土壤上层 1~2cm 疏松，下层土壤紧实，播种时种子播到 1~2cm 土层，有利于出苗。

（3）施基肥

春季翻地前或整地切地前，每亩地基施磷肥 10~12kg、钾肥 8kg，使用机械撒肥机或人工均匀撒施到地里，立即耕翻。

（4）播种技术

① 播种时间。4 月下旬至 5 月初均适宜播种。

② 播种量。谷子亩播种 2kg 左右，苜蓿亩播种 1.5~2.0kg，还可根据地块肥力水平，适当增减播种量。由于谷子和苜蓿种子都比较小，不好播种，可将炉渣过筛与过磷酸钙按 1∶1 比例混合，待播种时与种子充分混合，亩用量 8kg 左右。

③ 播种方法。谷子和苜蓿同期混播用，24 行小麦播种机采用 15cm 等行距播种，1 行谷子 1 行苜蓿；或采用 25cm 等行距，谷子、苜蓿种子混合在一起播种；播深 1~2cm，不可超过 3cm。条播有利于中耕除草和苜蓿第 2 年田间管理。错期播种，先用 24 行小麦播种机按 25cm 等行距播种谷子，待谷子苗高 5~10cm 时，在 5 月下旬人工撒播苜蓿种子。这种播种方式，适合秋季深翻作绿肥种植。

（5）施种肥

种肥以三料磷肥为主，施用量为 5kg/ 亩。春播前底肥施用量不足的地块，可亩带种肥 8~10kg。肥和种要分箱分施，不要把种、肥混合播种，以防止肥料烧种、烧苗。施肥深度 8~10cm。

（6）田间毛管铺设

采用 3.6m 宽 24 行播种机，90cm 宽铺 1 根毛管，1 机铺 4 根毛管，往返时一侧不铺毛管；同时，通过播种机上设备将毛管开小沟 2cm 埋入土中。如果种植地块坡度大、土壤渗水能力差，可采用横向种植和铺设毛管，坡度小的地块可纵向种植和铺设毛管。每亩用毛管 740m 左右。

（7）田间管理

① 滴出苗水。根据谷子和苜蓿出苗情况滴水，新疆春季风沙大，土壤跑墒快，点片出苗差的地块可滴出苗水，每亩滴水 15~20m^3，地表滴湿即可，确保出全苗。

② 撒种出苗。前期未混播的苜蓿地块，5 月中下旬视谷子长势，先人工撒播苜蓿种子，每亩撒播 1.5~2.0kg，撒播后滴水，每亩滴水 30~40m^3，撒播后视土壤墒情和苜蓿出苗情况第 2 次滴水，间隔 7~10 天，此阶段滴水次数和水量可适当偏大一些。

③ 水肥管理。整个生长期滴水 8~10 次，每亩共滴水 250~280m^3。整个生育

期随水滴施尿素 15~16kg/ 亩。苜蓿根系有固氮作用，需氮量不大，施用氮肥主要是促进谷子生长，提高产量。

④ 化学除草。在谷子和苜蓿生长期，杂草多的地块，可选择化学除草剂，每亩施用 72% 2,4-D 丁酯 30~40g，兑水 20~25kg 喷施，可有效防治双子叶杂草。

⑤ 谷子收获。谷子后期绿叶黄穗活秆成熟，有利于增加穗重。谷子和苜蓿套种一般以人工收割为主，人工收割可减少对苜蓿生长的影响。收获后及时拉运，以便苜蓿后期田间管理。

（8）谷子收获后苜蓿田间管理

① 滴水追肥。谷子收获后苜蓿茬高 5~10cm，每亩滴施尿素 6~8kg、滴水 $40m^3$，确保滴透滴匀，促进苜蓿快速生长，提高产量。

② 苜蓿收获。苜蓿播种当年生长缓慢，只能收割 1 次，一般在初霜来临前 1 个月收割，收割太晚会影响第 2 年春季苜蓿返青。生长第 2 年的苜蓿在新疆 1 年可收割 3 茬。收割最佳时期在苜蓿现蕾至初花期，即田间有 1/10 的苜蓿开花时，收割留茬高度 5~10cm，收割后及时拉运。

③ 冬灌。10 月中下旬新苜蓿长至 20~30cm 高时冬灌，为下一年丰产打下基础。

（9）谷子套种苜蓿种植模式的优势

① 通过谷子套种苜蓿栽培种植模式，第 1 年就可收获谷子 120~150kg，并且谷子草和苜蓿草产量总和远大于第 1 年单种苜蓿栽培模式出草量。

② 谷子套种苜蓿栽培种植模式，苜蓿播种密度大，单位面积产出干物质多；这种种植模式主要针对土壤改良地块，1 年种植后秋季将苜蓿高茬收割后，直接深翻作绿肥，可在 2~3 年内迅速改良土壤，提高土壤有机质含量。

第四节　施肥与整地

一、施肥

（一）基肥

按有效成分计算，基肥中的农家肥要占总基肥量的一半以上，而且产量越高，所占比例应越大。施用优质农家肥 22 500~30 000kg/hm^2，具体的施肥量要考虑土壤肥沃程度、前茬、产量指标、栽培技术水平及肥源等综合因素，应以测土配方施肥为主。基肥秋施应在前作收获后结合深耕施用，有利于蓄水保墒并提高养分的有效性；基肥春施要结合早春耕翻。同样具有显著的增产作用；播种前结合耕作整地施用基肥，是在秋季和早春无条件施肥情况下的补救措施。基肥常用匀铺地面结合耕翻的撒施法、施入犁沟的条施法和结合秋深耕春浅耕的分层施肥方法。

（二）种肥

在播种时施于种子附近，主要是复合肥和氮肥，施肥后应浅耧地以防烧芽。因谷子苗期对养分要求很少，种肥用量不宜过多，以硫酸铵 37.5kg/hm^2、尿素 15kg/hm^2、复合肥 45~75kg/hm^2 为宜，农家肥也应适量。

（三）追肥

在谷子的孕穗抽穗阶段，由于土壤供应养分能力降低和谷子发育进程加快，需要追施速效氮素化肥、磷肥或经过腐熟的农家肥，每次追肥以纯氮 75kg/hm^2 左右为宜。一次追肥最佳时期是抽穗前 15~20 天，氮肥数量较多时，最好在拔节始期和孕穗期分别施用。追肥可采用根际追施结合中耕埋入，也可叶面喷施。

二、整地

（一）秋冬整地

秋冬耕作是春谷栽培的一个重要环节，可以改良土壤的物理性状、活跃土壤微生物、减少杂草和病虫危害、促进根系生长发育。在土壤含水量为 15%~20% 时耕作质量最好，秋冬耕作、耕后耙地（图 4-56，图 4-57）结合施用基肥，耕深以 25cm、施肥深度 15~25cm 效果为佳。

图 4-56　翻地

图 4-57　耙地

（二）春季整地

没有经过秋冬耕作或秋季未施肥的旱地谷田，春季整地要及早进行。以土壤化冻后立即耕耙最好，耕深应浅于秋耕。经秋冬耕作的谷田也应在夜冻昼消时耙地以保持水分，冬春季镇压也能减少水分损失。

（三）播前整地

播前整地主要是平整土地，减少水分蒸发。经过秋冬耕作或早春耕的谷田，播前若干天应进行浅层耕作。

第五节　播　种

一、播前种子准备

种子处理是保证苗全、苗齐、苗壮的有效措施。一是晒种。播前选择晴天将种子放在阳光下翻晒 2~3 天，以提高种子发芽率和发芽势。二是洗种。首先，将翻晒后的种子用清水漂去秕粒、空壳及杂质；其次，用 20%的盐水选种，漂去半饱子粒；最后，用清水漂洗 2~3 遍，去除盐分，放在背阴处晾干，可提高种子千粒重 20%，提高发芽率 10%以上，使幼苗健壮，整齐一致。三是拌种。为防止白发病、黑穗病，盐水处理后的种子，播前进行药剂拌种具体措施见病害防治方法。四是闷种。地下害虫严重的地块，用 50%辛硫磷乳油拌种。

二、播种期

应根据当地的自然条件、耕作制度和谷子品种的特性确定适宜的播种时间。谷子主产区的东北、西北、华北北部地区种植春谷，播期在 4 月中旬至 5 月上旬，个别早的在 4 月上旬，晚的在 5 月下旬。山东、河南、陕西关中、河北和山西南部地区种植夏谷，播期均在夏收后的 6 月上中旬，个别晚至 7 月上旬。

三、播种技术

谷子的播种方法有撒播、穴播、条播（图 4–37）等多种，播种量应根据种子质量、墒情、播种方法来定，以一次保全苗、幼苗分布均匀为原则，一般每公顷用种子 2.25~3.0kg，播种深度以 3~5cm 为宜，播后镇压使种子紧贴土壤，以利种子吸水发芽。

四、覆膜栽培技术

覆膜播种（图 4-58）是干旱少雨地区采用的节水栽培技术。试验表明，在土壤含水量达到 15%以上时覆膜效果好，小于 10%时不宜覆膜。先覆膜后播种，采用打孔穴播，行距 25cm，穴距 10cm，单株留苗；人工点播后覆膜，行距 25cm，穴距 20cm，每穴留苗 2~3 株；条播后覆膜，行距 20cm，单株留苗。此外，可采用起垄覆膜，在膜旁播种。

图 4-58　覆膜播种

五、播种机械

近年来，生产的有 2BFCM-6 型海绵轮式小籽粒精播机，2BG-6 型小外槽轮式谷子播种机，2B-1 型、2BJ-1 型、2BJ-3 型窝眼式人畜力播种机，2BG-6/7 型、2BGP-2 型鸭嘴式谷子铺膜播种机、2MB-1/4 型多功能覆土铺膜谷子播种机等（图 4-59，图 4-60）。播种时，根据各种植区域所采用的播种技术和播种机械现状，选择当地现有的播种机具，进行田间作业。

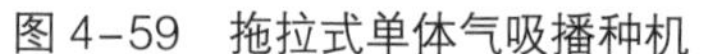
图 4-59　拖拉式单体气吸播种机

图 4-60　谷子浅埋滴灌播种机

第六节　间苗除草

一、留苗密度

谷子种植留苗密度和品质与是否分蘖密切相关。不分蘖的品种留苗密度为2.5万~3万株/亩，分蘖品种留苗密度一般为1.5万~2万株/亩。同时结合土壤墒情，及时调整种植密度。肥沃的水浇地宜密植，旱薄地宜稀植；病害轻的区域宜密植，通风不好、病害严重的区域宜稀植；早熟矮秆不分蘖品种宜密植。

二、间苗除草技术

不抗除草剂品种的间苗，可采用原始的人工间苗或覆膜穴播不间苗的方式。抗除草剂的谷子品种间苗可从3叶1心时开始，此时杂草苗小，除草效果好。

（一）除草剂的选择

抗烯禾啶品种可以使用烯禾啶（图4-61）去除单子叶杂草，同时配合去除双子叶植物的除草剂进行除草。一般使用含量12.5%烯禾啶去除单子叶杂草，去除双子叶杂草可以使用含量48%的麦草畏、二甲·氯氟吡（二甲四氯含量33.5%，氯氟吡氧乙酸含量8.5%）、25%的辛酰溴苯腈（图4-62）、2,4-D异辛酯、灭草松（排草丹）、噻吩磺隆等。

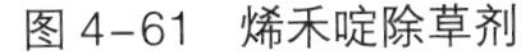
图 4-61 烯禾啶除草剂

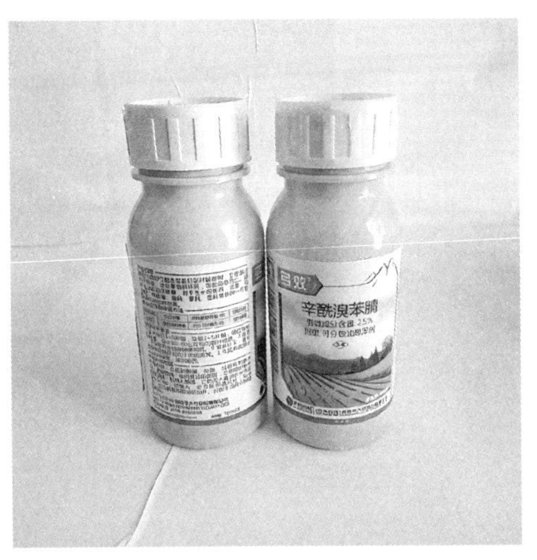

图 4-62 辛酰溴苯腈除草剂

麦草畏杀灰菜、苋菜、蒺藜效果较好。对猪殃殃、荞麦、藜、牛繁缕、大巢菜、播娘蒿、苍耳、薄朔草、刺儿菜、问荆、鲤肠、田旋花效果也较好，对龙葵无效。

辛酰溴苯腈是一种触杀型除草剂，可以防治 2~3 叶期的蓼、藜、苋、麦瓶草、龙葵、苍耳、田旋花等多种阔叶杂草，使用不当对谷子会有一定的药害（5 叶期的谷苗叶片边缘发黄干枯，心叶和茎可以继续生长），会导致谷子生长发育缓慢，缺点是超过防除杂草最佳时期，不能彻底杀死，后期有返青现象。

2,4-D 异辛酯可以防除小蓟、苣荬菜、鸭跖草、问荆、藜、蓼、米瓦罐、龙葵、苘麻、离子草、繁缕、苋菜、葎草、苍耳、田旋花等一年生或多年生阔叶杂草，使用时间要把握好，用药时谷苗太小会影响扎根。

灭草松可以防除苍耳、反枝苋、凹头苋、刺苋、蒿属、刺儿菜、大蓟、狼把草、鬼针草、酸模叶蓼、柳冲刺蓼、节蓼、马齿苋、野西瓜苗、猪殃殃、向日葵、辣子草、野萝卜、猪毛菜、刺黄花稔、苣荬菜、繁缕、曼陀罗、藜、小藜、龙葵、鸭跖草（1~2 叶期效果好，3 叶期以后药效明显下降）、豚草、莽菜、遏蓝菜、旋花属、芥菜、苘麻、野芥、芸薹属等多种阔叶杂草。

噻吩磺隆可以防除反枝苋、马齿苋、播娘蒿、荠菜、猪毛菜、猪殃殃、婆婆纳、牛繁缕等，对刺儿菜、田旋花无效。

（二）除草剂的喷施

抗烯禾啶品种，在谷苗 3~5 叶期，每亩使用烯禾啶（含量 12.5%）100mL。

除双子叶杂草除草剂，以麦草畏（含量48%）为例，用量25~30g，兑水40~50L混匀后在谷苗4~5叶期均匀喷洒。

（三）除草剂使用注意事项

第一，每年使用除草剂时，先按配方在3~4叶期小面积用药，5天后观察效果（不抗烯禾啶单子叶杂草拔出心观察是否腐烂），观察谷子是否有药害，如果效果好继续大面积使用。

第二，喷施烯禾啶除草时要求植株上无露水、无风，用药后，最好是24h无雨。

第三，打药时，避免接触到周围不抗烯禾啶谷子、高粱、玉米等单子叶作物。

第四，使用2,4-D异辛酯时，注意用药时间和用药量，千万不要超量，避免谷苗不扎根。

第五，抗烯禾啶品种，在芦苇和赖草多的地块可以使用精稳杀得、进口科迪华公司的高盖来防除。

第六，抗烯禾啶品种不抗烯草酮。

第七，使用除草剂后可能会减产25~75kg，可使用氨基酸叶面肥缓解。

（四）喷施机械

喷药机械一般使用四轮车配备打药机进行喷药，每亩喷施水量在40L以上。无人机喷药时使用水量少，农药浓度过大，一般不建议使用无人机喷施除草剂。

第七节　苗期管理

一、苗期生长发育特点

谷子发芽适宜温度为15~25℃，发芽最低温度为6℃，发芽最高温度为30℃。谷子种子发芽需水较少，吸水约占种子重量的25%即可。适宜的发芽含水量为30%~35%，种子发芽最适宜的土壤相对含水量为50%。

二、苗期生长异常现象

1. 苗期悬死

谷子播种期正值春旱季节，土壤失墒快，不仅影响出苗、发根，而且会使谷苗根系悬空干死。因此，谷子播种后要多次镇压，使种子与土壤紧密接触，加快出苗，提高出苗率。镇压已出苗的谷田，不仅可以避免谷子根系悬空干死，而且能起到壮根系、保全苗的作用。

2. 谷苗蜷死

谷子种子小，拱土能力差，常因整地不细，被坷垃压住，种芽蜷曲在坷垃下面，顶不出地面，影响出苗率。出苗前如遇急雨，还会造成地表板结，也会使幼芽蜷死，造成严重的缺苗断垄。为防止谷苗蜷死，应在播种前细致整地，播后适时镇压，查苗时应打碎播种沟中的坷垃。此外，当土壤表层轻微板结时，可顺垄横踩，或用耙子搂挠。如板结严重，要铲破、碾碎土壤硬块。作业时要避免伤苗。

3. 苗期灌耳

谷苗刚出土时遇急雨，泥浆会溅入心叶，俗称“灌耳”，如再遇高温天气，日晒致使土壤温度过高，轻则使幼苗黄弱，重则苗心死亡。雨量大时会淤垄，埋死小苗。为防止“灌耳”，可根据地形，在谷地挖几条排水沟，避免大雨灌耳，低洼地积水处要及时排水，避免淹苗，防止土壤板结。如采用沟播方法，播种沟不要太深、太窄，以减轻淤土灌苗。

4. 幼苗烧尖

土壤疏松、墒情不足、播种较晚的地块，如若出苗时温度较高，幼苗生长较快，叶片较弱，遇高温天气，地温上升也较快，幼苗生长点易被灼伤，甚至造成死苗。防止烧尖的办法是加强保墒，增加土壤水分，使土壤温度缓慢回升，同时要做好镇压。

5. 苗期草荒

为确保出苗率，谷子播种量通常较大，幼苗一出土就显得拥挤，加上杂草比谷子幼苗长得快，杂草与谷苗争水、争肥、争光，影响谷苗生长发育，严重的会造成减产。因此，要加强铲地除草，提早疏苗、定苗。

6. 苗期除草剂药害

随着抗除草剂谷子品种的大面积推广应用，除草剂喷施的安全问题也尤为突出。喷施除草剂超出安全剂量，会造成谷子苗期药害，导致幼苗发育迟缓，植株畸形，进而影响产量。避免苗期除草剂药害，要严格按照喷施说明规定的浓度、计量、次数使用除草剂。一天中喷施除草剂的时间，要避开日照较强、温度较高的中午时段，尽量选择凉爽、无雨的早晨或傍晚喷施。发生药害后要及时补救，可喷施水溶性叶面肥对谷子幼苗进行抢救，若造成大面积死苗无法挽回，应及时移栽或补种，保证全苗。

三、苗期自然灾害

苗期自然灾害主要有干旱和倒春寒引起的冻害。一般黄绿苗谷子品种抗低温能力比绿苗品种强。

四、苗期病害预防

白发病。白发病为系统性侵染病害，早播、播种过深，温度偏低，谷苗出土慢，病菌侵染机会多，发病则重；晚播、适宜的播种深度，有利于谷子早萌发，快出苗，发病即轻；萌发过程中被侵染，严重的可致芽死，造成缺苗断垄；出苗后至拔节前发病，植株表现为叶片正面出现与叶脉平行的苍白色或黄白色条纹，背面密生粉状白色霉菌，称为灰背。防治方法有以下几种。① 选抗病品种；② 及时清除田间病株；当田间发生感病植株后，应及时拔除并清除干净病株残体，带出田外烧毁或深埋，不可作为牲畜饲草。还要清除谷田周围的杂草，如狗尾草等禾本科寄主。③ 轮作；轮作是减少土壤中卵孢子传染的有效措施之一，对发病严重的地块可实行三年以上的轮作；④ 种子处理。使用精甲霜灵或甲霜灵或咯菌腈包衣；⑤ 适时晚播和控制播种深度；⑥ 不施用带有白发病病菌的肥料。

矮缩病。传毒介体为灰飞虱，感病植株节间缩短，植株矮小，病穗短小或不能抽穗。防治方法有以下几种。① 播种前耕翻土地并彻底清除谷田及周围杂草，减少蚜虫、灰飞虱栖息地。② 出苗后用 1.8%阿维菌素和 4.5%高效氯氰菊酯乳油按 1∶2 比例混配，2 500 倍液喷雾，用量 20kg/ 亩，防止蚜虫、灰飞虱传毒。

纹枯病。苗期使用除草剂不当会引发纹枯病发生。防治方法有以下几种。① 农业防治：配方施肥，合理密植；② 药剂拌种：用 2.5%适乐时（咯菌腈）悬浮剂按种子量的 0.1%拌种；③ 药剂防治：病株率达到 5%时，用 12.5%禾果利（烯唑醇）可湿性粉剂 400~500 倍液，或用 15%三唑酮可湿性粉剂 600 倍液，每亩用药 30kg，谷子基部喷雾一次，7~10 天后酌情补防一次；④ 喷施柠铜·络氨铜。

五、苗期虫害预防

苗期虫害主要是粟叶甲幼虫为害，防治幼虫为害的方法是防治成虫，在 3~5 叶期，喷施菊酯类（例如高效氯氰菊酯、溴氰菊酯、高效氯氟氰菊酯）杀虫剂消灭成虫，没有了成虫，就不能产卵，从而避免幼虫危害。

六、苗期“一喷多效”技术

在3~5叶期，喷施叶面肥的时候可以添加防治粟叶甲成虫的药剂（可以使用高效氯氰菊酯、溴氰菊酯、高效氯氟氰菊酯，或者长效防虫药剂如氯虫苯甲酰胺、四氯虫酰胺），减少喷药用工。

在喷施除草剂的同时，可以加入杀虫剂，如高效氯氰菊酯（含量4.5%的乳油）同时喷施，减少喷药次数，从而减少了机械损伤和喷药用工。

第八节　拔节—抽穗期管理

谷子拔节后，气温升高，雨水增多，杂草滋生，是谷子根、茎、叶生长最旺盛时期，田间管理的方向是协调营养生长和生殖生长的关系，主攻壮根壮秆保大穗。及时清理垄眼上的杂草、谷莠子、病虫株、杂株，增强通风透光性，利于谷苗生长。结合追肥和浇水进行深中耕7~8cm，切断部分地表分布的浅层根系，促进新根生长，充分接纳雨水，促进土壤微生物活动，加速土壤有机质分解，既控制地上部茎基部茎节伸长，又促进根系下扎；不宜过深，以免伤根过多，影响谷子生长。同时进行高培土，促进气生根生长，增加须根，增强吸收水肥能力，防止后期倒伏，提高粒重，减少秕粒，便于排灌。

谷子孕穗期追肥后应深中耕，注意不要把分蘖节埋得过深。谷子抽穗以后，一般不再进行中耕，只拔除大草，以免损伤植株和根系，造成早衰。

一、拔节—抽穗期生长发育特点

谷子拔节到抽穗是生长和发育的旺盛时期，既是谷子幼穗分化发育时期，又是根系第二个生长高峰时期，谷子拔节以前需肥较少，拔节以后，植株进入旺盛生长期，幼穗开始分化，拔节到抽穗阶段需肥最多。孕穗期是谷子地上部营养生长和生殖生长最旺盛的阶段，需要大量的水肥供应。土壤养分从谷子生育的初期开始逐渐减少，拔节以后的孕穗期到抽穗阶段最低，远不能满足谷子要求。此期间追肥，养分同时被茎叶与穗部所吸收，既能增加生物量又能促进穗分化与粒重的增加；孕穗期追施穗肥，可为梗枝、小穗、小花分化提供养料，促进大穗的生长发育。

二、拔节—抽穗期灌溉、追肥

灌溉。旱地谷子通过适期播种赶雨季，满足谷子对水分的要求，水地除了利用自然降水外，根据谷子需水规律，对土壤水分进行适当调节，以利谷子生长。谷子拔节后，进入营养生长和生殖生长阶段，生长旺盛，对水分要求迅速增加，需水量多，此时缺水易造成“胎里旱”，拔节到抽穗是谷子需水量最多的时期，占全生育期总需水量的50%左右，是获得穗大粒多的关键时期，所以拔节期浇一次大水，既促进茎叶生长，又促进幼穗分化，植株强壮，穗大粒多。无论何种灌溉条件，孕穗期应注意浇孕穗水。孕穗水以抽穗前至抽穗10~15天灌水最为关键。谷子长穗时，应多浇水，防止“卡脖旱”。

追肥。施入农家肥经分解后才能供应吸收，这时即使转化一部分，也赶不上需要。因此必须及时补充一定数量的营养元素，对谷子生长及产量形成具有极其重要的意义。磷肥一般作底肥，不作追肥。钾肥就目前生产水平，土壤一般能满足需要，无需再行补充。追施氮素化肥能显著增产。谷子追肥量要适当。过少增产作用小，过多导致植株旺长，通风通光差，而且还会导致倒伏，病虫害蔓延，贪青晚熟，以至减产。一般结合耥地，亩施尿素15~20kg，若氮素肥料较少，一次追肥，增产作用最大时期是抽穗前15~20天的孕穗期。在瘠薄地或高寒地区要提前些。若氮素肥料较多时，最好两次追肥。第一次于拔节始期，称为“座胎肥”；第二次在孕穗期，叫“攻籽肥”，最迟在抽穗前10天施入，以免贪青晚熟。山坡地追肥不能撒施，一定要开沟或者用施肥器施用。旱地可趁雨追肥，追肥后中耕培土。

三、拔节—抽穗期生长异常现象

谷子进入拔节期后，用磷酸二氢钾以亩用量150g，兑水40~50kg，在谷子拔节期（7月中旬）均匀喷于上部叶片，可提高叶片寿命以保证根系有旺盛活力，提高粒重。孕穗期缺水易形成卡脖旱，严重影响结实率。

四、拔节—抽穗期自然灾害

孕穗期干旱缺水影响结实率，低温寡照条件下，抽穗期推迟，谷子籽粒产量、穗重和穗粒重降低。此时雨水大利于谷子褐条病及谷瘟病发生，积水田块由于根系呼吸受到影响，容易发生根腐病、茎基腐、纹枯病等根茎部病害。防治方法：一是有积水的田块一定要及时排涝，缩短根系泡水时间。二是及时喷药防治病虫害，并加施磷酸二氢钾叶面肥，提高植株抗性。

五、拔节—抽穗期病害预防

1. 谷子白发病

谷子白发病在各个生育阶段和不同器官上陆续显露出不同的症状。种子侵染导致腐烂芽死，灰背在出苗后至拔节期发病，叶正面黄色条纹，叶背密生粉状白色霉层（图 4-63）。防治谷子白发病可采用 35% 甲霜灵可湿性粉剂，按种子重量的 0.2% 拌种防治。

图 4-63　谷子白发病症状——灰背

2. 纹枯病

可在根茎基部形成边缘褐色的不规则云纹状病斑（图 4-64），叶鞘处形成边缘暗褐色、中间浅褐或者灰白色的不规则云纹状病斑（图 4-65）。田间湿度大时在病部形成白色菌核，后期呈黑色。防治纹枯病应配方施肥，合理密植。播种时用 2.5% 咯菌腈按种子量的 0.1% 拌种。当病株率达 5% 时，用 12.5% 的烯唑醇可湿性粉剂 500 倍液或 15% 三唑醇可湿性粉剂 600 倍液，亩用药量 30kg，于谷子茎基部喷雾，7 天后视病情再防治一次。

图 4-64　谷子纹枯病侵染茎秆

图 4-65　谷子纹枯病侵染叶片

3. 红叶病

紫苗品种感病后，叶片、叶鞘和穗均变成红色（图 4–66）。绿苗品种感病后发生黄化（图 4–67）。严重时不能抽穗，病株矮化，叶片皱缩。播种前翻地并彻底清除谷田及周围杂草，出苗后可用 1.8%阿维菌素和 4.5%高效氯氰菊酯乳油按 1∶2 混配 2 500 倍液喷雾，亩用药量 20kg，防止蚜虫、灰飞虱传毒。

图 4–66　谷子红叶病红叶型症状

图 4–67　谷子红叶病黄叶型症状

4. 线虫病

幼虫在苗期侵入至穗期表现症状（图 4–68，图 4–69），防治方法是收获后彻底清理田间病株，发病严重地块实行轮作倒茬。可用种子量 0.1% ~0.2%的

图 4–68　谷子线虫病田间发生症状

图 4–69　谷子线虫病病穗

1.8%阿维菌素乳油或种子量 0.1%的 50%辛硫磷乳油拌种，堆闷 4h 后晾干。

六、拔节—抽穗期虫害预防

粟灰螟（图 4-70）、粟跳甲、蚜虫、二代黏虫（图 4-71）等发生危害并达到防治指标时，可选用 5%高效氯氰菊酯乳油 1 000 倍液喷雾、20%氰戊菊酯乳油 2 000~2 500 倍液喷雾或 1.8%阿维菌素 1 500 倍液喷雾防治，亩用药液量 40kg，防治粟灰螟和粟跳甲；用 90%敌百虫晶体或 20%氰戊菊酯乳油 2 500 倍液喷雾，亩用药量 40kg，防治黏虫和蚜虫的发生。

图 4-70　粟灰螟幼虫

图 4-71　黏虫幼虫

玉米螟成虫产卵至初龄幼虫蛀茎前用 2.5%溴氰菊酯乳油 1 500 倍液或 30%乙酰甲胺磷乳油 1 000 倍液对叶背和茎秆喷雾。另外，根据玉米螟成虫的趋光特性，可用杀虫灯诱杀，单灯防治面积约 30 亩，距地面约 2m；也可在田间放置人工合成的玉米螟型信息素诱芯诱杀雄虫；还可在每代玉米螟产卵始盛期连放 2 次赤眼蜂，每 5 天放一次，每亩 2 万 ~3 万头。

七、拔节期“一喷多效”技术

在拔节前后，主要应注意防治谷瘟、黏虫和玉米螟。谷瘟病常发地区在拔节期可提前喷施春雷霉素或戊唑醇等药剂预防。春谷区黏虫一般在 6—7 月发生，见虫就要用高效氯氰菊酯、氰戊菊酯等防治，一定要在 3 龄前控制住。此时玉米螟也处于蛀茎期，可达到一喷多防的效果。

粟叶甲发生严重的地块可在出苗后用 4.5%高效氯氰菊酯乳油、20%氰戊菊酯乳油 2 500 倍液或 10%吡虫啉可湿性粉剂 1 000~1 500 倍液喷雾，兼治粟跳甲、粟鳞斑叶甲，可达到一喷多防的效果。

第九节 开花—灌浆期管理

从抽穗后至完熟的一段时间为开花期（7 月下旬至 8 月中下旬，约 40 天），主要管理目标是争取穗大粒多，增加粒重。谷子开花、受精后，完全进入生殖生长阶段。此时主攻方向是防叶片脱肥早衰，延长叶片寿命，提高成粒率，通过喷施叶面肥，提高光合能力，减少秕谷。灌浆期除了浇水、施肥外，应着重做好浅锄松土工作，以保证根系有旺盛的活力，提高粒重。后期中耕宜浅，以不伤根为宜，中耕可以破除土壤表土板结，提高土壤通气性，有利于接纳雨水，提高根系活力。保持后期根系活力是提高叶片寿命的关键所在。

一、开花—灌浆期生长发育特点

谷子抽穗后，发育中心是开花受精，建成籽粒，这一阶段管理的主攻方向是防早衰，延长叶片寿命，提高成粒率，增加粒重。灌浆期是谷子生长发育中对各种灾害包括旱灾最敏感的生育阶段，谷子中耕次数越多，籽粒越饱满，出米率也越高。第 1 次浅中耕结合间苗或定苗进行；第 2 次于谷子拔节后，结合追肥进行深中耕；第 3 次中耕在孕穗期进行，结合中耕进行培土，促进多生根保大穗。

二、开花—灌浆期生长异常现象

花期叶片淡绿呈脱肥现象时，应立即补施氮素攻粒肥，每亩可用尿素 5kg 左右，并及时浇水，或每亩用 1kg 尿素和 150g 磷酸二氢钾兑水 40kg，选无雨天下午进行叶面喷洒，促进籽粒形成和灌浆饱满。

由于养分亏缺，灌浆期易出现断肥早衰，主要表现为茎叶枯萎、未老先衰、籽粒充实不良、结实率低；一般矮秆、早熟品种容易出现早衰，矮秆品种生育前期发育早，在灌浆期茎秆营养物质转移和积累较少，光合产物全部供给籽粒灌浆，自身得不到营养补偿，易出现早衰。可以在开花后 10 天左右手持压缩喷雾器均匀喷施植物生长调节剂作为叶面肥，时间选择在 16:00 以后，以避免在高温及强光下，喷肥对叶片造成伤害，保证喷施效果。

三、开花—灌浆期自然灾害

进入灌浆期后，穗部逐渐加重，很容易倒伏，倒伏后及时扶起，避免互相挤压和遮阳，减少秕谷，提高千粒重。

谷子是喜光作物，全生育期都需要充足的光照。灌浆期遭受阴雨寡照天气，容易烂根早枯，产量明显降低，可以每亩用磷酸二氢钾 150g 兑水 40~50kg，叶面喷施。

四、开花—灌浆期病害预防

贯彻预防为主，综合防治的原则，以农业防治为基础，提倡生物防治。首先应选用抗病品种，实施倒茬轮作，合理密植，其次是化学防治。

1. 谷瘟病

在成株期的茎节、穗颈、穗小梗或小穗上形成褐色病斑，导致谷穗或小码枯死，被称为“穗瘟”。叶片上形成边缘深褐色中心灰褐色或者白色的眼状病斑，被称为“叶瘟”（图 4–72），其中以穗瘟造成的产量损失最大。阴湿天气时间长、雨量多有利于谷瘟病发生。选用抗病品种是最有效的防治方法，谷瘟病发生危害时，用 70%代森锰锌可湿性粉剂 500 倍液喷雾或 40%稻瘟灵乳油 1 500 倍液全田喷雾，尤其注意下部叶片的防治，若病情发展较快抽穗后可对穗部进行再防治。

图 4–72　谷子谷瘟病症状

2. 锈病

高温多雨和氮肥施用过多利于谷子锈病的发生，在谷子叶片或叶鞘上形成红褐色孢子堆（图 4–73），一般在 8 月中下旬发病。抽穗前发病，造成的损失较大；抽穗后发病，造成的损失相对较小。防治方法是合理施用氮肥，增施磷钾肥，雨季注意排水；病叶率达 5%时，可选用 12.5%烯唑醇可湿性粉剂 1 500 倍液或 15%粉锈宁可湿性粉剂 600 倍液喷雾喷

图 4–73　谷子锈病症状

雾，7 天后视病情再防治一次。

3. 纹枯病

病株率达 5%时，采用 15%的三唑酮可湿性粉剂 600 倍液喷雾，7~10 天后酌情补防一次，喷药时要重点喷施下部的茎叶（图 4–74，图 4–75）。

图 4–74　谷子纹枯病成株期症状

图 4–75　谷子纹枯病病株上形成的菌核

4. 白发病

图 4–76　谷子白发病症状——枪杆

白发病也称霜霉病，在谷子的全生育期均可发生。播种后气温低，谷子出苗慢，易发病，各个生育阶段和不同器官上陆续显露出“白尖”“枪杆”（图 4–76）、“白发”（图 4–77）和“刺猬头”（看谷老）（图 4–78）。此外，局部侵染还可引致叶斑。苗期多雨时，发病较严重；连作田菌源数量大或肥料中带菌数量多，病害发生严重；土壤墒情差，出苗慢，播种深或土壤温度低时，病害发生亦严重。防治谷子白发病，时期晚播、浅播，重病田块，实行 2~3 年轮作倒茬，在田间初见白尖和刺猬头时及时拔除带到田外烧毁或深埋；播种前，55℃温水浸种 10min，然后清水漂洗去除秕粒，晾干后播种；种子处理可选用 35%甲霜灵拌种按种子量的 0.2%~0.3%拌种；谷瘟病发生危害时，用 40%稻瘟灵乳油 1 500 倍液全田喷雾。

图 4-77　谷子白发病症状——白发

图 4-78　谷子白发病症状——刺猬头（看谷老）

五、开花—灌浆期虫害预防

1. 粟灰螟

8 月下旬，当 2 代粟灰螟发生为害时，可选用 5%高效氯氰菊酯乳油 1 000 倍液喷雾或 1.8%阿维菌素 1 500 倍液喷雾，亩用药量 40kg。

2. 黏虫

3 代黏虫发生危害用 90%敌百虫晶体或 20%氰戊菊酯乳油 2 500 倍液喷雾，亩用药量 40kg。

3. 玉米螟

（1）物理防治

黑光灯和频振式杀虫灯防治，设置高度距离地面高 2m，单灯防治面积约 30 亩。

（2）赤眼蜂防治

在田间卵盛期（成虫羽化率达 15%）和盛期（距第一次放蜂 7 天左右）各放蜂一次。每亩设 3 个点，每点放 2 500 头，连续放 2 次。

（3）化学防治

8 月中下旬，成虫产卵至初龄幼虫蛀茎前用 2.5%溴氰菊酯乳油与 40%乐果乳油混配剂 1 000 倍液喷雾。

第十节　成熟期管理

一、成熟期特点

从灌浆到成熟期，西部春谷早熟区大约需要 30 天。通常将成熟期分为 3 个阶段，乳熟期、蜡熟期（又称黄熟期）和完熟期。乳熟时期谷粒护颖仍有部分淡绿色，假果基部带些淡绿，谷粒内含物呈浓乳浆状，风干后横剖面均为粉质；蜡熟时期谷粒护颖变黄，假果淡黄色，谷粒内含物呈粉状，风干后横剖面绝大部分为粉质，玻璃质极少；完熟时期谷子护颖变深黄色，假果呈黄色较坚硬，谷粒内含物呈半透明状，水分明显减少，风干后横剖面有一半以上为玻璃质。谷子还存在明显的后熟现象，即完成休眠的过程，休眠过程较短，任慧儒等认为通风向阳处晾晒 7 天后即可完成后熟。2013 年，闫俊先等通过对完熟后仓储不同天数的谷子发芽率的观测研究发现，完熟后 50~60 天后，谷子的发芽率达到最高。

谷子在成熟阶段，需要比较高的温度和水分。就需水来讲，出苗至拔节期只需要一生总需水量的 6%；而从灌浆到成熟期则需总需水量的 30%以上，尤其灌浆后期至蜡熟期，是谷子需水最集中的时期。在这一时期，气温骤降，阴雨连绵或水肥供应不足都对谷子的成熟不利。

二、收获方式和机械化收获技术

目前，在实际生产中谷子收获一般可分为机械化联合收获、机械割晒—捡拾脱粒分段收获和人工收获 3 种方式。机械化收获同人工收获相比较，效率大幅度提高。机械化联合收获每小时可收获 0.3hm^2 左右，机械化分段式收获每小时能收获 0.23hm^2 左右，而人工收获每小时则只能收获 0.002hm^2 左右。机械化收获的效率为人工收获的百倍以上，可以大大减少人工投入并减轻劳动强度。但在机械化收获环节中还存在很大问题。

首先，最重大的问题是谷粒损失大，在实际生产当中有时还会出现20%以上的损失，损失原因主要包括植株不能达到100%顺利割断、强行喂入收获机械时部分谷穗摔断甩出及捡拾不彻底等原因造成。

其次，含杂率高，通过机械化收获后谷子中夹杂着过量的碎秸秆、碎杂草和草籽等杂物，给谷子仓储和加工增加难度和成本。

再次，一次性联合收割脱粒对谷粒晾晒场地条件和人工辅助晾晒的劳动强度要求高，很多种植户不具备这样的生产条件。

最后，谷子有后熟现象，对小米的品质有负向影响，蜡熟时期含水量在23%左右，谷子主要以揉搓和碾压的方式脱粒，通过机械化收割机内置装置在脱粒过程不能可视化操作，出现脱粒不净情况，或碾压揉搓过度导致谷壳破损，不能及时调整操作参数。或因不能完成自然后熟过程导致小米色泽变差和口感下降。销售价格降低，造成经济效益下降。

根据实际生产经验及参考众多试验研究结论：一次性联合收割脱粒对谷粒晾晒场地条件要求高和人工辅助晾晒的劳动强度大及对米质负面影响大；人工收获效率太低，不能满足谷子规模化生产要求。分段式机械化割晒捡拾为目前最适合的谷子机械化收获方式。

适合的收获时期，恰当的设备选型，和机械操作参数选择是决定机械化收获效果是否良好的关键。推荐在谷子完熟期用稻花香机械公司生产的4sx-3300型稻麦割晒机（图4-79）进行刈割晾晒3~5天，谷粒含水量降至17%左右，再用雷沃谷神GM100-10M6（图2-36）进行捡拾收获。使用稻花香机械公司4sx-3300稻麦割晒机割倒，一次可以放倒7行谷子并将谷穗收集到中间3行位置摆放，并适当高留谷茬又能将谷穗略悬

图4-79　稻花香机械公司生产的4sx-3300型稻麦割晒机

空于地面放置，利于捡拾。谷壳的破损率和小米色泽口感的表现息息相关，谷穗通过揉搓碾压时含水量越大，品质下降得越严重，谷粒含水量17%左右时收获对小米品质的负面影响最小。而晾晒时间过久，谷粒和植株含水量降得太低以后，谷粒的损失率就开始增加了，另外含杂率也提高了。

在捡拾脱粒过程中，根据不同谷子品种的谷壳薄厚不同，要及时调整机械的行走速度、清选风速和揉搓碾压谷穗力度。防止谷粒破损，提高净度。在确保对米质负面影响最小的情况下，机械化收获谷粒的损失控制在8%以下，含杂率在0.1%以下，谷壳破损率在5%以下即为较好的收获效果。

三、收获期自然灾害

在谷子的成熟期，不同年份会遇到多种自然灾害造成减产及经济损失，需要注意和防控。

1. 鸟害

在西北春谷区，谷子是麻雀最喜欢吃的作物之一，从谷子的乳熟期就开始危害，特别是附近周边田块谷子较少的地块愈发严重，同周边谷田比较，越早熟的地块受鸟害越严重。防治的办法主要有扎草人、挂彩带、人工驱赶、放鞭炮或放其他声音驱赶及设置防护网，还有应用化学驱鸟剂等办法。但这些方法的时效短、成本高、费工费时，且效果不理想，有些甚至会杀死鸟类，严重破坏了生态平衡。可通过选种抗鸟害谷子品种来解决谷子鸟害问题，保障粮食安全的同时，又可保护环境、维持生态平衡。

2. 干旱

谷子为抗旱作物系指苗期而言，谷子灌浆开始对水分的需求增强，乳熟期和蜡熟期土壤干旱，谷子的空壳率和秕谷率大大增加。土壤干旱导致根系吸收活动减弱，叶片自由水含量降低，蒸腾作用下降，叶片中还原糖的积累较多，而茎、穗、谷粒部淀粉含量降低，蛋白质等复杂化合物的水解过程增强，营养物质的消耗多于积累，穗部营养不良因而形成空壳和秕粒增多。在谷子乳熟期和蜡熟期，如果多日连续不降雨，土壤含水量降至15%左右，就要视情况进行适当土壤的水分补充了。

3. 强对流天气灾害

谷子进入成熟期后，谷穗重量日益增加，若茎秆强度不够遇大风雨天气，容易造成倒伏。不但造成产量下降，而且给收获造成巨大困难。不论人工收获还是机械化收获，都会大幅降低收获效率，增加收获成本。一定要选择抗倒伏品种，栽培上注意合理密度种植、合理施用氮肥、适当增加磷钾肥的施用，以增加谷子茎秆强度。另外谷子完熟后，遇大风天气，即使不倒伏也会有风吹落粒造成损失的情况发生，也要注意及时收获。

4. 早霜

在谷子完全成熟之前，一旦霜降，谷子就基本上停止了生理活动，将会造成大幅度减产及小米品质的下降。一般情况下生育期长的品种产量相对较高。但在选择品种时一定要重视是否有不能成熟的风险，即通俗地讲“上不来”的风险，尽量选择熟期适合当地的品种。还要注意要适期播种，培养壮苗，防止氮肥施用过量，导致谷子贪青徒长。

四、籽粒降水贮藏

顺利收获脱粒后，将谷粒摊晒降低含水量，摊晒过程中注意防止雨雪。谷子含水量降至 14%时，即可进行装袋仓储。

第五章 西北春谷中晚熟区谷子绿色高效栽培技术

第一节 西北春谷中晚熟区谷子分布及其主推品种

一、西北春谷中晚熟区谷子分布

西北春谷中晚熟区是谷子生产的主要产区，也是重要的优质米生产区域。该生态区海拔较高，地形复杂，包括高原、山地、丘陵和山间盆地，土壤大部分属淡栗钙土、栗钙土和褐土类，有机质较缺乏，结构性较差。受西北季风的影响，春季多风，降雨少，且分布不均匀，气候干燥寒冷，“十年九春旱”。春谷中熟区包括黑龙江省南部，吉林中、西部平原和东部河谷、盆地，内蒙古的赤哲山地丘陵，西辽河平原灌区，河北太行山东麓800m以上山区，山西中部的东西两山区，陕北北部，甘肃中部，宁夏中部等地，共98个县（旗）。春谷晚熟区横跨东北到甘肃陇东，包括吉林四平平原，辽宁大部，河北东北部、山西中部、东南部和西南部，陕北大部，甘肃东部。本区南界为夏谷区，是春夏谷交错地带。实际上本区也是夏谷的早熟区，一般可复播特早熟和早熟夏谷品种，共计153个县（中国谷子主产区谷子生态区划，1990，山西省农业科学院谷子研究所）。

（一）春谷中熟区

1. 松辽平原中熟区（共58个县/旗）

黑龙江：哈尔滨、双城、阿城、呼兰、宾县、望奎、五常、肇州、肇源、肇东、尚志。

内蒙古：赤峰市郊、红山区、元宝山区、宁城、喀喇沁、敖汉、翁牛特、奈曼、库仑、巴林左、扎鲁特、巴林右，科左中、科左后、阿鲁、通辽、开鲁。

吉林：白城、镇赉、洮南、大安、通榆、乾安、前郭尔罗斯、扶余、长岭、长春、农安、德惠、九台、榆树、吉林、双阳、伊通、辉南、柳河、东丰、辽源、东辽、梅河口。

辽宁：桓仁、南芬、宽甸、新宾、清原。

2. 黄土高原中部中熟区（共 40 个县）

河北：涞源、阜平（部分）、平山（部分）、邢台（部分）、涉县（部分）。

陕西：米脂、绥德、子洲、清涧、吴堡、横山、榆林、佳县、神木、靖边、定边、府谷。

山西：隰县、石楼、蒲县、临县、兴县、平顺、壶关、沁源、榆社、盂县、代县。

甘肃：榆中、皋兰、兰州七里河区、西固区、红古区、白银区、平川区、永昌、金川区、静宁、秦水、秦安、甘谷、武山。

宁夏：中卫、灵武、盐池、同心。

（二）春谷晚熟区

1. 辽、冀中晚熟区（共 46 个县 / 旗）

辽宁：朝阳、龙城区、双塔区、北票市、建昌、喀喇沁左翼、建平、北镇、凌源、阜新、彰武、清河门区、黑山、细河区、义县、铁岭银河区、铁法市（今调兵山市）、铁岭、清河区、开原、西丰、昌图、康平、法库、凤城、岫岩、东沟、本溪市区、平山区、溪湖区、明山区、抚顺城区，抚顺。

河北：承德市区、青龙、宽城、兴隆、平泉、滦平、隆化、承德。

吉林：集安、公主岭市、四平市区、梨树、双辽。

2. 辽、冀沿海晚熟区（共 44 个县）

辽宁：绥中、兴城、锦西、南票区、葫芦岛、太和区、辽阳市区、弓长岭区、太子河区、辽阳、灯塔、沈阳苏家屯区、东陵区、沈北新区、新民、鞍山旧堡区、海城市、台安、锦县、甘井子区、瓦房店、新金、长海、庄河、旅顺口区、金州区、盖县（今盖州市）、营口鲅鱼圈区、盘锦市。

河北：丰润、丰南、滦县、滦南、乐亭、迁安、迁西、遵化、玉田、唐山市区，昌黎、抚宁、卢龙、秦皇岛市区。

3. 黄土高原南部晚熟区（共 63 个县）

山西：忻州、太原、定襄、阳曲、原平、河曲、保德、古交、清徐、武乡、沁县、长治潞州区、上党区、潞城区、襄垣、屯留、长子、高平、沁水、昔阳、安泽、晋城郊区、永和、汾西，大宁、乡宁、吉县、离石、柳林。

陕西：延安、延长、延川、子长、安塞、志丹、吴旗、甘泉、富县、洛川、宜川、黄陵、黄龙。

甘肃：西峰、庆阳、环县、华池、合水、正宁、宁县、镇原、平凉、泾川、灵台、崇信、武都、宕昌、文县、天水秦州区、北道区、靖远。

北京：门头沟、矿区。

二、西北春谷中晚熟区谷子品种类型

春谷中熟区株高中等，属全国性熟区分类为中熟，生育期 110~120 天。本区小米中蛋白质，脂肪含量较高，淀粉含量较低。松辽平原中熟区品种光温反应类型为对短日反应中等，对长日反应不敏感—中等，温反应不敏感，短日高温生育期较短。西部要求抗旱性强的品种，东部要求耐涝性品种。本区主要病害是白发病和黑穗病。黄土高原中部中熟 区品种抗旱能力强，耐瘠薄。热量条件较好，种植中熟品种有余，应在改善生产条件的基础上，扩种中晚熟品种。本区品种光温反应类型为对短日和长日反应中等—敏感，温反应不敏感，有个别中等和敏感的，短日高温生育期短。本区谷子主要病害是白发病和谷瘟病。

春播晚熟区谷子植株较高，多为高秆大穗类型，属全国性熟期分类的中晚熟和晚熟种，生育期 115~130 天。出苗—抽穗日数长，在 70 天以上为其特点。本区谷瘟较重，要求抗病性强的品种。小米中蛋白质、脂肪和淀粉含量中等。辽、冀中晚熟区谷子品种的光温反应型是对短日反应中等，对长日不敏感，有少数中等的。对温反应多数不敏感，但铁岭的品种对温反应中等—敏感。短日高温生育期多数属中等，少数为短日，这一点同以上各生态区有明显不同。品种的生育期日数 110~125 天。籽粒为小粒种，千粒重 3g 左右。辽、冀沿海晚熟区其对短日反应不敏感，对温反应强烈，短日高温生育期长所决定的。本亚区都可以种植夏谷，目前辽东半岛已向夏谷发展。 河北唐山地区本应是夏谷区，但因麦收季节雨季来临，7 月、8 月降雨较多，对夏谷及时播种和后期生育不利，故少种夏谷。本区品种籽粒小，千粒重 3g 以下。黄土高原南部晚熟区品种的光温反应型为对短日反应敏感，少数中等；对长日反应中等，对温反应不敏感，品种生育期长而短日高温生育期短，为其特殊处。全国性熟期分类以晚熟为主，兼有中晚熟种。生育日数 120 ~135 天。籽粒较小，千粒重 3g 左右。本区谷子主要病害是谷瘟病和白发病。主要虫害是蛀茎害虫。由于降水量年变率大，干旱特别是备旱仍是生产上的重要问题。

三、西北春谷中晚熟区主推品种简介

1. 晋谷 59 号

品种来源：晋谷 59 号（太选 15 号）系山西省农业科学院作物科学研究所以优质谷子晋谷 30 号作母本，高产品种晋谷 36 号作父本，经有性杂交选育而成。2015 年 6 月通过全国谷子品种鉴定委员会鉴定，鉴定编号为国品鉴谷 2015009，2017 年 9 月通过非主要农作物品种登记，登记编号为 GPD 谷子（2017）140014，2018 年 8 月获得植物新品种保护权，品种权号为 CNA20150159.8。

特征特性：该品种幼苗浅紫色，中秆，宽叶，大穗，穗型一致，不早衰，后期绿叶黄谷，株高 153.42cm，穗长 21.62cm，穗重 23.39g，穗呈圆筒形，穗码松紧适中，穗粒重 18.61g，出谷率 79.56%，千粒重 2.99g，黄谷、黄米。太原地区生育期 125 天。营养品质：2013 年经农业部谷物及制品质量监督检验测试中心分析，蛋白质含量为 12.91%，脂肪含量为 3.13%，维生素 B_1 为 0.31mg/100g，直链淀粉含量为 15.90%，胶稠度 131.5mm，糊化温度（碱消指数）3.6。2015 年 12 月在全国第十一届优质食用粟评选中被评为国家一级优质米。该品种抗逆性强，丰产稳产，适应性强。

产量表现：2013—2014 年参加国家西北春谷区中晚熟组区试，两年平均亩产 348.7kg，平均比对照品种增产 12.09%，居两年参试品种第 1 位。两年 20 点试验 17 点增产，增产点率为 85.0%。2014 年参加国家西北春谷区中晚熟组生产试验，平均亩产 428.2kg，平均比对照品种增产 12.79%，居参试品种第 1 位，增产点率为 85.0%。

栽培技术要点：播种量方面，精量机播 0.3~0.5kg，传统耧播 0.8~1.0kg。亩留苗方面，穴播 7 000 穴左右，每穴 4~5 株，条播 2.5 万 ~2.8 万株。以 5 月上中旬播种为宜，播前施足有机肥，亩增施磷肥 40kg，作底肥一次深施，有条件最好秋施肥。及早定苗，中耕锄草，适时追肥，防治虫害及后期鸟害。

适宜区域：适宜山西、陕西、甘肃、辽宁等无霜期 150 天以上的西北春谷中晚熟区种植。

2. 晋谷 21 号

品种来源：晋谷 21 号，原名晋汾 7 号（75-2 γ -1），是山西省农业科学院经济作物研究所通过 $^{60}Co-\gamma$ 辐射晋汾 52 干种子选育而成。1991 年通过山西省省级审定，1992 年通过陕西省省级审定。1994 年通过国家审定。1986 年获首届优质米食味品质“全国优质米”奖。1993 年获陕西省“科技成果展销交易会”金奖及吕梁地区“技术攻关扭亏增盈特等奖”，山西省首届农业博览会金奖；1994 年获山西省科技进步奖一等奖，1994 年 10 月广交会“获最受欢迎产品奖”；1997 年获山西省科技成果推广二等奖，1996 年获国家科技进步三等奖，1992—2000 年连续五次获中国农业博览会银奖、金奖、名牌产品奖等。2001 年获中国国际农业博览会名牌产品称号。至今仍为“山西小米”主要技术支撑品种，在全国年播种面积 160 万亩以上，累计推广面积超过 1 亿亩。

特征特性：常规粮用品种，生育期 115~120 天。本品种幼苗绿色，单秆，主茎高 146~157cm，主茎节数 23 节，茎粗 0.66cm，单株草重 46g，谷草比 1∶2.3，穗筒形（地薄时为纺锤形），支穗密度 5 个 /cm，穗长 22~25cm，穗重 22~24.5g，粒重 16.7~22.7g，出谷率 75%~90%，出米率 70%~80%，千粒重 3~3.3 g。本品种抗旱性强，感白发病。其小米汾州香，米色金黄发亮，适口性细柔光滑，米饭喷香。经农业农村部谷物品质监督检验测试中心检验，蛋白质含量 15.21%，粗脂肪含量 5.7%，淀粉含量 5.76%，营养成分及适口性均达优质标准。

产量表现：参加省区试，平均亩产 302.8 kg，比晋谷 10 号增产 3.3%。生产试验平均亩产 312.8kg。中晚熟地区春播多年表现一般亩产 250~350kg。

栽培技术要点：播种期在山西省东西两山旱地 4 月底到 5 月初；平川旱地 5 月 20 日左右；复播在 6 月 25 日前。每亩留苗 2.5 万株。适于中等肥力以上地块种植，由于品质优，注意多施农家肥。

注意事项：不抗白发病、黑穗病，播种前用种子量 0.3%~0.5% 的 35% 甲霜灵拌种防治白发病，用种子量的 0.3%~0.5% 的五氯硝基苯拌种防治黑穗病。不抗虫，在各生育期注意防治钻心虫。

适宜区域：适于山西、陕西、内蒙古、辽西、豫西、新疆等无霜期在 150 天左右的中晚熟区春播种植，在晋中、晋南运城、陕西渭南地区复播种植。

3. 晋谷 29 号

品种来源：原名 95 汾选 1，由山西省农业科学院经济作物研究所用晋谷 21 号为母本，以晋谷 20 号为父本杂交育成。2000 年通过山西审定，2002 通过国家审定。2001 年获全国第四届优质米鉴评一级优质米，2002 年获中国农业博览会山西省名牌产品奖。

特征特性：常规粮用品种。幼苗绿色，主茎高130~135cm，主穗长20~22cm，单穗粒重15.5g左右，出谷率80%~82%，穗型长筒，松紧度适中，短刚毛，千粒重3.0g，生育期112天左右，白谷黄米，米色鲜黄；高度抗旱，不抗白发病、黑穗病，轻感红叶病。小米色黄诱人，经香港大学测试黄色度为36.5，比普通谷子高7.4。营养品质及适口品质均达国家一级优质米指标，经农业农村部谷物品质监督检测中心检验，蛋白质含量为13.39%，脂肪含量5.04%，赖氨酸含量0.37%，直链淀粉为12.20%，胶稠度144mm，碱消指数2.5~3.2。经山西大学测试，含钙256.9mg/g，铁78.52mg/g、锌25.07mg/g、硒0.04μg/g、维生素B_1 0.74mg/100g。

产量表现：山西省谷子区域试验，平均亩产279.2kg，比对照晋谷20号增产6.5%，比晋谷21号增产10%以上。参加国家区试284.1kg，比统一对照晋谷16号增产4.44%。在甘肃、河北、河南、山西四省进行跨省区生产试验，平均亩产287.35kg，比对照增产8.7%。

栽培技术要点：适期播种，冷凉地区地膜覆盖在4月上旬至中旬播种；中熟地区5月15—25日播种；复播区腾地后立即播种。亩留苗2.2万株，不能低于2.0万株。施足底肥：应保证亩施1 000~1 500kg农家肥及磷肥、化肥、三肥一次底施。及时防治钻心虫：在钻心虫严重发生地带，应“早”字当头。该品种质优，鸟害重，成熟后及时收获。

注意事项：不抗白发病、黑穗病、轻感红叶病，优质抗虫性差。生产上在播种前用种子量0.3%~0.5%的35%甲霜灵拌种防治白发病，用种子量的0.3%~0.5%的五氯硝基苯拌种防治黑穗病；适当晚播可减轻红叶病发生。注意防治钻心虫。

适宜区域：生育期112天左右，适宜吕梁、忻州、晋中等地无霜期140天以上地区种植。目前在山西吕梁、忻州、晋中、陕西榆林、宁夏、甘肃等地大面积种植。

4. 晋谷40号

品种来源：晋谷40号是山西省农业科学院经济作物研究所，以糯性品种87-151为母本，晋谷21号为父本杂交选育而成，2006年通过山西认定。2010年获山西省科技进步奖三等奖。

特征特性：粮用常规品种。生育期120天左右，幼苗绿色，单秆不分蘖，主茎高 144.8cm，主穗平均穗长 21.3cm，穗为纺锤形，穗粗 4.8cm，小码紧，籽粒饱满，秕粒少，支穗密度 4.82 个 /cm，刺毛短，单株平均粒重 16.9g，出谷率 80.3%，白谷黄米，米粒整齐，商品性好，耐旱，成熟期保绿性能好。粗蛋白含量 11.97%，粗脂肪含量 5.69%，赖氨酸含量 0.24%。不抗白发病，抗虫性中等。

产量表现：2001—2003 年山西省谷子区试平均亩产 295.9kg；2003—2005 年在汾阳龙泉、交口回龙、柳林、襄垣、黎城、武乡等地大面积示范，亩产 236.7~346kg，平均亩产 293.2kg。

栽培技术要点：适时播种，在冷凉山区 4 月底 5 月初播种，其他地区小满前后播种。播前施足底肥，施肥以有机肥为主，少施或不施化肥，每亩施肥含纯氮肥不低于 25kg，磷肥 1.3kg。早间苗，苗后 3~4 片叶时间苗，6~7 叶期定苗，每亩留苗 2.2 万 ~2.6 万株，适时中耕除草。

注意事项：注意轮作倒茬，防重茬，防止病虫害发生，播前做好种子处理。后期防鸟害，成熟期及时收获，注意混杂，影响商品性。

适宜区域：适宜在山西、陕西、内蒙古、辽西无霜期 150 天以上地区春播种植。

5. 长农 35 号

品种来源：长农 35 号是山西省农业科学院谷子研究所用晋汾 7 号作母本、宁黄 1 号作父本杂交选育而成，2001 年参加全国第四届优质米评选会上被评为全国一级优质米，2004 年通过山西省认定，2005 年通过国家鉴定。

特征特性：粮用常规品种。春播中晚熟品种，生育期 125 天。幼苗叶鞘绿色，主茎高 155cm，茎粗 0.7cm，穗呈棒形，穗码较紧，刚毛短，白谷黄米，穗长 20.2cm，穗粗 2.6cm，单穗重 26.5g，单穗粒重 21.9g，出谷率 82.6%，千粒重 2.8g。该品种品质优、米色金黄、商品性好。经农业农村部谷物品质监督检验测试中心检验，小米含粗蛋白含量 13.10%，粗脂肪含量 3.62%，赖氨酸含量 0.31%，直链淀粉（脱脂样品）含量 14.18%，胶稠度 105mm，糊化温度（碱消指数）2.8，维生素 B_1 0.92mg/100g。

产量表现：参加省区试，平均亩产 321.1kg，比对照晋谷 29 号增产 11.2%，参加国家区试，平均亩产 256.8kg，比对照晋谷 16 号增产 10.98%。抗倒、抗旱，适应性强。

栽培技术要点：长治地区 5 月中旬为适宜播期，亩播量 0.35~0.751kg，亩留苗2.5万~3.0万株。在施农家肥的基础上，亩施碳铵35kg、过磷酸钙25kg，或施复合肥。早间苗、早中耕。可用3‰瑞毒霜或甲霜灵拌种防治白发病，2‰拌种双或戊唑醇拌种防治黑穗病，谷子钻心虫为害严重地区在谷苗三叶一心期喷杀虫剂。

注意事项：做好种子拌种处理，及时防治谷子钻心虫、白发病、谷瘟病及后期鸟害，慎用除草剂。

适宜区域：适宜在山西中南部、陕西延安、甘肃东部无霜期150天以上地区春播。

6. 晋谷56号

品种来源：晋谷56号是山西省农业科学院谷子研究所于2003年以DSB553为母本、晋谷16号为父本杂交，2005年以其F3代与晋谷21号杂交，多代连续定向选育而成。2013年通过山西省认定，2018年通过非主要农作物登记（GPD谷子（2018）140104）。

特征特性：粮用常规品种。春播中晚熟品种，生育期121天。幼苗叶鞘绿色，主茎高152.0cm，穗呈棒形，穗码松紧适中，刚毛短，白谷黄米，穗长21.0cm，单穗重23.8g，单穗粒重21.2g，出谷率89.1%，千粒重2.9g。该品种农艺性状好，抗倒性、结实性好，苗期具有抗除草剂拿捕净特性。经农业农村部谷物品质监督检验测试中心检验，小米粗蛋白含量12.96%，粗脂肪含量4.97%，赖氨酸含量0.26%，直链淀粉（脱脂样品）含量14.24%，胶稠度118mm，糊化温度（碱消指数）3.0。

产量表现：参加省区试，平均亩产282.8kg，比对照长农35号增产11.7%，两年共12个点，均表现增产。

栽培技术要点：亩播量0.8~1.0kg，以5月中旬播种为宜，亩留苗2.5万~3.0万株。在播前施足农家肥的基础上，亩增施硝酸磷40kg，作底肥一次深施。出苗后及早定苗，中耕锄草，可用3‰瑞毒霜或甲霜灵拌种防治白发病，2‰拌种双或戊唑醇拌种防治黑穗病，谷子钻心虫为害严重地区在谷苗三叶一心期喷杀虫剂。

注意事项：做好种子拌种处理，及时防治谷子钻心虫、白发病、谷瘟病及后期鸟害，苗期可喷施除草剂拿捕净除单子叶杂草。

适宜区域：适于在山西省中晚熟区、无霜期150天以上丘陵旱地种植。

7. 长生 07

品种来源：长生 07 是山西省农业科学院谷子研究所由长农 35 谷子品种发生自然变异，定向选育而成。长农 35 是我所选育的春播中晚熟品种。

特征特性：粮用常规品种。春播中晚熟品种，生育期 125 天。幼苗叶鞘叶色绿色，穗为纺锤形，株高 162cm，穗长 23.5cm，穗粗 3.2cm，单穗重 29.1g，单穗粒重 24.2g，出谷率 83.16%，千粒重 3.1g，穗松紧度中等，刚毛中等，籽粒半圆，谷壳白色，米色金黄，抗病、抗倒、抗旱，田间生长整齐健壮，成熟时能保持绿叶黄谷穗。经农业农村部谷物品质监督检验测试中心检验品质分析，小米粗蛋白（干基）含量 11.65%，粗脂肪（干基）含量 2.42%，赖氨酸含量 0.21%，直链淀粉（脱脂样品）含量 16.75%，胶稠度 136.5mm，糊化温度（碱消指数级别）3.7 级，维生素 B_1 0.37mg/100g。

产量表现：参加国家西北区春播中晚熟区试，两年平均亩产 301.7kg，比对照增产 14.58%。参加生产试验，4 个点平均亩产 315.3kg，比对照增产 17.08%，居第 1 位。

栽培技术要点：该品种适宜播期为 5 月中旬，播量可根据播种时间、土壤墒情、整地质量及土质情况而定，一般亩播 0.75~1.0kg，亩留苗 2.5 万 ~3.0 万株。一般有机肥 2 000~3 000kg/ 亩，硝酸磷肥 20kg/ 亩，一次深施，生育期间不需追肥。在谷苗“猫耳叶”时压青苗 1~2 次，时间在中午前后，全生育期中耕除草 3 次，第一次在谷子定苗后中耕围土；第二次在清垄后深中耕；第三次在孕穗中、后期再深中耕培土。

注意事项：做好种子拌种处理。在谷苗三叶一心期喷杀虫剂，可有效预防和防治谷子钻心虫为害。

适宜区域：在山西省的晋城、晋中、临汾、长治等无霜期 150 天以上丘陵旱地均可春播区种植。

8. 长生 13

品种来源：长生 13 是由山西省农业科学院谷子研究所选育，其杂交组合为：矮 88 变异 A× 沁州黄，其中母本矮 88 变异 A 由山西省农业科学院谷子研究所从河北农业科学院谷子研究所应用细胞工程技术选育的矮 88 自然变异株，选择的优良谷子不育系，父本沁州黄是我国四大名米之一。2015 年通过山西省认定，2018 年通过非主要农作物登记（登记号为 GPD 谷子（2018）140089）。

特征特性：粮用常规品种。春播中晚熟品种，生育期 123 天。幼苗绿色，无分蘖，矮秆，主茎高132.0cm，刚毛短，穗长25.6cm，穗纺锤形，穗码适中，主穗重27.5g，穗粒重25g，千粒重2.74g，出谷率90.5%，黄谷、黄米。经农业农村部谷物及制品质量监督检验测试中心（哈尔滨）分析，小米粗蛋白（干基）11.86%，粗脂肪（干基）4.94%，直链淀粉（脱脂样品）12.26%，胶稠度143.5mm，糊化温度（碱消指数级别）3.7级，维生素B 10.33mg/100g。

产量表现：参加山西省谷子中晚熟区域试验，两年平均亩产347.6kg，比对照品种增产12.9%。参加山西省生产试验，比对照品种增产20.6%，5个试点全部增产。参加国家谷子西北春谷中晚熟组区域试验，两年平均亩产342.2kg，比对照品种增产14.19%，居第1位。

栽培技术要点：该品种适宜播期为5月中旬，播量可根据播种时间、土壤墒情、整地质量及土质情况而定，一般亩播0.5~0.75kg，亩留苗2.5万~3.0万株。施底肥，一般有机肥2 000~3 000kg/亩，二胺肥25kg/亩，一次深施，生育期间不需追肥。在谷苗3叶1心期喷杀虫剂，可有效预防和防治谷子钻心虫为害。全生育期中耕除草两次，第一次在谷子定苗后中耕围土，第二次在孕穗中、后期再深中耕培土。

注意事项：做好种子拌种处理，及时防治谷子白发病、钻心虫及鸟害。

适宜区域：山西省谷子春播中晚熟区，无霜期150天以上丘陵旱地种植。

9. 沁黄2号

品种来源：沁黄2号是由山西沁州黄小米（集团）有限公司“沁州”牌沁州黄小米的谷子品种沁黄2号是从当地农家种“沁州黄”品种中经过多代不断提纯复壮、优中选优系统选育而来。2011年5月23日经山西省农作物品种委员会五届九次会议认定通过。

品种特性：该品种生育期112天左右，生长势强，幼叶和叶鞘绿色，种子根、次生根健壮、发达，主茎高158.0cm，茎秆节数14节，叶片数14片，穗长31.5cm，穗长方形，刚毛中长，主穗重35.6g，穗粒重31.2g，出谷率87.6%，千粒重3.0g，白谷黄米，出米率80%，米质粳性。对黑穗病、白发病有较强的抗性，耐旱、耐瘠薄。田间综合农艺性状好，抗性强。小米营养丰富，富含蛋白质、氨基酸、胡萝卜素、维生素B_1、叶酸、叶黄素、钙、铁、锌等多种营养元素。

产量表现：在2009年和2010年参加山西省谷子中晚熟区域试验，两年平均亩产255kg。比对照品种晋谷34号平均增产8.9%。在参试的12个品种中综合表现排名第一。

栽培技术要点：① 地块选择。谷田一般应选择地势高燥，排水良好，土层深厚，结构良好，质地松软的壤土或砂壤土，有机质含量1% 以上，pH 值在6.5~8 的土壤。忌连作，需轮作倒茬。轮作品种最好是豆类、薯类、玉米茬。② 施肥管理。以施用农家肥（羊粪）为主，无机肥为辅。使用的农家肥必须施用经过充分腐熟的农家肥，以亩施用2 000~2 500kg 为宜。③ 播种时间。在小满（即5 月21 日）前后1 周，红土地因土壤碱性大，应根据墒情适当早播种。亩播量：机播每亩0.3~0.35kg，畜力播每亩0.4~0.5kg。播种深度为5cm 左右，最多不超过6.67cm。亩留苗密度2.5 万 ~3 万株。④ 病虫害预防。提前做好病虫害预防工作，在整个谷子生长过程中，以农业防治为主，化学防治为辅。通过选用抗病虫品种，培养壮苗，加强栽培管理，中耕除草，秋季深翻晒土，清除杂草，轮作倒茬等一系列措施起到防止病虫草害的作用。苗期3 叶1 心期注意防治钻心虫。后期注意防治鸟害。⑤ 谷子收获最佳时间为当95% 以上颗粒变黄断青时，籽粒硬化或稍白，秕谷略黄时及时收割。如收获过早，籽粒尚未完全成熟，造成秕粒或不饱满颗粒，收获过晚，如遇大风穗粒相互摩擦造成落粒。或遇阴雨天气容易引起穗粒发芽，影响谷子品质。

适种区域：该品种适宜山西省中晚熟区域种植。

10. 长农 47 号

品种来源：长农47 号是山西省农业科学院谷子研究所用优质品种汾选6 号作母本，河北省农林科学院谷子研究所提供的抗拿捕净除草剂材料RN 作父本杂交，经多代选育而成。原代号为2016KNF 高 –3。2017 年被评为全国一级优质米。

特征特性：粮用常规品种。春播中晚熟品种，生育期122 天，株高144.3cm，穗长20.00cm，穗粗3.29cm，穗重21.89g，穗呈棍棒形，穗粒重16.59g，出谷率75.95%，出米率74.51%，千粒重3.01g，白谷，黄米，熟相好。穗较松，刚毛中等，米色金黄。田间自然鉴定抗旱性、耐涝性、对抗谷瘟病和纹枯病抗性均为2 级，抗倒性、抗谷子锈病均为1 级，白发病发病率为3.58%，红叶病发病率为3.59%，线虫病发病率为4.00%，蛀茎率为6.56%，其他病害未见发生。经农业农村部谷物品质监督检验测试中心检验品质分析，小米含粗蛋白（干基）13.18%，粗脂肪（干基）5.56mg/100g，直链淀粉（占脱脂样品）11.61%，赖氨酸（干基）0.23%，维生素 $B_1$0.49mg/100g，胶稠度126mm，糊化温度（碱消指数）5。

产量表现：2018—2019 年联合鉴定试验平均亩产336.7kg，较对照长农35 增产9.66%，居两年参试品种第5 位。2018 年联合鉴定试验平均亩产332.7kg，较对照长农 35 号增产 9.02%，2019 年联合鉴定试验平均亩产 340.6kg，较对照长农 35 增产 10.31%；两年 14 点次区域试验 11 点次增产，增产点率为 78.57%。

栽培技术要点：该品种适宜播期为 5 月中下旬，播量可根据播种时间、土壤墒情、整地质量及土质情况而定，一般亩播 0.3~0.5kg，亩留苗 2.5 万 ~3.0 万株。一般有机肥 2 000~3 000kg/ 亩，复合肥 30kg/ 亩，一次深施，生育期间不需追肥。在谷苗“猫耳叶”时压青苗 1~2 次，时间在中午前后，全生育期中耕除草 3 次，第一次在谷子定苗后中耕围土；第二次在清垄后深中耕；第三次在孕穗中、后期再深中耕培土。

注意事项：做好种子拌种处理。在谷苗 3 叶 1 心期喷杀虫剂，可有效预防和防治谷子钻心虫为害。

适宜区域：在山西省的晋城、晋中、临汾、长治等无霜期 150 天以上丘陵旱地均可春播区种植，也可在陕西延安、河北承德、辽宁朝阳等谷子春播中晚熟区种植。

第二节　西北春谷中晚熟区谷子高效栽培关键技术

一、合理轮作

该区一般为一年一熟制地区，进行 2~3 年轮作倒茬。主要轮作方式有大豆—玉米—谷子、大豆—谷子—玉米、玉米—玉米—玉米—谷子、薯类—谷子—大豆—玉米、大豆—谷子—玉米—小麦等较好的轮作，也存在谷子—玉米应茬种植。

二、品种选择

西北春谷中晚熟区选生育期大于 110 天，已登记的优质、中矮秆、抗倒伏、抗病、适合机械化收获的谷子常规种和杂交种。

三、施肥、整地

1. 施肥

西北春谷中晚熟区谷子有冬春很长的休闲期，施肥以基施为主，可结合秋季深耕进行，深耕后土壤中的水、气、热状况更适宜土壤微生物的繁殖与活动，每亩施入腐熟农家肥 2 000~3 000kg、尿素 15kg、磷酸二铵 15kg、钾肥 10kg 或相当有效成分含量的复合肥，在土壤各种有益微生物的作用下，耕层内的肥力转化速度加快，底土熟化程度也明显提高。也可进行早春深施，既可提高肥料的利用率，又可减少因春季风多耕作时的土壤保墒问题，有利于节墒抗旱播种保全苗。但应注意最佳施肥用量受品种、地力水平、栽培措施、产量水平、气候因素等条件影响，随相关因素的变化而适当增加或降低。施足基肥是谷子高产的基础，有机肥做底肥，不仅有后劲，肥效持久，而且可以改良土壤团粒结构。使土壤疏松，透气性良好，有利于土壤中微生物的活动，不断提高土壤的肥力。目前，西北春谷中晚熟区一些企业和种植大户顺应科技发展，进行测土配方施肥，施用谷子专用肥，改善谷子品质，提高谷子产量，增加农民收入，同时也提高了肥料的利用率、培肥地力、保护生态环境和减少了环境污染。

2. 整地

（1）秋季整地

西北春谷中晚熟区 7—9 月为降水高峰，前茬作物在 10 月收获后，土壤需水量达到全年的最高峰，正处于土壤墒情的恢复阶段，此时应及时进行秸秆粉碎或立即灭茬去秸秆，然后进行秋深耕，一般在含水量 15%~20% 范围内作业，深翻耕 20~30cm，此时深耕有利于增加降水的入渗率，减少径流，又有利于减少表土板结的失墒和春季深耕时环境恶劣所造成的大量失墒，还可通过冬春季的冻融，消灭病虫害和提高土壤熟化度，改善土壤肥力，有利于增产。深耕时可结合施肥，将有机肥、复合肥一次施入。深耕后及时浅旋或耙平，减少土壤水分散失和大量干土块的形成，确保冬季降雪分布均匀，溶化后即渗入土中。若秋耕后未及时耙耱，造成地面坷垃太多太大时，可在土壤冻结后进行冬季镇压，压碎地面坷垃，使碎土壤覆盖地面，以利于保墒和聚墒。西部春谷中晚熟区应倡导谷田秋耕，变秋墒为春用，变春旱为秋抗，变春苗为秋保。

（2）春季整地

西北春谷中晚熟区干旱少雨，尤其春季“十年九旱”，所以春季整地以保墒为主。当土地刚刚解冻达 3~4cm 深昼消夜冻时进行顶凌耙耱保墒，即随消随耙，反复纵横交错进行 2~3 次，可使地表形成一层疏松的干土层，切断毛管水的运行，保持土中水分。此外，还应注重雨后耙耱保墒，当雨后地面出现长白时，耙耱效果最好，不宜过早或过迟；播前 7~10 天浅耕除草、耙耢塌墒。若播前干旱，土壤表层干土层太厚，影响谷子种子发芽和保全苗时，应在浅耕后镇压提墒，减少厚土层，以利种子发芽出土，还可根据情况，在播后镇压。一般地讲，当10cm以内的土壤含水量，壤土地低于12%~16%，黏土地低于16%~18%，或耕层过于虚松的谷田，都需镇压，压力以400~500g/cm^{2}为宜。

壶关县晋庄村的“谷出三砘”值得借鉴：即谷子播种后要镇压3次。第一次是随播随用砘子镇压，使种子与湿土密接，便于种子萌发；第二次是在出苗前1~2天，进行黄芽砘，使出苗整齐；第三次是在出苗后，幼苗长到2~3片叶时，选择晴天下午，进行青苗砘，既能蹲苗保墒，又能适当控制地上部的生长，促进根系发育，次生根可增加16.8%，植株高度降低9.4%。经过这三次镇压，可使谷子出苗整齐，苗粗苗壮，为高产打下良好的基础。

四、播种

（一）播前种子准备

谷子种子小，尤其在西北春谷中晚熟区土壤墒情差的情况下，种子质量的好坏对于谷子出苗至关重要。播种前应以提高谷子质量为中心，采取一系列措施，选出籽粒饱满、生活力强、发芽力高的种子供播种之用。西北春谷中晚熟区谷子白发病和黑穗病危害严重，通过播前种子处理可达到减少和不发生的目的。

1. 种子精选

（1）风选

传统的精选谷种方法是借风力将秕谷、瘦粒、草籽、尘土、禾秆等弃去种子包衣。种子量少可用木锨扬场，或用筛子筛、电动鼓风机吹。种子生产企业一般用种子清选机筛选，通过筛选可获得粒大饱满、整齐一致的种子。选种是谷子种子处理的第一道工序。

（2）盐水选

为了进一步提高种子质量，风选后可进行盐水选种。将种子倒入10%盐水的容器里，加以拨拌，小而轻的种子会漂浮在水面，沉在水底的都是粒大饱满的种子，晾干后即可供播种之用。盐水选种效果非常明显，据试验，经过盐水选种的种子发芽率提高13.5%。

2. 种子处理

（1）晒种

谷种在播种前进行暴晒可以促进种子内部的新陈代谢，增强胚的生活力，有助于消灭病虫害，从而提高种子发芽率，达到苗全、苗壮。种子在贮藏中若发生吸湿返潮、病虫滋生等情况，暴晒尤为必要。据试验，晒种可使发芽率提高5%以上，出苗提前1~2天。播种前半个月左右，选择晴朗天气，将谷种薄薄地摊在席上或场上晒2~3天。晒时要勤加翻搅。

（2）温汤浸种

将经过精选的种子盛入布袋，以半袋为度，扎牢袋口，浸入56~57℃的温水中10min，取出后用冷水浸泡2~3min，晾干备用。温汤浸种对提高谷子种子生活力，杀灭种子白发病菌等都有很好的效果。

（3）种子包衣

播种前利用添加有关防治谷子主要病虫害药剂的种衣剂对谷子包衣，对谷子有关病虫害有很好的控制效果。将精选后的谷种进行包衣是种子生产企业常见的种子处理方式。

根据西部春谷中晚熟区病虫害发生的特点，有针对性地选用不同的药剂进行种子拌种，防治病虫害的发生。拌药时，先用杀虫剂拌种，再拌杀菌剂，可同时防治白发病、粒黑穗病、蚜虫、粟凹胫跳甲等病虫害。白发病用35%甲霜灵湿拌种剂，按种子重量的0.2%~0.3%拌种。粒黑穗病用2%戊唑醇湿拌种剂，按种子重量0.2%~0.3%拌种。地下害虫及苗期害虫用70%吡虫啉可湿性粉剂，或用70%噻虫嗪种子处理可分散粉剂，按种子重量的0.3%拌种。或用40%甲基异柳磷乳油，按种子重量的0.2%拌种。

（二）播种期

西部春谷中晚熟区适宜播期在5月中下旬，5~10cm土层温度稳定通过10℃以上，视土壤墒情及时播种，一般土质谷子发芽出苗以播种层含水量15%~17%最适，低于10%时出苗困难，含水量太高易导致种子糜烂并感染病害。西部春谷中晚熟区谷子都种在旱作区，土壤水分对保证全苗影响更大。因此，要采取一系列保墒措施，减少土壤水分散失，适时播种。在春旱严重或不易保墒地区，应抢墒早播，以保证全苗。

（三）播种量

西部春谷中晚熟区适宜播种量一般为0.25~0.35kg/亩，视土壤墒情可略有增减，地膜覆盖播量一般略少于露地播种。

（四）播种技术及播种机械

西部春谷中晚熟区传统播种以条播为主，行距1尺（1尺≈0.33m）左右。

近年来，随着播种机械的出现，谷子播种根据地块等各种因素采用多种方式进行，露地种植视地块大小采用 2 行、3 行或 4 行精量播种机播种，采取宽行密植的等行距（行距 40cm）或宽窄行（30cm+50cm）方式播种，播种深度 3~5cm，播后及时镇压，视土壤墒情镇压 2~3 遍；地膜覆盖一般采用 2 行或 3 行精量穴播机播种，大块平整地块可采用 4 行地膜覆盖播种机播种，土壤墒情差时可在播后采用相同行距的镇压器再镇压 1~2 次。

五、苗期管理

（一）间苗除草技术

1. 间苗除草技术

西部春谷中晚熟区间苗多数还以传统手工方式进行，一般在谷苗 5~6 叶期间苗，结合间苗将病虫株及垄中杂草拔除，近年来通过使用机械精量播种实现了谷子免间苗、少间苗，尤其是地膜覆盖精量穴播机的问世，减少谷子间苗的同时，也减少草害发生。该区谷子专用除草剂还没实现，抗除草剂品种选育正在显现。

2. 留苗密度

该区品种大多属高秆大穗不分蘖类型。气候干旱、土壤较瘠薄，适宜留苗密度定额较低，一般每亩在 1.5 万 ~3.0 万株。旱坡地及山地为 1.5 万株左右；平川旱地一般为 2.5 万株左右；水肥地 3 万株左右。地膜覆盖按平均行距 50cm、穴距 20cm 计，亩种植 0.67 万穴，每穴留苗 4~5 株，亩留苗 2.7 万 ~3.3 万株，具体按照品种习性而有所不同。

（二）苗期病虫害防治

在谷苗 3~5 叶期，采用 4.5% 高效氯氰菊酯乳油 1 000~1 500 倍液，或用 2.5% 溴氰菊酯乳油 1 500~2 000 倍液，叶背及茎基部喷雾，防治谷子钻心虫及其他苗期害虫的为害。

（三）苗期常见问题及措施

1. 保全苗问题

该区谷子生产上缺苗断垄现象严重。造成缺苗断垄的原因很多，主要有墒情不足，整地质量差，遇雨板结等因素，因此精细整地、足墒下种对保全苗十分重要，谷苗出土后，如果发现缺苗断垄严重，可及时进行补种。如果谷苗稍大时仍有缺苗，可结合间苗移苗补栽。但移栽较费时费工，不适宜大面积操作，在土壤墒情较好的条件下以补种为主要措施。

该区谷子出苗前常遇干旱，或遇雨土壤板结以及表土温度高，易造成“烧尖”，可以通过砘压碎硬壳，从而疏松土壤，增加表土水分，降低表土温度，达到提高出苗率和出苗质量的效果。黏土地发生板结，出苗前可顺垄浅耙疏松表土，或用刺砘镇压破土。有灌溉条件的谷子有“烧尖”危险时，可浅浇一次蒙头水或喷灌。浇水时以谷苗将要出土，浇后能趁墒出苗为宜。

2. 促壮苗问题

通过蹲苗、早间苗、中耕、治虫等措施达到促壮苗的目的。蹲苗的作用是促进根系发展、深扎，增强吸收水、肥的能力，并控制茎、叶旺长，使基部茎节粗壮敦实，为谷子中后期前壮苗打下基础。一般情况下谷子拔节以前不宜浇水；雨水较多时，还要及时松土散墒，促进根系深扎。

（1）早间苗

该区谷子缺少专用谷田除草剂，草荒苗荒现象经常出现，影响及时间苗，谷苗极易发生争光徒长现象，造成幼苗细高、黄瘦，生长不良。目前间苗的方法主要还是人工间苗。人工间苗费工费时，在适合机械化作业的大面积播种条件下，尽量使用精量播种达到免间苗的目的。

（2）中耕除草

该区露地播种地块结合间苗进行一次浅中耕，扶正谷苗，去除行间、垄间杂草，改善土壤的通透性，调节土壤水气热状况，促进微生物活动，加速养分的分解，从而为谷子生长发育创造良好的环境条件。抗除草剂的品种可选择专用除草剂在 3~5 片叶时喷施防除杂草。

（3）病虫害防治

谷子苗期病害较少，主要为虫害，该区以粟灰螟、玉米螟和粟跳甲等常见，在虫害较严重的条件下可用 10% 吡虫啉或 4.5% 高效氯氰菊酯进行防治。

六、拔节—抽穗期管理

（一）拔节—抽穗期中耕、追肥

1. 中耕、追肥

一般中耕除草 3 次。露地播种地块结合间苗进行第一次浅中耕，扶正谷苗，去除行间、垄间杂草；第二次在苗高 35~45cm，进行中耕，同时结合追肥，可亩追施尿素 5~10kg；第三次在谷子抽穗前进行，中耕培土，防止倒伏。中耕后要求土块细碎，沟垄整齐，中耕施肥深度 3~5cm。地膜覆盖播种视田间草害情况采用人工或微型中耕机在膜间中耕一次，一般一次施足底肥，生育期间不再追肥。

2. 根外追肥和化学调控

该区品种多为高秆大穗型，拔节期叶面喷施磷酸二氢钾溶液，幼苗叶色浓绿敦实，对培育壮苗效果显著。此期喷施多效唑等生长调节剂，对于谷子缩短增粗下部节间，降低株高，提高抗倒伏能力作用明显。

在谷子拔节期（谷苗 10 叶左右），对高秆品种每亩喷施矮壮素 30~50mL，降低株高，防止倒伏。叶面追肥与大量元素配合，追施谷子必需氨基酸、微量元素。若地力较好，在拔节期或者灌浆期亩喷施 0.2%~0.3% 磷酸二氢钾 100~150g，兑水 30kg；喷药方式采用人力背负式喷雾器或遥控无人机进行作业。

（二）拔节—抽穗期补灌

该区大部分都靠天然降雨，有灌溉条件的地方可以根据墒情进行补灌。

（三）拔节—抽穗期病虫害防治

根据病虫害发生情况，主要防治白发病、谷瘟病、玉米螟、黏虫的为害。

白发病：及时将田间灰背、白尖等白发病病株拔除，并带出田外烧毁或深埋。或用 25% 甲霜灵可湿性粉剂 1 000 倍液、10% 氰霜唑悬浮剂 1 500~2 000 倍液，心叶喷雾。

谷瘟病：田间初见叶瘟病斑时，用 20% 三环唑可湿性粉剂 1 000 倍液，或用 2% 春雷霉素可湿性粉剂 500~600 倍液，全田喷雾。若当年雨水多、湿度大，5~7 天后再喷一次。

谷锈病：田间病叶率达到 1%~5% 时，用 20% 三唑酮乳油 1 000~1 500 倍液，或用 12.5% 烯唑醇可湿性粉剂 1 500~2 000 倍液喷雾。间隔 7~10 天再喷一次。

玉米螟、黏虫等虫害：用 20% 氯虫苯甲酰胺悬浮剂 3 000 倍液，或用 20% 氰戊菊酯乳油 1 000~1 500 倍液，全田喷雾。

（四）拔节—抽穗期常见问题及措施

该区气候干旱，该时期要预防“卡脖旱”。

七、开花—灌浆期管理

开花—灌浆期病虫害防治：主要防治白发病、谷瘟病等为害。防治方法同前面。病虫害防治以“预防为主”，配合一喷多防或专病专防技术、物理与生物防治相结合的方式进行，该区丘陵山地居多，可采用中小型拖拉机配套的悬挂喷杆式喷雾机，也可采用人力背负式喷雾器或遥控无人机进行作业。

八、成熟期管理

成熟期是谷子整个生长发育的最后一个时期，与夏谷区、西部春播早熟区相比，西部春播中晚熟区谷子的成熟期所需时间相对长一些，相应收获期也较长，在生产实际中收获时期延续 20 天左右，收获时期对谷子产量、品质影响较大，掌握好收获时期具有重要意义。

（一）收获技术

适时收获是保证谷子优质高产的重要环节，收获时期因土壤水肥条件、气候状况、品种不同而存在一定的差异，一般以蜡熟末期至完熟期收获为宜。

谷子收获时期的把握首先要了解谷子的成熟度，谷子的成熟阶段可分为乳熟期、蜡熟期、完熟期、枯熟期 4 个阶段，乳熟期虽然籽粒的鲜重和体积达到最高限度，种子也具有发芽能力，但发育并不完整，籽粒内含物呈乳状汁，产量和品质均会受到较大影响；蜡熟期谷子一般下部叶片变黄，胚发育完成，籽粒内含物呈蜡状，到蜡熟期末籽粒基本硬化并呈本品种的固有颜色，此时的谷子即可收获，此时收获的谷子品质好；完熟期谷粒已完全硬化，养分已不再积累；枯熟期谷子植株茎叶全部变为黄褐色，茎秆变脆，此时收获小穗或籽粒易脱落而造成损失，如遇雨宜发生穗发芽，品质也会下降。

谷子成熟期与土壤肥水条件有关，一般水肥条件好的地块成熟期偏晚，水肥条件差的地块成熟较早宜早收；气象因素也对收获时期有一定的影响，在适宜收获期如遇持续性降雨，宜在雨前及时收获，防止穗发芽。如遇早霜造成植株枯死应及时收获，防止风吹落粒；品种间差异较大，一般春谷类型的品种后期脱水较快，而夏谷类型的品种脱水较慢。脱水慢的品种采取联合收割机收获宜收获期适当晚一些，或采取先割再捡拾分段收获的方式，如人工切穗可适时收获，另外抗性较差的品种宜早收，防止倒伏造成损失。

收获方式对产量和品质同样会造成较大影响，正常情况下在蜡熟期采取割倒晾干再脱粒的方式较好，有利于产量与品质的提高；采取联合收割机收获或直接切穗脱粒的方式，宜在完熟期收获。

（二）收获方式与机械

西部春谷中晚熟区谷子的收获方式大体上有 3 种类型，一般农户多采取人工切穗的方式，切穗后可直接进行机械脱粒，谷穗不宜太干，容易出米；种植大户或小米加工企业一般采取联合收割机收获的方式，收获时应优先收获熟期早、抗倒性较差的地块，可以根据地块大小选择小型或大型联合收割机；面积较大、品种脱水慢的品种可以采取分段收获的方式，这样也可以延长收获期，保证谷子的质量。分段收获要特别注意天气变化，防止谷子割倒后遇雨霉烂变质。

（三）籽粒降水贮藏

谷子脱粒之后不能直接入库保存，必须达到一定的含水量以下才能保存。刚脱粒的谷子，籽粒中的含水量较高，会进行较强的呼吸作用并释放大量的热量，此时的谷子如果垒放在一起很容易造成发芽和腐烂变质，必须及时晾晒或烘干，当谷子的含水量达到 13% 以下即可进行入库保存了。

收获时期、收获方式、品种的不同，收获脱粒后籽粒中的含水量有较大差异。传统收获方式是切穗后先晾晒谷穗，等谷穗晒干后再进行场上碾压脱粒，然后直接保存；如果在谷子枯熟期或霜后谷子整株已枯死时收获，谷子的含水量较低，可以不晾晒或稍微晾晒后入库保存；现在多以成熟期切穗机械直接脱粒或联合收割机收获的方式进行，收获的谷粒含水量较大，必须及时进行晾晒或烘干处理，然后入库保存。

谷子的贮藏一般在谷粒干燥后装袋，放置于常温下干燥、通风处贮藏，放置于低温库中保存效果更佳，可以使谷子的品质保持的时间更久。

（四）收获期常见问题及措施

收获期如遇天气变化、设备损坏、谷子倒伏等原因，采取措施不当容易造成一定的损失，应当引起高度重视。受天气变化的影响，如果天气预报存在较长时间的降雨过程，要根据烘干条件及时进行收获。收获中如遇短时间降雨，应在天晴后晾晒一段时间，待谷穗表面干后再进行收获，否则会增加谷子的晾晒难度，特别是采用联合收割机收获，由于谷粒与茎秆的粘连将造成较大的损失；收获过程中要考虑谷粒的晾晒条件或烘干设备的工作量，保证收回的谷子能够及时进行脱水处理；谷子倒伏较重的地块不宜采用机械收获，收获时视倒伏情况及时采取人工扶起或收割的方法，减少机械收获造成的损失。

第六章 南方谷子优质高效栽培技术

第一节 贵州春谷生态区谷子优质高效栽培技术

谷子，贵州俗称小米。禾本科、狗尾草属一年生草本，须根粗大，秆粗壮，喜高温，全生育期适宜温度 20~30℃。谷子的营养价值很高，含丰富的蛋白质、脂肪和维生素，它不仅可供食用，也可入药，有清热、清渴，滋阴，补脾肾和肠胃，利小便、治水泻等功效，还可酿酒。糯谷子是贵州山地特色优质农产品，被广泛应用于制作小米酢、米粥、酿酒等，常年播种面积 12 万亩左右。近年来，随着贵州省农业产业结构调整和脱贫攻坚战略实施，糯谷子播种面积年均增加 20% 以上，2022 年达到 18 万亩以上。但贵州糯谷子生产种植方式粗放，生产用种大多为群众自留种，良种普及率较低，更没有高产、稳产、高效的杂交种，单产在 130kg/ 亩左右，黔东南为主产区和优质区，贵州省内比较大型企业糯谷子生产原料大多来自黔东南州，特别黄平、施秉是其原料主要供给地。最近 3 年价格均在 26~32 元 /kg，现已成为贫困山区产业结构调整、农民增收致富的重要作物。

一、贵州春谷生态区谷子分布及其主推品种

（一）贵州春谷生态区谷子栽培历史

贵州小米种植历史悠久，主要以糯质为主，黏性大、柔软、有光泽、较甜、食味品质极佳。据《贵州省农村经济区划》介绍，在 4 000~5 000 年以前，先民们已开始种植谷物和豆类。在《华阳国志》和《旧唐书》中记载，从公元 21 年开始，在黄平谢家坡一带种植小米。明清时期更有诗云：“谁言苗人身无银，客

来奉上一碗金。”据获得2020年中国十大考古发现的贵州贵安新区招果洞遗址中，有小米的碳化颗粒，初步估计年限在距今7 000—8 000年。黔南山区群众喜欢种植小米，用法多样，对谷子的称呼也各不相同，通过各种史料记载和报道均充分说明了贵州小米种植历史悠久。贵州属于亚热带气候区，但光照不足，温度不高，积温偏少，生育期较长，故以春播为主，种子来源多为农家自留种。

（二）贵州春谷区谷子分布

贵州谷子在全省9个市（州）均有种植，以零星种植为主，根据“贵州农业生物资源调查”项目结果表明，从海拔351m的黎平县双江镇坑洞村到海拔1 848m的织金县后寨乡路寨河村均有谷子分布。

（三）贵州春谷区谷子品种类型

贵州生态区复杂，立体气候明显，海拔跨度从148~2 900m，榕江年积温超6 500℃，赫章年积温低于3 650℃，故谷子品种积温差异较大，但最适宜区处于海拔700~1 500m所属区域。如黄平、施秉、镇远、雷山、三都等，均属春播区。谷子主要分布于黔东南州，黔西南州和黔南州3个少数民族聚集区，尤以黔东南州黄平、施秉的三月小米、四月小米为主，镇远、剑河以长细黄糯酿酒用小米为主，盘州市以棍棒形大穗糯谷子为主，黔中地区以红糯谷为主，毕节地区以鸡嘴形长大穗糯谷为主，黔南、黔西南以生育期较长的粗大黄糯谷为主，黔东南州、黔南州存在着部分黑糯谷，铜仁市分布有白糯谷，经过近年来的谷子种质资源鉴定评价发现：黔东南州糯谷遗传多样性最丰富，主要体现在生育期、株型、株高、叶片颜色及大小、穗子大小及穗形、光温敏感程度、叶鞘色、糯性等方面。

（四）贵州春谷区主推品种

1. 黄平县地方品种“四月小米”

特征特性：四月小米属常规品种，生育期120天左右，幼苗叶鞘中等紫色，株高174.25cm，分枝多而均匀，抽穗整齐，穗呈圆锥形，穗子粗大，穗尖不明显，籽粒上细芒多，穗粒数多，穗长33cm，穗粗1.85cm，成穗率高，熟相好，籽粒黄色。

栽培技术要点：

（1）整地

应尽早春耕，耕后及时耙耢保墒。一般深耕20~25cm为宜，耕后应耙耱2~3遍。

（2）种子处理

用35%甲霜灵可湿性粉剂按种子量的0.2%拌种，预防白发病。

（3）适时播种

在4月上旬至5月上旬播种为宜。播种量一般为0.7~1.0kg/亩，播种深度3~5cm。

（4）种植密度

采用黑膜覆盖打孔直播与育苗移栽进行双行种植，以1.1m开厢覆膜，株距0.3m，确保每亩种植密度达4 000穴以上，每穴留苗8~10株，亩有效穗3.2万~4.0万穗。

（5）田间管理

①保全苗。一般在出苗后2~3片叶时进行查苗补种，5~6片时进行间定苗。②中耕除草。一般2~3次，深度4~5cm为宜，同时要进行高培土，以促进根系发育，防止倒伏。③病虫害防治。覆膜前用菊酯类进行地下害虫处理，苗期以防治蚜虫为主，后期以防治螟虫为主。

（6）适时收获

在谷子颖壳变黄出现品种固有色泽时即可收获。适宜在贵州黔东南州中低春播区种植。

2. 黔中红糯谷

特征特性：黔中红糯谷属常规农家自留品种，主要分布于贵阳的乌当、开阳、花溪和安顺地区的关岭、普定、平坝、西秀区。该农家种株高145~210cm，全生育期126天左右，抽穗整齐，穗尖不明显，穗粒数多，穗长28cm，穗粗2.4cm，成穗率高，穗形有鸡嘴形和棍棒形2种，熟相好，籽粒红色，米色金黄，糯性好，带甜味，老百姓主要用于制作小米醡、喝粥等。

栽培技术要点：

（1）整地

应尽早春耕，耕后及时耙耢保墒。一般深耕20~25cm为宜，耕后应耙耱2~3遍。

（2）种子处理

用35%甲霜灵可湿性粉剂按种子量的0.2%拌种，预防白发病。

（3）适时播种

在4月上旬至5月上旬播种为宜。播种量一般为0.7~1.0kg/亩，播种深度

3~5cm。

（4）种植密度

采用黑膜覆盖打孔直播与育苗移栽进行双行种植，以0.9m开厢覆膜，种2行，株距0.25m，确保每亩种植密度达6 000穴以上，每穴留苗5~6株，亩有效穗3万~3.6万穗。

（5）田间管理

同四月小米田间管理内容。

（6）适时收获

在谷子颖壳变黄出现品种固有色泽时即可收获。黔中红糯谷适宜在贵州黔中春播区种植。

3. 保田糯小米

特征特性：保田糯小米是六盘水市盘州市保田镇、普田乡、忠义乡一带农家自留品种，生育期120天左右。幼苗叶鞘中等绿色，株高145cm，抽穗整齐，穗呈棍棒形，穗子粗大，穗尖不明显，籽粒上细芒多，穗粒数多。穗长31cm，穗粗2.85cm，成穗率高，熟相好，籽粒黄色。

栽培技术重点：

（1）整地

应尽早春耕，耕后及时耙耢保墒。一般深耕20~25cm为宜，耕后应耙耱2~3遍。

（2）种子处理

用35%甲霜灵可湿性粉剂按种子量的0.2%拌种，预防白发病。

（3）适时播种

在4月上旬至5月上旬播种为宜。播种量一般为0.7~1.0kg/亩，播种深度3~5cm。

（4）种植密度

采用黑膜覆盖打孔直播与育苗移栽进行双行种植，以0.8m开厢覆膜，株距0.3m，确保每亩种植密度达6 000穴以上，每穴留苗5~7株，亩有效穗3万~4万穗。

（5）田间管理

同四月小米田间管理内容。

（6）适时收获

在谷子颖壳变黄出现品种固有色泽时即可收获。适宜在贵州高海拔春播区种植。

二、合理轮作

轮作是在同一块田地上，有顺序地在季节间或年间轮换种植不同作物或复种组合的一种种植方式。轮作分为定区轮作和非定区轮作。定区轮作通常规定轮作田区的数目与轮作周期的年数相等，有较严格的作物轮作顺序，定期循环，同时进行时间和空间上的轮换；非定区轮作在中国多采用不定区的或换茬式轮作，即轮作中的作物组成、比例、轮换顺序、轮作周期年数、轮作田区数和面积大小均有一定的灵活性。实行合理的轮作，可以合理利用土壤肥力，减少病、虫、杂草为害，提高作物单位面积产量和劳动生产率；还可减少土壤有害物质，改变农田生态条件等。谷子对前茬的反应较为敏感，好的前茬会有良好的增产效果。豆茬最好，马铃薯次之，另外还有玉米茬和高粱茬。贵州用油菜—谷子、马铃薯—谷子、玉米—谷子等进行轮作。

三、种植模式

贵州谷子种植模式较为多元化，主要有露地直播净作栽培、地膜覆盖直播净作栽培、经果林下直播间套作，育苗移栽露地净作栽培、育苗移栽地膜覆盖净作栽培、育苗移栽经果林下间套作，大豆谷子间作、花生谷子间作等。

四、施肥、整地

底肥。如有条件可底施有机肥，中等地力条件下，用撒肥机底施腐熟有机肥22 500~30 000kg/hm^2 或干鸡粪 4 500kg/hm^2 左右，并与过磷酸钙 600~750kg/hm^2 混合作底肥，结合翻地或起垄时施入土中。播种时用复合肥 300~375kg/hm^2 及 45kg/hm^2 锌肥做底肥。

整地。前茬收获后及时翻耕，深度 20~25cm，耕后镇压。播前可结合底施有机肥旋耕，深度 10~15cm。可促谷苗早生快发，结合第一次除草，每亩追施尿素 5kg 左右，满足谷子生育期对养分的需要。

五、播种

（一）播前种子准备

对谷种进行风筛选，也可根据天气在播种前 1 天晒种，清除秕粒、草籽、杂物等，然后用百菌清和辛硫磷药剂处理，防止地下害虫和白发病。

（二）播种期

当气温稳定通过 12℃时开始播种，根据茬口安排，贵州在清明前后视天气状况播种。主要是抢墒播种，整地要细，覆土均匀一致，播后如遇雨形成硬盖时，用农具破除硬盖，以利苗全苗壮。

（三）播种量

贵州谷子籽粒较小，千粒重在 2.5g 左右，用种量较小，但群众宁愿采取间苗的方式，保证谷苗数量和质量，一般播种量为 0.5~0.75kg。

（四）播种技术

1. 拌种

谷子播种前进行晒种、漂秕、拌种。用质量分数 35% 瑞毒霉按种子质量的 0.3%~0.5% 拌种，防治谷子白发病。用 50% 多菌灵按种子质量的 0.5% 拌种，可防治粒黑病，用种子质量的 0.1%~0.2% 辛硫磷闷种可防治地下害虫，也可直接利用加工好的丸化种子。

2. 播种

尽量由熟练的种植能手操作，按照开好的播种沟或播种穴均匀将种子撒入指定位置，避免种子过多或过少，造成种子浪费或缺苗。

3. 播种机械

贵州地形多为山地，小米种植地大多是山坡旱地，故未开展机械播种实践。

六、间苗除草

贵州杂草种类繁多，有种子繁殖类、根茎繁殖类等。对于露地栽培，应在幼苗 4~6 叶期及时结合人工除草开展间苗工作。

（一）留苗密度

合理密植，建立合理的群体结构，一般根据地势和土壤肥力进行合理密植，原则是平地、肥力高的地块，密度大些；坡力、肥力低的地块，密度小些，一般平地、肥力较高地块，亩保苗株数 3.5 万 ~4 万株，坡地、肥力较差地块，亩保苗3万~3.5万株。株行距为0.5m×0.1m，穴播，5~6叶期定苗，每穴留3~4株苗。

（二）贵州糯谷子高产高效全生物降解地面覆盖薄膜栽培技术

贵州雨热同期，小米生长季节杂草丛生，前期长势较弱，狗尾草长势较快，群众很难分清狗尾草和糯小米，且无抗除草剂新品种，不能喷施除草剂，严重影响小米产量。覆膜栽培具有改善土壤理化性质，抑制杂草生长的作用，能提高小米的生长速度，增加产量、提高品质。当前，贵州山地特色糯小米产区地膜栽培主要有低垄覆膜直播、高垄覆膜直播、低垄、高垄育苗移栽栽培3种。

1. 低垄覆膜直播栽培技术

（1）主要技术参数

低垄覆膜直播栽培技术是指种植户根据季节或其他实际情况，不起高垄先覆膜后直接播种的栽培模式。起垄时要求土壤墒情较好，田间持水量高于60%。使用圆形打孔方式制作打孔器具，孔径3~4cm，孔深1~2cm，示意图如图6-1、图6-2所示，播种时播于孔中心，后用细壤土封口，土层厚0.3~0.5cm，保证出苗不盘芽，播后如遇雨形成硬盖时，用农具破除硬盖，以利苗全苗壮。

图6-1　覆膜操作过程

图6-2　覆膜播种完成

（2）关键技术作业流程

深耕整地后条状施基肥，用起垄机起垄，当土壤含水率大于土壤田间饱和持水量60%时覆膜，在垄体上部按行株距（40~50）cm×（20~25）cm打孔，播种10~15粒/穴，用细土粒封口，封口处细土较地膜高0.3~0.5cm，地膜全生育期覆盖。

（3）其他技术措施

整地施肥和起垄：深耕整地，清除上茬作物秸秆，深翻土地≥ 30cm，开挖排水沟，90% 的氮钾肥和全部的磷肥作为基肥条施于垄底。用人工起垄，要求行匀垄直，垄体饱满，垄面平整，垄土细碎。按 100cm 或 200cm 开厢起垄，垄底宽 90cm 或 190cm，垄面宽 80cm 或 180cm，垄高 3~5cm。

播种：小米籽粒小，尽量播于孔中心位置，保证小米秧苗能顺着孔长出，每穴播种 10~15 粒。

补苗、间苗、匀苗：对于缺苗的，应及时补种或在 5~6 叶期补苗、间苗、定苗，每穴留苗 5~6 株，保证苗壮苗齐。

除草、施肥：在秧苗拔节期前根据杂草和苗长势情况，及时将穴中的杂草人工清除干净，随着除草施尿素 5kg/ 亩。

（4）应用效果和适宜区域

贵州山地特色糯小米低垄覆膜直播栽培技术能实现提早播种 15~20 天，不用育秧，省去育苗移栽环节。适宜于土地资源较多，土壤肥力好，劳动力资源较充足，无茬口问题，坡地不易积水地区。贵州糯小米生产区均适用。

2. 高垄覆膜直播栽培技术

（1）主要技术参数

高垄覆膜直播栽培技术是指种植户根据季节或其他实际情况，起高垄先覆膜后直接播种种植糯小米的栽培模式。起垄时要求土壤墒情较好，田间持水量高于 60%。使用圆形打孔方式制作打孔器具，孔径 4~5cm，孔深 3~5cm，如图 6-3 至图 6-6 所示，播种时播于孔中心，后用细壤土封口，土层厚 2~3 cm，保证出苗不盘芽，播后如遇雨形成硬盖时，用农具破除硬盖，以利苗全苗壮。

图 6-3　高垄起垄

图 6-4　高垄覆膜

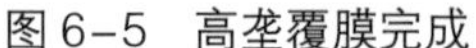
图 6-5　高垄覆膜完成

图 6-6　打孔播种完成

（2）关键技术作业流程

深耕整地后条状施基肥，用起垄机起垄，当土壤含水率大于土壤田间饱和持水量 60% 时覆膜，在垄体上部按行株距（40~50）cm ×（20~25）cm 打孔，播种 10~15 粒 / 穴，用细土粒封口，封口处细上较地膜高 2~3cm，地膜全生育期覆盖。

（3）其他技术措施

整地施肥和起垄：深耕整地，清除上茬作物秸秆，深翻土地 ≥ 30cm，开挖排水沟，90% 的氮钾肥和全部的磷肥作为基肥条施于垄底。用起垄机起垄，要求行匀垄直，垄体饱满，垄面平整，垄土细碎。按 100cm 或 200cm 开厢起垄，垄底宽 80~90cm 或 180~190cm，垄面宽 70cm 或 180cm，垄高 20~25cm。

播种：小米籽粒小，尽量播于孔中心位置，保证小米秧苗能顺着孔长出，每穴播种 10~15 粒。

补、间、匀苗：对于缺苗的，应及时补种或在 5~6 叶期补苗、间苗、定苗，每穴留苗 5~6 株，保证苗壮苗齐。

除草、施肥：在秧苗拔节期前根据杂草和苗长势情况，及时将穴中的杂草人工清除干净，随着除草施尿素 5kg/ 亩。

（4）应用效果和适宜区域

贵州山地特色糯小米高垄覆膜直播栽培技术能实现提早播种 15~20 天，不用育秧，省去育苗移栽环节。适宜土地资源较多、土壤肥力较差、劳动力较缺乏、无茬口问题、缓地易积水地区使用。在贵州糯小米生产区均适用。

3. 低垄、高垄育苗移栽栽培技术

（1）主要技术参数

垄面、垄体都与低垄、高垄直播栽培技术参数相同（图 6-7），使用圆形打孔方式制作打孔器具，孔径 4~5cm，孔深 8~10cm。

图 6-7　高垄育苗移栽

（2）关键技术作业流程

深耕整地后条状施基肥，用起垄机起垄，当土壤含水率大于土壤田间饱和持水量 60% 时覆膜，在垄体上部按行株距（40~50）cm×（20~25）cm 打孔，移栽苗 5~6 株 / 穴，用细土粒封口，封口处细土较地膜高 2~3cm，地膜全生育期覆盖。

（3）其他技术措施

整地施肥和起垄：深耕整地，清除上茬作物秸秆，深翻土地≥ 30cm，开挖排水沟，90% 的氮钾肥和全部的磷肥作为基肥条施于垄底。用起垄机起垄，要求行匀垄直，垄体饱满，垄面平整，垄土细碎。按 100cm 或 200cm 开厢起垄，垄底宽 80~90cm 或 180~190cm，垄面宽 70cm 或 180cm，垄高 20~25cm。

移栽：移栽苗 5~6 株 / 穴，根系呈自然状态展开，尽量多带土。

淋施定根水：追肥与清水混合后搅拌均匀，配制成质量浓度为 1% 的肥液，沿井窖壁淋下或对准井窖壁喷施，当垄体含水率小于 50% 时，每穴施用量 200mL，垄体含水率为 50%~70% 时，施用量 100mL，垄体含水率大于 70% 时，施用量 50mL。

除草、施肥：在秧苗拔节期前根据杂草和苗长势情况，及时将穴中的杂草人工清除干净，随着除草施尿素 5kg/ 亩。

（4）应用效果和适宜区域

低垄、高垄育苗移栽栽培技术能实现推迟移栽 15~20 天。适宜于土地资源较少，土壤肥力较差，茬口存在紧张问题，在贵州糯小米生产区均适用。

七、苗期管理

（一）苗期生长发育特点

苗期是指从出苗至拔节这一阶段，以生根、分化茎叶为主的营养生长阶段。在生产上为了管理方便，把苗期分为两个阶段：一是出苗至 3 叶期，称为种子的“离乳期”，即秧苗脱离了依靠种子胚乳供给营养的生长阶段；二是 3 叶期至拔节，是从自养生活转向异养生活的阶段。

苗期生长发育特点是根系生长迅速，而地上部分的茎叶生长缓慢，即长根、增叶和茎节分化，次生根大量生成。在南宁春播谷子，根据品种熟期不同，苗期要历经 30~40 天。

（二）苗期生长异常现象

1. 僵苗、死苗

从 2~3 叶期开始，幼苗生长变慢，植株矮小，叶片紫红色、黄色、花青色、黑绿色或条纹枯叶、卷叶，早上和傍晚尚好，中午高温强光下卷叶萎蔫严重，直至整个叶片焦枯死亡；地下部虽有新根发生，但根毛较少，吸收功能较差。这种现象出现得越早植株受害程度越重。

2. 植株严重矮化，株型异常

植株节间缩短，基部茎节增粗膨大，病株为正常谷子株高的 1/3~2/3。发病开始时在幼叶中脉两侧的细脉间出现透明的褪绿虚线小点，以后透明线点增多，直至全部发黄；叶色深绿，病株上部叶片挺直，植株心叶叶片卷曲，出现缺刻或不能抽出，有些植株还会出现叶片对生，喇叭口朝一侧倾斜的现象。重病株不抽雄，雌穗不结实；根系少而短，生长比健康植株差。

3. 苗期自然灾害

（1）涝害

谷子耐旱性强，而不耐涝。苗期雨后有水洼处，可见到“灌耳”“淤垄”现象，小苗黄弱，根系扎不深，形成三类苗；中后期如遇暴雨，地表积水，影响根系呼吸，对成长发育不利，乃至“腾伤”早枯熟。因此，有必要将谷田规划于排水较好的地块上，还要进行基本建设，整平土面，在耕种之后或水淹的地方，开沟直通谷地外面。如有多余的水，便能通畅流出去，而避免涝害。最终一次中耕，结合高培土，疏通垄沟，下降行间高度，水分过多时，可敏捷排走。在地下水位高的地区，必定要降至 2m 以下，以利根系成长。

（2）旱害

谷子需水较少，耐旱性较强，但如果旱情太重，也会影响谷子正常生长。在播种后，如果墒情不够，就会延迟出苗，严重的会造成“炕种”，导致无苗，故播种时应结合季节、天气、土壤墒情，适时播种。

4. 苗期病害预防

（1）谷子白发病的防治技术

谷子白发病是一种土传病害。谷子种子自萌芽到成熟，各生长期表现不同症状。幼芽被侵，弯曲变褐腐烂，称为烂芽；幼苗期，叶片产生与叶脉平行的苍白色或黄白色条纹，并在叶片背面生长有密生的粉状白色霉菌，称为灰背；孕穗期，病株上部叶片变黄白色，心叶不展开，直立于田间，形成白尖或枪杆；抽穗期，病株的黄白色心叶逐渐变红褐色，叶片纵裂成细丝，仅残留黄白色的植株维管束，卷曲如发状，称为白发；病菌侵染穗部，使穗上全部或一部分颖片伸长，呈刺猬状，又称看谷老。

防治方法：播前可用 35%甲霜灵可湿性粉剂按种子重量的 0.2%拌种，并及时拔除灰背、白尖等病株，并带出田外烧毁或深埋。

（2）谷子锈病的防治技术

锈病是谷子比较严重的病害。谷子抽穗后的灌浆期，在叶片两面，特别是背面散生大量红褐色，圆形或椭圆形的斑点，可散出黄褐色粉状孢子，像铁锈一样，是锈病的典型症状，发生严重时可使叶片枯死。

防治方法：最主要的是选用抗病品种是最经济有效的措施。清除田间病残体、降低田间湿度等均有一定防效。当病叶率达 1%~5% 时，可用 15% 的粉锈宁可湿性粉剂 600 倍液进行第一次喷药，隔 7~10 天后酌情进行第二次喷药。

（3）谷子纹枯病的防治技术

谷子纹枯病自拔节期开始发病，先在叶鞘上产生暗绿色、形状不规则的病斑，之后病斑迅速扩大，形成长椭圆形云纹状的大块斑，病斑中央呈苍白色，边缘呈灰褐色或深褐色，病斑连片可使叶鞘及叶片干枯。病菌侵染茎秆，可使灌浆期的病株倒折。环境潮湿时，在叶鞘表面，特别是在叶鞘与茎秆的间隙生长大量菌丝，并生成大量黑褐色菌核。

防治方法：病株率达到5%时，采用12.5%禾果利可湿性粉剂400~500倍液，或用15%的粉锈宁可湿性粉剂600倍液，每公顷用药液450kg，在谷子茎基部喷雾防治一次，7~10天后酌情补防一次。播种前可用2.5%适乐时悬浮剂按种子量的0.1%拌种。

（4）谷子谷瘟病的防治技术

谷穗的“死码子”只是谷瘟病在谷穗上的表现，其实从苗期到成株期都可能发生谷瘟病，发生在叶片上叫叶瘟；发生在穗上的叫穗瘟。叶瘟叶片上先出现椭圆形、暗褐色水浸状的小斑点，后逐渐扩大成纺锤形，灰褐色，中央灰白色病斑，病斑和健康部分的界限明显。天气潮湿时病斑表面生有灰色霉状物。有的病斑可汇合成不规则的长梭形斑，致使叶片局部或全叶枯死。穗期一般在主穗抽出后就开始发病，最后完全环绕穗轴及茎节处变褐枯死，阻碍小穗灌浆造成早枯变白。当谷子刚进入乳熟期，便在绿色谷穗上出现数量不等的枯白小穗，俗称“死码子”。发病严重时，常引起全穗或半穗枯死。病穗呈青灰色或灰白色，干枯、稀松、直立或下垂，通常不结籽或籽粒变成瘪糠。连阴雨，多雾露、日照不足时易发生谷瘟病。

防治方法：在田间初见叶瘟病斑时，用40%克瘟散乳油500~800倍液或6%春雷霉素可湿性粉剂80万单位喷雾，每公顷用药液600kg。如果病情发展较快抽穗前可再喷1次。

（5）谷子线虫病的防治技术

谷子线虫病主要为害穗部，开花前一般不表现症状，所以到灌浆中后期才被发现。感病植株不能开花，即使开花也不能结实，颖多张开，其中包藏表面光滑有光泽、尖形的秕粒，病穗瘦小直立不下垂，发病晚的或发病轻的植株症状多不明显。不同品种症状明显不一样，红秆或紫秆品种的病穗向阳面的护颖变红色或紫色，尤以灌浆至乳熟期最明显，以后褪成黄褐色。

防治方法：可用0.5%阿维菌素颗粒剂沟施，发生轻的地块每公顷用45~75 kg、严重地块75~105 kg。播种前可用种子重量0.1%~0.2%的1.8%阿维菌素乳油拌种。

（6）谷子黑穗病的防治技术

谷子黑穗病除病穗外其他部分不表现明显症状，因此抽穗前不易识别，这一点和线虫病很相似。病穗一般不畸形，抽穗稍迟，较正常穗轻。病粒、病穗刚开始为灰绿色，以后变为灰白色，通常全穗发病或者和正常籽粒混生。病粒比正常籽粒稍大，内部充满黑褐色粉末。谷子黑穗病属系统性侵染病害，苗期侵染、抽穗后发病。

防治方法：可用40%拌种双可湿性粉剂，按种子重量0.2%~0.3%拌种。在白发病、黑穗病混合发生地区可用35%甲霜灵可湿性粉剂加40%拌种双可湿性粉剂（1∶2）混合均匀后按种子重量的0.3%拌种。

5. 苗期虫害预防

生育期要及时防治黏虫、草地贪夜蛾、土蝗、玉米螟，干旱时注意防治红蜘蛛，不同年份间这些虫害的发生程度不同，不同虫害的防治措施的具体细节也不同，但比较普遍的防治措施是：结合秋耕、春耕，清除杂草，以减少初侵染源；合理轮作倒茬；选用抗、耐病品种，适期播种；合理施肥，加强管理，增强植株抗病力；适时适量喷洒农药。

6. 苗期“一喷多效”技术

谷子苗期白发病、叶锈病、叶瘟病、粟灰螟、黏虫等多种病虫同时发生危害的关键期，可选用合适的杀菌剂、杀虫剂、生长调节剂、叶面肥科学混用，综合施药，药肥混喷，防病治虫，防早衰防干热风，一喷多效。

一喷多防常用农药种类如下。

杀虫剂：吡虫啉、啶虫脒、吡蚜酮、噻虫嗪、辛硫磷、溴氰菊酯、高效氯氟氰菊酯、高效氯氰菊酯、氰戊菊酯、抗蚜威、阿维菌素、苦参碱等。其中，吡虫啉和啶虫脒不宜单一使用。

杀菌剂：三唑酮、烯唑醇、戊唑醇、己唑醇、丙环唑、苯醚甲环唑、咪鲜胺、氟环唑、噻呋酰胺、醚菌酯、吡唑醚菌酯、多菌灵、甲基硫菌灵、氰烯菌酯、丙硫唑·戊唑醇、丙硫菌唑、蜡质芽孢杆菌、井冈霉素等。

叶面肥及植物生长调节剂：磷酸二氢钾、腐殖酸型或氨基酸型叶面肥、油菜素内酯、氨基寡糖素等。

八、拔节—抽穗期管理

（一）拔节—抽穗期生长发育特点

谷子拔节到抽穗是生长和发育最旺盛时期。出叶时速度快，节间生长迅速，幼穗发育正处于关键时期，需肥需水最多。拔节期壮株长相是秆扁圆，叶宽挺，色黑缘，生长整齐，抽穗时是秆圆粗敦实，顶叶宽厚，色黑绿，抽穗整齐。田间管理的主攻方向是攻壮株促大穗。

（二）拔节—抽穗期灌溉、追肥

灌溉：旱地谷通过适期播种赶雨季，满足谷子对水分的要求，水地谷除了利用自然降水外，根据谷子需水规律，对土壤水分进行适当调节，以利谷子生长。谷子拔节后，进入营养生长和生殖生长阶段，生长旺盛，对水分要求迅速增加，需水量多，如缺水，造成“胎里旱”，所以拔节期浇 1 次大水，既促进茎叶生长，又促进幼穗分化，植株强壮，穗大粒多。孕穗抽穗阶段，出叶时速度快，节间生长迅速，幼穗发育正处于关键时期，对水分要求极为迫切，为谷子需水临界期，如遇干旱也要造成“卡脖旱”，穗抽不出来，出现大量空壳、秕籽，对产量影响极大。因此抽穗前即使不干旱也要及时浇水。据报道，谷子一生灌三水即拔节、孕穗、抽穗期各灌一水效果最好。旱地谷没有灌溉条件，抽穗前进行根外喷水，用水量少，增产显著。

追肥：谷子拔节以前需肥较少，拔节以后，植株进入旺盛生长期，幼穗开始分化，拔节到抽穗阶段需肥最多，必须及时补充一定数量的营养元素，对谷子生长及产量形成具有极其重要的意义。磷肥一般作底肥，不作追肥。钾肥就目前生产水平，土壤一般能满足需要，无须再行补充。追施氮素化肥能显著增产，每亩施纯氮 3 kg。首先，以尿素作追肥效果最好；其次是硝酸铵、氯化铵；再次硫酸铵、碳酸氢铵；速效农家肥如炕土、腐熟的人粪、尿素含氮较多的完全肥料，都可作追肥施用。谷子追肥量要适当。过少增产作用小，但过多，不但不能充分发挥肥效，经济效果也不好，而且还导致倒伏，病虫害蔓延，贪青晚熟，以至减产。生产上要看天和看地结合谷子生长情况进行追肥，一次追肥每亩用量以纯氮 5kg 左右为宜。拔节后穗分化开始到抽穗前孕穗期都是追肥期。最好进行两次追肥。第一次于拔节始期，称为“座胎肥”；第二次在孕穗期，叫“攻籽肥”，但最迟必须在抽穗前 10 天施入，以免贪青晚熟。

（三）拔节—抽穗期生长异常现象

缺素：叶色呈黄绿色，叶片开始萎蔫，下部叶片枯黄，叶片数量少，生长慢，次生根生长稀少。

秃尖：遇到不适的环境条件，顶部的小花或受精胚常因养分供应不足而发生败育造成秃尖。秃尖发生原因常见有三种：一是顶部小花在分化过程中因干旱或肥料不足等原因而退化为不育花；二是抽雄前遇到高温干旱天气，抽穗散粉提前，穗尾失去受精时机，造成秃尖；三是栽植过密，肥料供不应求，或干旱、或遭受雹灾、或遇到连阴雨天气，叶片光合作用减弱，致果穗顶部的受精胚得不到足够的养料，不能发育成籽粒。

空码：受干旱或高温环境影响，小穗发育受阻，不能形成籽粒或无法生长，从而在穗轴上形成空码。

（四）拔节—抽穗期自然灾害

高温干旱：在抽穗、开花期，如遇连续大干旱，也会影响谷子正常生长，幼穗分化受阻，导致开花、结实不正常，产生空秕粒，瘪粒多。

涝害：植株旺盛生长会阻断，生长延缓，生育期延迟，养分供应不充分，幼穗分化受影响，穗粒数减少、千粒重降低、秕谷增加。

（五）拔节—抽穗期病害预防

1. 谷子白发病

谷子白发病是一种分布十分广泛的病害，为害程度逐年加重，是谷子生产上的主要病害之一。对谷子的产量和品质影响很大。

（1）选用抗病品种

选择有较强的抗病能力的品种。

（2）种子处理

播种前可选用25%瑞毒霉、50%萎锈灵、50%多菌灵、25%甲霜灵、70%甲基硫菌灵，按种子干重的0.5%拌种即可。土壤带菌量大时可沟施药土，进行土壤处理，方法是每公顷用50%多菌灵4kg，掺细土15~20kg，撒种后沟施盖种。

（3）土壤处理

① 合理轮作。与豆类、薯类等非寄主作物合理轮作，并适期播种，注意保墒。轻病田块实行2年轮作，重病田块实行3年以上轮作。② 用噁霉·乙蒜素1~1.5kg，拌土50kg；或用50%氯溴异氰尿酸1~1.5kg，拌土50 kg，耕前撒施。

（4）及时拔除病株

当植株出现灰背、白尖时要及时拔除，要整株连根拔起，并带到田外深埋或烧毁。要大面积连续拔除，直至拔净为止。

2. 谷瘟病

谷瘟病为害重，是谷子重要病害之一。防治方法有以下2种。

首先，农业防治选用抗病品种，合理施肥，提高植株的抗病性，忌偏施氮肥，密度不宜过大，注意通风透光，并及时清除病残体，病草要处理干净。采种要进行单收单打。收获后深翻土地。

其次，化学防治。①药剂拌种。50% 萎锈灵按种量的 0.7% 拌种。② 叶子发病初期，用 25% 嘧菌酯水分散粒剂 800~1 000 倍液叶面喷雾；③ 抽穗期，用 20% 二氯异氰尿酸钠 600~800 倍液，对准谷穗喷雾；④ 齐穗期，可用 25% 吡唑醚菌酯 1 500 倍液 +50% 氯溴异氰尿酸 1 000 倍液，对谷穗四面均匀喷雾。

3. 谷子锈病

谷子锈病在谷子生长中后期因植株茂盛，通风透光性差，特别是种植不规范，不成行的更易发病，表现为在叶片背面有很多铁屑状苞子，使得叶片失去光合功能，不能为谷子后期生长提供光合产物。

（1）农业防治

① 首选抗病品种，做好栽培计划，实行科学轮作。选择坡地或地势高的地块种植谷子；② 适时播种，避开高温高湿的环境可减轻病害；③ 加强田间管理，控制好田间密度，合理排灌，低洼地雨后及时排水，降低田间湿度；④ 均衡施肥，切忌偏施氮肥，施用氮肥不宜过晚，避免植株贪青晚熟；⑤ 实行秋翻地，及时清除田间病残体、杂草等。

（2）化学防治

① 谷子锈病发病初期，用高效烯唑醇 2 000 倍液叶面均匀喷雾；② 谷子锈病发生中期，谷叶发病率达 5%~10% 时，可用环丙唑醇 1 000~1 500 倍液叶面喷雾；③ 谷子锈病发生高峰期，谷叶发病率超 10% 以上时，可用 50% 氯溴异氰尿酸 1 000 倍液 +15% 三唑醇可湿性粉剂 1 000 倍液 + 农用有机硅 10mL 进行防治。用药时对准叶面均匀喷雾。

（六）拔节—抽穗期虫害预防

1. 黏虫

黏虫为鳞翅目夜蛾科害虫，因其群聚性、迁飞性、杂食性、暴食性等特点，成为全国性重要农业害虫，具暴发性特点，是谷子上的主要食叶害虫。

（1）物理防治

大面积连片种植的谷区，在成虫盛发期可用频振式杀虫灯和黑光灯诱杀，杀虫灯呈棋盘状排列，3hm^2 放置 1 盏；或用谷草把引诱成虫产卵，225 把 /hm^2，3~4 天换 1 次草把，并把换下的草把烧毁。

（2）化学防治

防治谷子黏虫，可用 10% 甲氨基阿维菌素苯甲酸盐悬浮剂 2 000~3 000 倍液，或用26%溴氰·马拉松乳油1 000~1 500倍液喷雾防治，7天喷1次，每月喷2~3次，夏播谷在7—8月重点喷防。

2. 粟缘蝽

粟缘蝽为半翅目缘蝽科害虫，分布于中国各地，以成、若虫刺吸谷子穗部未成熟籽粒的汁液为害，影响谷子产量及质量。粟缘蝽除为害谷子外，还为害高粱、玉米等，但以谷子受害较为严重。

（1）农业防治

① 因地制宜选择种植抗虫品种；② 尽量机耕后再播种，如为重茬播种，必须事先清洁田园。秋收后要注意拔除田间及四周杂草，减少成虫越冬场所。出苗后及时浇水，可消灭大量若虫。

（2）化学防治

可用26%溴氰·马拉松乳油800~1 000倍液，或用5%高效氯氟氰菊酯水乳剂1 000倍液+25%噻虫嗪水分散粒剂1 500倍液喷雾，7天喷1次，连喷2~3次。

（七）拔节期“一喷多效”技术

谷子病虫害较多，如锈病、白粉病、纹枯病、赤霉病、叶枯病，蚜虫、黏虫、螟虫、红蜘蛛等，在谷子抽穗前，运用一喷三防措施，达到防治五病三虫，甚至多虫的目的。可杀虫剂、杀菌剂、微量元素肥混配喷施，达到一喷多效，省工省力省心。常用的药物有甲维盐、菊酯类农药，吡虫啉、阿维菌素、戊唑醇、三唑酮、噁霉灵、丙环唑、烯唑醇等，微肥可用氨基酸类等。

九、开花—灌浆期管理

（一）开花—灌浆期生长发育特点

籽粒形成：子房受精后第1天就开始伸长，在开花后6~7天，米粒即可达最大长度，此时胚的各器官也大体完成，开始具有发芽能力。8~10天，米粒达最大厚度。米粒鲜重开花后10天内增长最快，在25~28天达最大值。米粒干重增加高峰期在开花后15~20天，开花后25~45天达最大值。

（二）开花—灌浆期生长异常现象

穗秃尖，缺粒，穗型较小甚至空秆，这些灌浆期异常现象，造成谷子生产减产，必须采取措施加强管理。

（三）开花—灌浆期自然灾害

干旱，具备灌溉条件的及时灌水，同时结合喷施叶面肥喷水。

（四）开花—灌浆期病害预防

谷瘟病：主要是穗瘟，用40%敌瘟磷乳油500~800倍液或6%春雷霉素可湿性粉剂1 000倍液向穗部喷施。

白发病、黑穗病：及早拔除病株，带到田外深埋或烧毁。

（五）开花—灌浆期虫害预防

双斑长跗萤叶甲：在成虫盛发期用20%氰戊菊酯乳油2 000倍液喷施。

十、成熟期管理

（一）成熟期特点

植株基本停止营养生长，进入生殖生长为中心的阶段。

乳熟期：植株下部叶片变黄，茎秆有弹性，基部节间开始皱缩，颖和籽粒尚呈绿色，内含物为乳汁状。此时籽粒体积已达最大值，但含水量较高，不宜收获。

蜡熟期（黄熟阶段）：整个植株大部变黄，茎秆仍具弹性，基部节间全部变黄皱缩，叶片大都枯黄，护颖和籽粒外部呈黄色，内含物已呈蜡质状，用指甲压挤易破碎，养分积累基本停止。蜡熟末期植株呈金黄色，叶片基本干枯，籽粒硬化，此时为机械收获的最佳时期。

完熟期：茎秆全部干枯，籽粒体积缩小，含水量降低，呈干硬状，用指甲挤压不易破碎，颜色发亮，此时为人工收割最佳时期。

完熟期后茎秆呈灰黄色，脆而易断，茎叶枯干，籽粒养分倒流，千粒重下降。此时收割掉穗严重，若遇阴雨连绵籽粒又会生芽发霉，品质变差，损失更大。因此收谷子时，一定要掌握好恰当的收获时期，达到丰产丰收。

（二）收获方式与机械

1. 收获方式

（1）分段收获法

用多种机械分别完成割、捆、运、堆垛、脱粒和清选等作业方法。如用割晒机将植株割倒然后用人工打捆，运到场上再用脱谷机进行脱谷和清选。这种方法使用的机械构造简单设备投资较少，但劳动生产率较低，收获损失也较大。这种方法在广西边远山区或落后的广大农村比较常见。

（2）联合收获法（直收）

运用联合收割机在田间一次完成收割、脱粒和清选等全部作业的方法。这种方法可以大幅度地提高劳动生产率减轻劳动强度并减少收获损失。但由于谷子在秆上成熟度不一致，脱下的谷粒中必有部分是不够饱满，因而影响总收获量。另外，适时收获的时间短（5~7 天），机器全年利用率低，每台机器负担的作业面积小，粮食的烘干、晾晒和储存也有困难。

（3）两段联合收获法

先用割晒机将植株割倒并成条地铺放在高度为 15~20cm 的割茬上，经 3~5 天晾晒使谷子完全成熟并风干，然后用装有拾禾器的联合收获机进行捡拾、脱粒和清选。

2. 谷子收获机械

（1）切流式

谷物茎秆和穗头全部喂入脱粒装置进行脱粒。按谷物在滚筒下通过的方向不同，又可分为切流滚筒和轴流滚筒两种。切流型即所谓的传统型，即谷物从旋转滚筒的前方切线喂入，经几分之一秒时间脱粒后，沿滚筒后部切线方向排出。目前这种产品在我国占主导地位，代表机型有 JL1000 系列、SL—E512/514 等。

（2）轴流式

即谷物从滚筒轴的一端喂入，沿滚筒的轴向作螺旋状运动，一边脱粒一边分离。它通过滚筒的时间较长，最后从滚筒的另一端排出。这种型式可以缩小联收机的体积并减轻重量，并对大豆、玉米、小麦和水稻等多种作物均能通用。我国南方研制的全喂入联收机多采用轴流式。

（三）收获技术

谷子收获过早或过晚都会影响产量和品质。谷子开花时间长，同一个穗上小花开花时间相差 10 天左右，成熟期不一致，收获过早籽粒尚未成熟，不但产量低而且品质差，收获过晚则易脱落减产。一般以蜡熟末期或完熟初期，即颖壳变黄，谷穗断青，籽粒变硬时收获。

收获期的特征是：当检查穗中下部籽粒颖壳已具有本品种固有的色泽，籽粒背面颖壳呈现灰白色，即所谓的“挂灰”时，籽粒变硬，断青，这说明全穗已成熟，不论其茎叶青黄都要开镰收割，以防落粒减产。谷子有后熟作用，收获后不要立即脱粒，可运到场上垛好，7~10 天后打场脱粒，这样胚乳发育完全，成熟性状好，产量质量都会提高。

（1）人工收获谷子

一般在完熟期，谷粒变硬、颖壳变黄时谷子全穗已基本成熟，有些品种的茎叶为青黄色时就可人工开镰收获，收获后先垛成谷垛，使谷子有7~10天后熟，待谷子胚发育完全、成熟后再用机械脱粒、晾晒、贮藏。

（2）机械收获

在蜡熟末期，95%的籽粒坚硬时收获最佳，收过早易造成机械脱粒不净、损伤籽粒及品质差。收获过迟，易落粒造成减产及影响籽粒的色泽。

（四）收获期自然灾害

1. 倒伏

肥美田块，尤其是平川沟凹地，谷子常出现倒伏，严重影响产值。开花后20天左右，茎秆内淀粉分解为糖分，向穗部运送，下部茎壁变薄、发脆，是最易发作倒伏的时期。倒伏对产值的影响：谷子倒伏之后，相互遮苗和挤压，或拉断根系，影响光合产物的合成和运输；又因为茎叶堆在一起，散热慢，往往保持较高的温度，乃至腐烂，呼吸加强，耗费多，积累少，秕籽率高。最严重的可减产60%~70%，而且收割费工。贵州秋风秋雨气候频繁，谷子易倒伏，特别是植株高大，秆细、软大穗品种，如遇连续秋风秋雨，倒伏严重，在谷子生长期中，贵州于每年9月10日左右开始下雨、降温并伴随着大风，即秋风秋雨。故在种植谷子时应根据品种生育期，合理安排好茬口，适时早播，尽量于秋风秋雨出现前收割完毕。

2. 鸟害

谷子粒小，味道好，是一般鸟类喜吃的食物。在麻雀啄食的一同，被撒落在地上的谷粒就更多了。随着生态条件越来越好，麻雀等鸟类越来越多，尤其是，麻雀喜成群活动，村庄、树林邻近的谷田更是严重。为避免鸟害，宜选用刚毛长、穗码紧的种类；还可于灌浆期喷洒乐果等药剂，也有用“灭雀灵”诱杀的；此外，可设置自动噪声惊鸟器、网捕、色条惊鸟等，有一定的效果。

（五）籽粒降水贮藏

1. 籽粒贮藏

在田间晾晒，尽量让谷穗通风，每3天翻一遍，直至谷粒晒到14%~14.5%的含水量时，才能码垛。码垛存放时间不宜长，避免由于不通风，造成局部发热，产生黄粒米。脱粒后的谷籽，如水分较大，可采取阴晾的方法，不能在强烈阳光下暴晒，以免产生碎米。晾干后将谷子用薄膜袋包装存放或用瓦罐贮藏。

2. 穗贮藏

将成熟的谷穗收获，经晾晒后，捆成小把2.5kg左右，挂于屋内横梁上存放。

第二节　广西春夏谷生态区谷子优质高效栽培技术

一、南方春夏谷生态区谷子分布及其主推品种

（一）南方春夏谷生态区谷子栽培历史简介

谷子［*Setaria italica*（L.）P.Beauv.］属禾本科狗尾草属，在广西称粟、狗尾粟、小米和粟禾等，品种多为小粒小米、糯质，生育期在75~136天，具有耐旱、耐贫瘠和耐贮藏的优势。一般粟粒粗蛋白质含量为7.25%~17.5%，平均11.42%，淀粉含量63%~78%，平均71%，粗脂肪含量2.54%~5.58%，平均4.22%，赖氨酸含量在0.26%左右。粟米粮饲药兼用，有多种用途：不仅供食用，还可作药，入药有清热、消渴，滋阴，补脾肾和肠胃，利小便，治水泻等功效，又可酿酒；其茎叶是牧畜的优良饲料，谷糠是猪、鸡等好饲料。据记载，广西粟种植面积最多的是1961年，41 300hm^{2}产量17 500t，后受良种推广影响，被其他高产作物逐渐代替，种植面积逐渐减少，至1986年粟种植面积最少，仅有250hm^2，单产750kg/hm^2，总产为1 875t。此后逐年提高，2000年种植面积达4 834hm^2，单产1 487kg/hm^2，总产7 189t。2008年种植面积又下降至2 400hm^2，总产为5 600t，单产提高至2 285.4kg/hm^2。2009—2011年面积有所增加，每年在2 700hm^{2}左右，2012—2013年种植面积又减少，2013年仅有1 660hm^2。近年广西进行乡村振兴、生态环境保护和壮美广西建设，大力发展水果产业，谷子种植面积锐减，至2020年约为150hm^2，单产900kg/hm^{2}左右。

（二）南方春夏谷区谷子分布

广西属山地丘陵盆地，北回归线横贯中部，南濒热带海洋，北接南岭山地，西延云贵高原，有山地多，平原少的地形特点，又因地处中、南亚热带季风气候区，形成气候温暖，热量丰富，降水丰沛、干湿分明，日照适中、冬少夏多，灾害频繁、旱涝突出，沿海、山地风能资源丰富的独特气候特点，从而孕育了丰富多样的谷子种质资源。

谷子性喜高温，生育适温22~30℃，海拔1 000m以下均适合种植。属耐旱作物，广西春暖夏热秋凉冬温，无霜期长，每年的3—12月非常适合小米生长，小米分布十分广泛，在广西多种于荒地、边区旱坡地、山沟等地方，或与其他作

物间作，海拔 15~1 500m 处有野生狗尾草和谷子栽培种。经对 2015—2020 年谷子种质资源考察收集结果分析表明，广西在河池、百色、桂林、南宁等 11 个地级市 38 个县（市、区）有谷子栽培分布，分布地点最北在三江侗族自治县富禄苗族乡（25.794° N），最南在钦南区东场镇（21.7986° N），最西在西林县八达镇（105.0 791° E），最东在灌阳县西山瑶族乡（111.9770° E）；东西跨度约 600km，南北跨度约 440km，栽培最高海拔在乐业县逻沙乡（1 479m），最低海拔在合浦县常乐镇镇（15.8m）。谷子栽培垂直分布情况，在海拔 100m 以下区域有 4 个种植分布点占广西总种植分布点的 2.78%；在海拔 101~300m 区域有 43 个种植点占总种植点的 29.86%；在海拔 301~500m 区域有 31 个种植点占总种植点的 21.53%。在海拔 501~700m 区域有 29 个种植点占总种植点的 20.14%；在海拔 701~1 000m 区域有 25 个种植点占总种植点的 17.36%；在海拔 1 000m 以上区域有 12 个种植点占总种植点的 8.33。广西在 101~300m 区域谷子种植分布点较多，如表 6-1 所示。

表 6-1　广西谷子种植分布点一览

市名	县市区名称	分布点（个）	市名	县市区名称	分布点（个）	市名	县市区名称	分布点（个）
桂林（8 个县、26 点）	龙胜	1	来宾（3 个县 10 点）	金秀	6	百色（7 个县、29 点）	隆林	5
	全州	1		武宣	3		凌云	12
	恭城	8		忻城	1		田林	1
	灌阳	5	河池（9 个县 44 点）	宜州	4		乐业	3
	临桂	3		凤山	3		田阳	1
	兴安	3		环江	20		平果	3
	荔浦	4		都安	2		西林	4
	阳朔	1		东兰	4	玉林（2 个县 6 点）	兴业	5
南宁（3 个县、13 点）	隆安	11		巴马	1		容县	1
	武鸣	1		南丹	6	北海（1 个县 1 点）	合浦	1
	宾阳	1		罗城	2	钦州（1 个县 1 点）	钦南	1
柳州（2 个县、10 点）	三江	2		天峨	2	梧州（1 个县 3 点）	蒙山	3
	融水	8	崇左（1 个县 1 点）	天等	1			
合计	13	49 个		13	55 个		12	40 个
总计							38 个县	144 个

在广西144个谷子种植分布点中，来自河池市的有44个种植分布点占30.56%、百色市的有29个分布点占20.14%、桂林市的有26个分布点占18.05%、南宁市的有13个分布点占9.03%，柳州、来宾市的各有10分布点分别占6.94%，玉林市的有6个分布点占4.17%，梧州市的有3个分布点占2.08%，崇左市、钦州市和北海市的各仅有1个分布点分别占0.69%。在防城港、贵港、贺州3个桂东南地市尚未发现有谷子栽培分布点。

（三）南方春夏谷区谷子品种类型

1. 桂北生态区及生态型

广西谷子的桂北生态区主要地理位置为25° N以北及桂西山区的地区，包括桂林市的资源、全州、龙胜、兴安、灌阳、临桂及永福县北部的部分乡镇；柳州市的三江、融水及融安县北部的部分乡镇；河池市的天峨、南丹及环江、罗城两县北部的部分乡镇；桂西山区乐业、凌云、田林、西林等县。桂北生态区是广西谷子的主产区。

该生态区的生态环境条件是，年平均气温16.4~20.4℃，极端最低气温-6.6℃，极端最高气温40.4℃，全年日平均气温≥10℃的年积温5 000℃以上，年日照时数为2 000h以下，年平均降水量为900.1~2 300mm。

该生态区的生态环境条件因地域广阔各县条件有明显差异。总体情况是，年平均气温17.4~21.4℃，极端最低气温-6.6℃，极端最高气温40.4℃，全年日平均气温≥10℃的年积温5 600℃以上，年日照时数为1 331.1~1 948.5h，年平均降水量为1 036.9~2 031.2mm。

该生态区的栽培谷子种类遗传多样性丰富，栽培谷子生育期长，叶片宽大，刺毛长中短均有。该区域谷子栽培分布点多，种植面积占广西40%以上，籽粒颜色十分丰富，有黄、红、橙、黑等色。

2. 桂南生态区及生态型

桂南生态区的地理位置在北回归线以南的地区，包括玉林市、北海市、钦州市、防城港市、崇左市、百色市的平果、德保、靖西、那坡县；南宁市的各区、隆安、武鸣、宾阳、横县；贵港市的覃塘、港南、桂平等；梧州市的岑溪、龙圩、藤县等；该生态区西部多为喀斯特石山区地貌，中部和东部为泥山丘陵地貌。西部种植薏苡多于中东部。

该生态区的生态环境条件因地域除了“钦北防”三市南面临海及部分岛屿外，大陆多为丘陵和大山，地域广阔各县的生态条件因山而出现许多小生境，生态条件有明显差异。总体情况是，年平均气温 20.9~23.4℃，极端最低气温 -2.0℃，极端最高气温 40.0℃，全年日平均气温≥ 10℃的年积温 5 800.7℃左右，年日照时数为 1 331.1~2 247.9h，年平均降水量为 1 119.5~2 664.7mm。

该生态区的栽培谷子较早熟、耐旱耐盐碱、遗传多样性丰富，栽培谷子多数品种植株高大，茎秆粗壮，叶片宽，穗粗大。

3. 高海拔山地生态区及生态型

广西谷子具有立体栽培和自然分布的特点，因为这些地方的生态条件与其他生态区有差异，所以把其独立分为一个生态区。即海拔 800m 以上的地方，年平均气温 16~18℃，极端最低气温 -8.0℃，极端最高气温 40.0℃，全年日平均气温≥ 10℃的年积温 5 800.7℃左右，年日照时数为 1 331.1~2 247.9h，年平均降水量为 1 119.5~2 664.7mm。在兴安县溪川乡、南丹县中堡乡、乐业县同乐镇、凌云县逻沙乡、隆林县岩茶乡、西林县八达镇等高海拔乡镇有零星种植，在南宁武鸣繁种鉴定表现，茎粗 0.29~1.06cm、平均 0.52cm，株高为 91.25~140.5cm、平均 121.91cm，穗长 11.15~39.25cm、平均 25.93cm，春播生育期 78~129 天、平均 95.4 天，产量 75~100kg/ 亩。

（四）南方春夏谷区主推品种简介

1. 百秀小米

品种来源：广西壮族自治区柳州市融水苗族自治县农家种（图 6-8）。

栽培分布：融水县有零星种植，为该县主栽地方品种。

特征特性：在南宁种植春播生育期 125 天，株高 158.5cm，穗下节间长 43.75cm，主茎直径 0.49cm，主茎节数 9 节，主穗长 40.8cm，主穗直径 2.04cm，单株草重 9.85g，单株穗重 7.16g，单株粒重 2.65g，千粒重 0.93g，穗

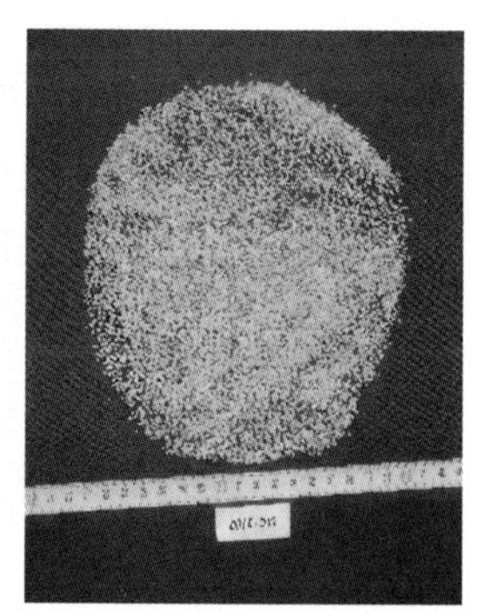

图 6-8　2020-297 百秀小米

形鸡嘴形，护颖黄绿色，刺毛长度短、紫色，籽粒圆形、橙色，米黄色、糯性。

农民认知：长穗，粒小，好吃。

优良特性：长穗、粒色特别，米质优，抗旱耐瘠，抗锈病。

利用价值：直接在生产上种植利用，可用于保健食品加工和旅游观赏。

2. 三德黄粟

品种来源：广西壮族自治区玉林市兴业县农家品种（图6-9）。

栽培分布：兴业县、北流市、容县有零星种植，为玉林市主栽地方品种。

特征特性：在南宁种植春播生育期106天，株高138.5cm，穗下节间长37.6cm，主茎直径0.58cm，主茎节数12节，主穗长33.0cm，主穗直径2.19cm，单株草重11.55g，单株穗重12.7g，单株粒重10.0g，千粒重1.48g，穗形纺锤形，护颖黄绿色，刺毛长度长、黄色，籽粒圆形、黄色，米黄色、糯性。

农民认知：长穗，好吃。

优良特性：穗粗、米质优，抗旱耐瘠，刺毛长抗虫防鸟害。

利用价值：直接在生产上种植利用，可用于保健食品加工。

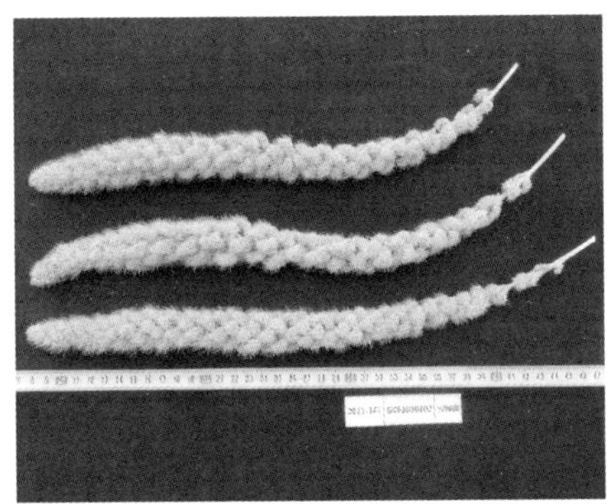

图6-9　2021-147三德黄粟

3. 旧望小米

品种来源：广西壮族自治区南宁市隆安县农家品种（图6-10）。

栽培分布：隆安县、天等县有零星种植，为该地区主栽农家种。

特征特性：在南宁种植夏播生育期88天，株高159.7cm，穗下节间长29.0cm，主茎直径0.51cm，主茎节数12节，主穗长32.0cm，主穗直径2.28cm，单株草重13.87g，单株穗重7.42g，单株粒重6.25g，千粒重1.89g，穗形纺锤形，护颖紫色，刺毛长度中、紫色，籽粒圆形、黄色，米黄色、糯性。

农民认知：长穗，粒大，好吃。

优良特性：高秆、穗粗，米质优，抗旱耐瘠。

利用价值：直接在生产上种植利用，可用于保健食品加工和旅游开发。

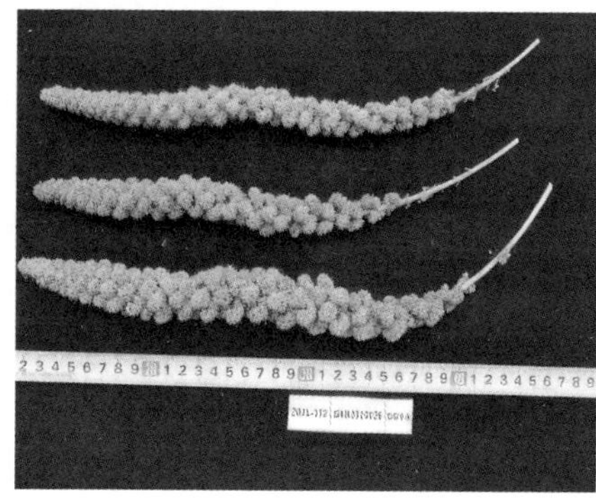

图 6-10　2021-172 旧望小米

4. 拉门黑小米

品种来源：广西壮族自治区河池市环江毛南族自治县农家品种（图 6-11）。

栽培分布：环江县、宜州区等有零星种植。

特征特性：在南宁种植春播生育期 108 天，株高 120.3cm，穗下节间长 34.8cm，主茎直径 0.41cm，主茎节数 9 节，主穗长 23.0cm，主穗直径 1.31cm，单株草重 3.93g，单株穗重 5.91g，单株粒重 4.54g，千粒重 1.47g，穗形鸡嘴形，护颖黄绿色，刺毛长度短、紫色，籽粒圆形、黑色，米黄色、粳性。

农民认知：粒黑，好吃。

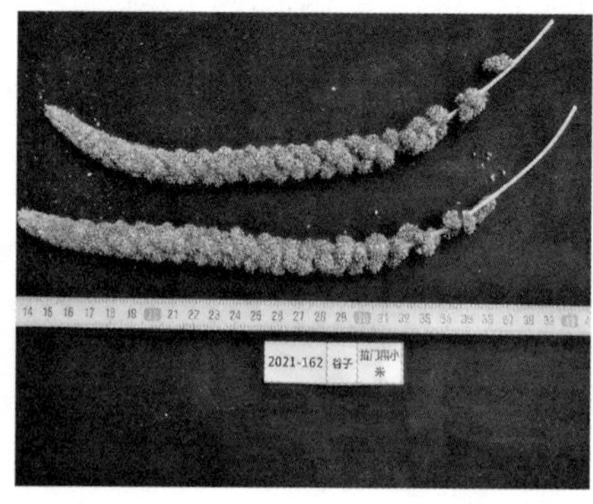

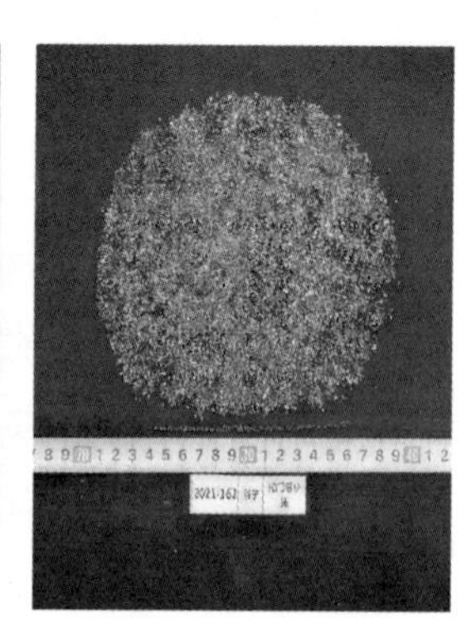

图 6-11　2021-162 拉门黑小米

优良特性：籽粒黑色，熟性好，抗螟虫，抗旱耐贫瘠、耐寒。

利用价值：直接在生产上种植利用，可用于保健食品加工和旅游开发。

5. 红小米

品种来源：广西壮族自治区河池市都安瑶族自治县农家品种（图 6-12）。

栽培分布：都安瑶族自治县有零星种植分布。

特征特性：在南宁种植春播生育期 93 天，株高 164.5cm，穗下节间长 29.1cm，主茎直径 0.61cm，主茎节数 13 节，主穗长度 29.35cm，主穗直径 1.65cm，单株草重 18.45g，单株穗重 11.5g，单穗粒重 8.12g，千粒重 1.54g，穗松紧度紧，穗码密度中密，穗形圆筒形，刺毛很短且颜色为黄色，护颖黄绿色，落粒性弱，籽粒红色，米色黄色、糯性。

农民认知：适应性广，好吃，有观赏性。

优良特性：高秆，穗红色，米质优，抗旱，抗螟虫，抗倒伏。

利用价值：直接在生产上种植利用，在当地已种植 70 年以上，农户自行留种，主要用于煮粥、做糍粑食用，茎叶做牲畜饲料。或旅游区种植观赏。

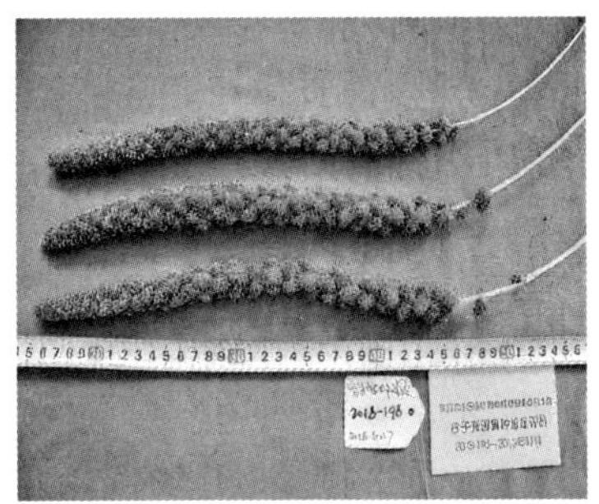

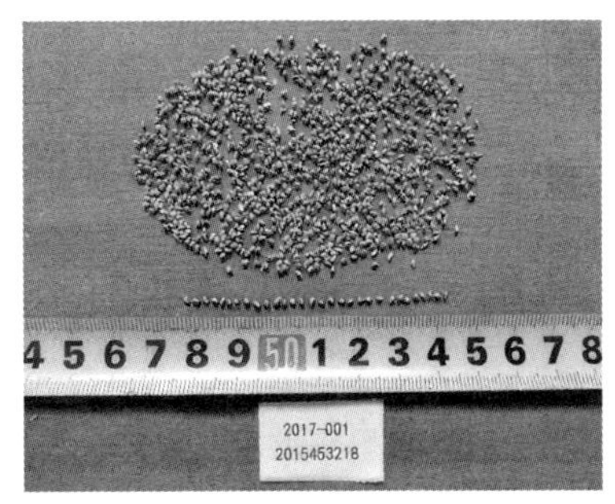

图 6-12　2018-198 红小米

6. 西山小米

品种来源：广西壮族自治区河池市巴马瑶族县农家品种（图 6-13）。

栽培分布：凤山县、巴马县有零星种植分布。

特征特性：在南宁种植春播生育期 105 天，株高 137.83cm，穗下节间长 37.5cm，主茎直径 0.47cm，主茎节数 11.2 节，主穗长度 23.63cm，主穗直径 1.37cm，单株草重 9.0g，单株穗重 10.4g，单穗粒重 6.95g，千粒重 1.55g，穗松紧度紧，穗码密度中密，穗形猫爪形，刺毛很短、紫色，护颖黄绿色，落粒性弱，籽粒黄色，米色黄色、糯性。

农民认知：抗旱，耐贫瘠，穗形特别，好吃。

优良特性：结实率高，优质，抗旱，耐贫瘠，穗形有观赏性。

利用价值：直接在生产上种植利用，在当地已种植50年以上，一般4月上旬播种，9月下旬收获，农户自行留种，自产自销，煮粥食用能健身强体，也可用在美丽乡村建设旅游开发。

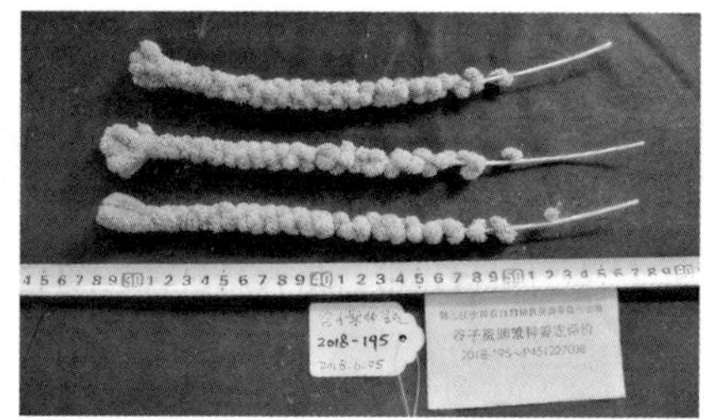
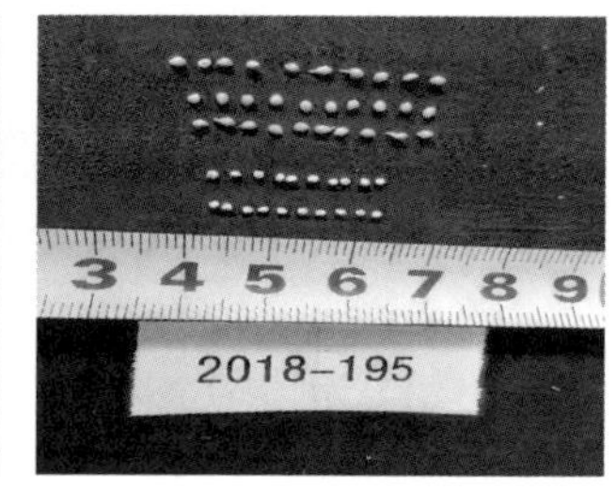

图6-13　2018-195西山小米

7. 黄江小米

品种来源：广西壮族自治区河池市南丹县农家种（图6-14）。

栽培分布：南丹县、天峨县、东兰县有零星种植分布。

特征特性：在南宁种植春播生育期92天，株高169.8cm，穗下节间长37.45cm，主茎直径0.63cm，主茎节数12.7节，主穗长度28.65cm，主穗直径2.31cm，单株草重23.95g，单株穗重11.54g，单穗粒重6.92g，千粒重1.28g，穗松紧度中，穗码密度中疏，穗形棍棒形，刺毛很短、黄色，护颖黄绿色，落粒性弱，籽粒黄色，米色黄色。

农民认知：大穗，好吃，适应性广。

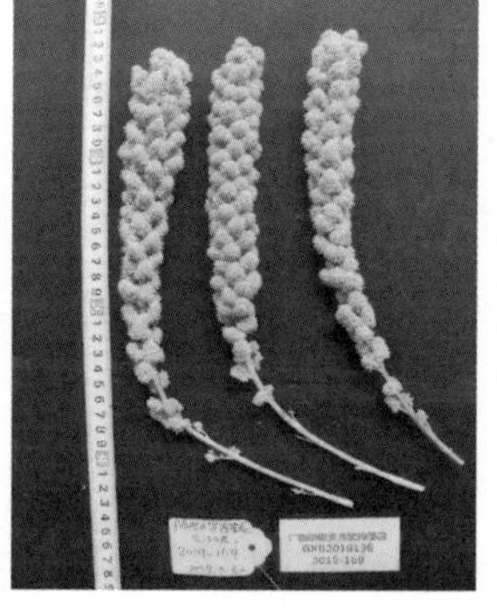

图6-14　2019-169黄江小米

优良特性：高秆大穗，熟色好，米质优，适应性广，抗旱、抗螟虫，耐贫瘠。

利用价值：直接在生产上种植利用，可用于保健食品加工和旅游开发。

8. 那洪小米

品种来源：广西壮族自治区百色市凌云县农家品种（图 6-15）。

栽培分布：凌云县、乐业县有零星种植分布。

特征特性：在南宁种植，春播生育期 95 天，株高 157.05cm，穗下节间长 37.9cm，主茎直径 0.54cm，主茎节数 11.6 节，主穗长度 17.7cm，主穗直径 1.97cm，单株草重 12.6g，单株穗重 12.16g，单穗粒重 10.22g，千粒重 1.57g，穗松紧度中度，穗码密度中密，穗形纺锤形，刺毛很短、黄色，护颖黄绿色，落粒性弱，籽粒黄色，米色浅黄色、糯性。

农民认知：穗短，好吃，耐贫瘠。

优良特性：熟色好，结实率高，米质优，适应性广，抗旱。

利用价值：直接在生产上种植利用，在当地已种植 70 年以上，一般 4 月上旬播种，10 月中旬收获，农户自留种，自产自销，主要煮粥、做糍粑食用或酿酒等。可用于少数民族旅游开发。

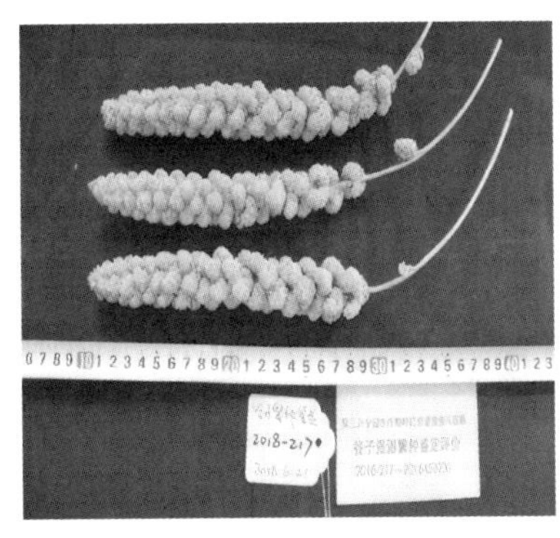

图 6-15　2018-217 那洪小米

9. 弯子小米

品种来源：广西壮族自治区百色市西林县农家种（图 6-16）。

栽培分布：西林县有零星种植分布。

特征特性：在南宁种植春播生育期 125 天，株高 165.7cm，穗下节间长 37.0cm，主茎直径 0.62cm，主茎节数 13.0 节，主穗长度 35.75cm，主穗直径

1.80cm，单株草重 22.6g，单株穗重 13.64g，单穗粒重 8.60g，千粒重 1.13g，穗松紧度属中，穗码密度中疏，穗形纺锤形，刺毛短、黄色，护颖黄绿色，落粒性弱，籽粒黄色，米黄色、糯性。

农民认知：好吃，抗旱，耐贮藏。

优良特性：长穗，米质优，抗旱、抗蚜虫、抗叶枯病。

利用价值：直接在生产上种植利用，可用于保健食品加工和旅游开发。

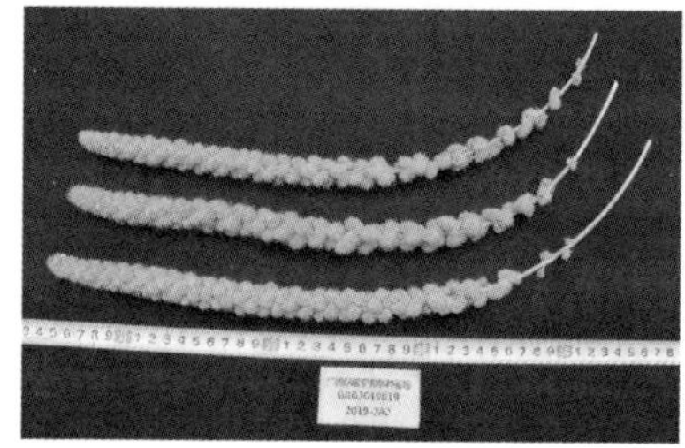

图 6-16　2019-282 弯子小米

10. 白石小米

品种来源：广西壮族自治区桂林市龙胜各族自治县农家种（图 6-17）。

栽培分布：龙胜县、三江县有零星种植分布。

特征特性：在南宁种植春播生育期 93 天，株高 151.7cm，穗下节间长 36.45cm，主茎直径 0.59cm，主茎节数 9.4 节，主穗长度 24.4cm，主穗直径 2.32cm，单株草重 16.53g，单株穗重 6.21g，单穗粒重 3.28g，千粒重 1.02g，穗松紧度松，穗码密度中密度，穗形鸡嘴形，刺毛很短、紫色，护颖紫色，落粒性弱，籽粒黄色，米黄色、糯性。

农民认知：好吃，抗旱。

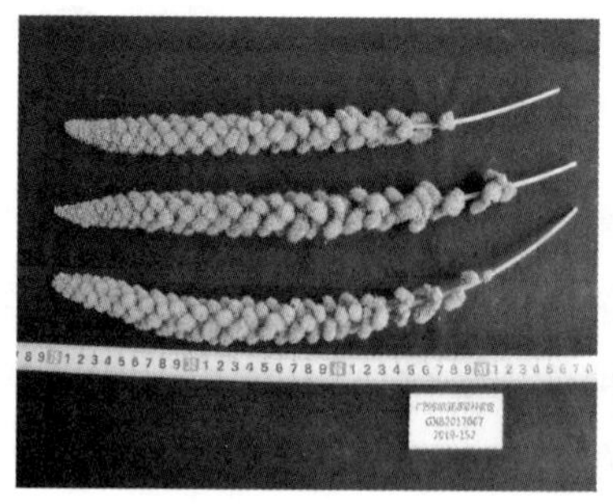

图 6-17　2019-152 白石小米

优良特性：米质优，抗旱、抗螟虫。

利用价值：直接在生产上种植利用，主要用于煮粥、做糍粑、糕点食用，常食用可增强体质。可用于保健食品加工和旅游开发。

11. 粉山粟米

品种来源：广西壮族自治区桂林市兴安县农家种（图 6-18）。

栽培分布：龙胜县、兴安县和灌阳县有零星种植分布。

特征特性：在南宁种植春播生育期 95 天，株高 143.9cm，穗下节间长 27.7cm，主茎直径 0.52cm，主茎节数 10.2 节，主穗长度 29.0cm，主穗直径 2.12cm，单株草重 15.25g，单株穗重 8.0g，单穗粒重 5.36g，千粒重 1.08g，穗松紧度松，穗码密度中疏，穗形纺锤形，刺毛很短、黄色，护颖黄绿色，落粒性弱，籽粒黄色，米黄色、粳性。

农民认知：好吃，耐瘠薄。

优良特性：熟色好，米质优，适应性广，抗旱，抗锈病，耐贫瘠。

利用价值：直接在生产上种植利用，可用于保健食品加工和旅游开发。

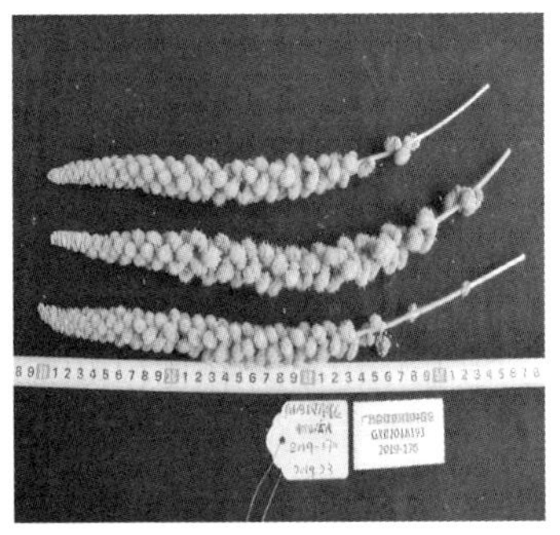

图 6-18　2019-170 粉山小米

12. 本地黄粟

品种来源：广西壮族自治区北海市合浦县农家种（图 6-19）。

栽培分布：合浦县、钦南区有零星种植分布。

特征特性：在南宁种植春播生育期 90 天，株高 143.6cm，穗下节间长 22.1cm，主茎直径 0.77cm，主茎节数 12.5 节，主穗长度 28.7cm，主穗直径 2.44cm，单株草重 23.45g，单株穗重 15.2g，单穗粒重 9.75g，千粒重 1.75g，穗松紧度松，穗码密度中疏，穗形纺锤形，刺毛长、紫色，护颖黄绿色，落粒性弱，籽粒橘红色，米黄色、糯性。

农民认知：早熟，好吃，耐盐碱。

优良特性：早熟，熟色好，结实率高，米质优，适应性广，抗旱，耐贫瘠、耐盐碱，长刺毛防鸟害。

利用价值：直接在生产上种植利用，可在沿海盐碱地种植。主要煮粥食用，或做小米育种亲本。也可用于保健食品加工和旅游开发。

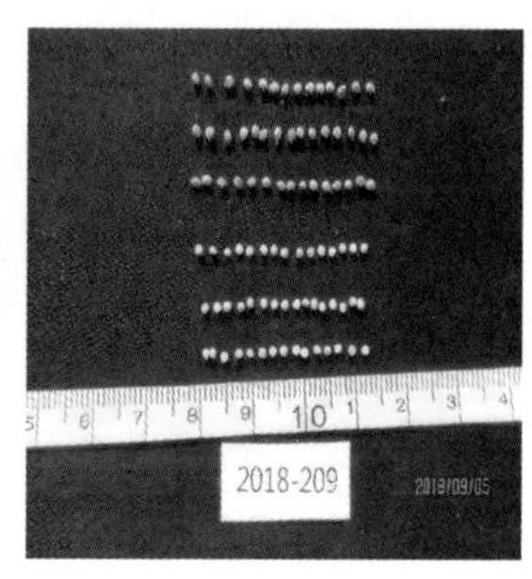

图 6-19　2018-209 本地黄粟

二、合理轮作

谷子对前茬的反应较为敏感，好的前茬会有良好的增产效果。马铃薯、玉米是谷子较好的前茬，共同特点是土壤耕层比较疏松，养分、水分较充足，杂草少，不易荒地，而高粱、荞麦等茬口较差。广西用油菜—谷子、马铃薯—谷子、玉米—谷子、黄豆—谷子、花生—谷子或绿豆—谷子等进行轮作。

三、种植模式

（一）烧山条播种植

烧山条播种植是山区村民种植谷子的一种传统方式，选择向阳山坡放火烧后，开畦直播至收获，不施化肥，不用农药，但易造成水土流失破坏生态。

（二）幼果林下种植

在幼果林下种植谷子。如在柑果幼苗果园种植谷子，柑果和谷子以 1∶4 的行距配置进行间作种植，1 行柑果间作 4 行谷子。柑果行株距 3m 左右，密度 100 株 / 亩，谷子距离柑果约 90cm，行距 40cm，种植密度 2 万 ~3 万株 / 亩。

（三）甘蔗、木薯间作谷子

中窄行距（约 1m）下 1 行木薯或甘蔗间作 2 行谷子。

（四）旱坡地种植

收获花生、玉米前茬作物后进行等距种植（行距40cm）或宽窄行种植（20cm+40cm）。

四、施肥、整地

（一）整地

谷子是一种耐旱且耐瘠薄的作物，对耕作土壤的要求不高，除了涝洼地和沙土地以外，其他土壤均可种植。谷子适宜在原垄地种植，不宜在连续翻耕的土地上种植，如在连续翻耕的土地上种植，会导致谷子在苗期扎根不牢，在收获季节易出现倒伏现象，造成秕谷率较高。如果前茬是玉米等高秆作物，应刨出茬子并清理干净，播种前清除前茬和杂草，耕作深度20~25cm为宜，秋冬季节进行深耕压耙，平整土地，使土壤上虚下实，熟化土壤，改善土壤结构，提高土壤保墒能力，土层加厚有利于根系下扎，植株生长更健壮。

（二）施肥

谷子在不同生育阶段对氮、磷、钾吸收是不相同的，抽穗前低产谷和高产谷吸收氮量分别占总吸收氮量的76.5%和63.5%；低产田前期吸收氮量较大，而高产田较小。吸氮强度以拔节至抽穗阶段最大，其次是开花灌浆期。幼苗期生长缓慢，吸收氮较少，仅占全生育期的1%~7%，拔节后随着干物质积累的增加而增加，至孕穗期吸氮量最多，为全生育的60%~80%。对磷的吸收低产条件下以孕穗期吸收强度最大，而中高产田生育后期强度最大，乳熟期达到高峰，此时期吸磷量比抽穗期高27.8%，比孕穗期高16.9%，比苗期高69倍。对钾的吸收和最大积累强度在拔节抽穗阶段占生育期吸收总量的50.7%，每生产100kg谷子籽粒约需要吸收氮素（N）2.7kg，磷素（P_2O_5）1kg，钾素（K_2O）4kg左右。因此谷子种植要合理施肥、平衡施肥，才能增产增收。

1. 基肥

基肥能增加耕作层有机质，肥沃土壤，促进谷子根系生长发育，为其一生的生长发育奠定物质基础。基肥以发酵的禽畜粪最好，用量2~3t/亩，缺乏农家肥源的地方可用化肥替代，如磷酸氢二铵，用100~150kg/亩；硫酸钾，用100~150kg/亩。配用适量的生物肥料效果更好。

2. 种肥

播种时施用的肥料被称为种肥，对种子破土出苗、苗齐苗壮和生长有很大的促进作用。种肥一般用磷酸氢二铵，施用量 10kg/ 亩左右，将肥料浅施于种子附近。

3. 追肥

追肥是在植物生长期间为补充和调节植物营养而施用的肥料。谷子追肥主要是补充基肥的不足和满足其后期的营养需求，一般需要追施 2 次肥，第 1 次是在拔节期间，第 2 次是在开花前后。追肥可以土施也可以叶面喷施。叶面喷施主要以磷肥和微量元素为主，根部追肥以尿素为主，第 1 次追肥施 10~12kg/ 亩尿素，第 2 次追肥施 4~8kg/ 亩尿素。

五、播种

（一）播前种子准备

根据不同地市的土地情况、气候条件、耕作栽培制度等，科学、合理选择适合本地区作物生育条件、抗逆性强、优质和产量高稳产的优良品种进行种植，如玉林市可选择三德黄粟，北海市可选择本地黄粟，河池市可选择黄江小米进行种植。尽量选择籽粒饱满、粒大、干净且无损伤完整的种子，如市场上购买的种子，注意检查种子质量。种子发芽率高于 90%，含水量低于 10%，净度和纯度也要符合种植要求。在播种之前 2~3 天，选择晴天进行翻晒，以提高发芽率。临播用 50~55℃温水浸种 10min，或用 10% 的盐水浸种 10min，去掉浮在上面的瘪粒、草籽、杂质后用清水冲洗 2~3 遍，后晾干待播。

（二）播种期

适期播种是谷子高产的重要条件之一。一般在 3 月上旬至 4 月进行春播，夏播在玉米收后 6—7 月播种，力争早播，一般 7 月 20 日前播完。适时播种要综合考虑以下因素：

1. 品种

早熟品种 60~80 天，中熟品种 90~110 天，晚熟品种 110 天以上。由于谷子对光温反应很敏感。不同品种类型对光温反应的迟早和敏感程度差别很大，由此对播种期要求各不相同。

2. 土壤水分和温度

谷子发芽出苗以播种层含水量 15%~17% 最为适宜，低于 10% 对出苗不利，含水量过高又容易导致种子霉烂并感染病害。谷子发芽最低温度 7℃，18~25℃发芽最快，一般而言，温度以播种层的土温稳定在 10℃以上时播种较合适。

3. 降水量

谷子需水关键期是孕穗、抽穗到开花阶段，如雨量不足，即可造成“胎里旱”与“卡脖旱”，对穗码数、穗长、穗粒数都产生不良影响，通过调节播种期让谷子需水高峰期与雨季吻合，从而提高谷子产量。

（三）播种量

每亩播种量控制在 0.5kg 左右，根据种子发芽率、播前整地质量、地下害虫为害情况等来调整播种量，对于土壤黏重、整地质量差、春旱严重的地块每亩播种量控制在 0.75~1.0kg。

（四）播种技术

1. 种子处理

晒种：播种前 15 天左右，将精选过的种子摊放在竹席（草席）上约 2cm 厚翻晒 2~3 天。经过太阳晒的种子活力更高。

药剂拌种：用种子重量的 0.3% 白瑞毒霉可湿性粉剂拌种来防治白发病。用种子重量的 0.3% 使用 50% 多菌灵可湿性粉剂拌种来防治黑穗病。

2. 播种方式

播种方式有点播、穴播、条播和机播等。一般多为条播，春播行距 40cm，夏播行距 30~35cm。

3. 播种深度

播种深度一般 3~4cm，播后及时镇压，旱坡地连压 2~3 遍，底墒不足的要造墒播种。

4. 播种机械

机械播种是人工播种的 15 倍以上，每亩节约间苗投工 4~5 天，大面积种植每亩节省人工间苗费 400~500 元。因单株出苗粗壮，每亩增产 10%~20%。机械播种集“省工、省种、省时、省力、省墒、保墒、节肥、省水、苗匀、苗齐、苗全、苗壮、质优和增产”于一体，播种技术最先进，值得大力推广。播种机械有人力小型播种机、机械牵引谷子播种机和电动或汽油谷子播种机等。生产上播种机械的选型要求有以下几点：① 播种量稳定；② 排种均匀；③ 不损伤种子；④ 通用性好且使用范围大；⑤ 调整方便、工作可靠。

六、间苗除草

（一）留苗密度

谷子留苗密度因生态类型、品种特性、种植习惯、播种方法的不同而异，一般春播留苗密度 2 万 ~3 万株 / 亩，夏播留苗密度 4 万 ~5 万株 / 亩，可根据种植地肥力情况进行调整，肥力差的应适当降低留苗密度；杂交谷子留苗密度 0.8 万 ~1.2 万株 / 亩。如谷子品种有特殊要求的按要求执行。

（二）间苗除草技术

人工间苗除草是一项传统谷子栽培技术环节，费工耗时，劳动强度大，用工费用高。一般在出苗后 15 天左右进行间苗除草。化学除草是在播后苗前喷施 44% 谷友可湿性粉 140g/ 亩，对双子叶杂草防效为 91.6%，对单子叶杂草的防效为 80.4%，且对所有谷子品种安全。兑水不少于 60kg/ 亩，如果田间比较干旱，加大兑水量，能提高防效。

（三）除草剂的选择

我国当前在谷子作物上登记的除草剂约有 5 个。① 44% 谷友 WP（1.5% 单嘧磺隆 +42.5% 扑灭津），能防治单双子叶杂草，市场上得到大面积推广应用；② 45% 泰锄 WP；③ 扑草净，安全性差，未能大面积推广；④ 2,4-D 丁酯，受漂移和处理方式等影响，易产生药害；⑤ 10% 单嘧磺隆 WP，在推荐剂量内使用对谷子安全，主要防治阔叶杂草，对阔叶杂草的防效率达 90% 左右。10% 单嘧磺隆 WP 是谷田除草剂中应用广泛且农民认可度较高的产品。

（四）除草剂的喷施

严格按照除草剂规定的剂量范围、用药浓度和用药量正确使用除草剂。① 选择合格的喷雾设备。选择适宜的喷嘴、压力、喷液量。控制产生雾滴直径 100μm 以下的雾滴，选择晴朗无风的天气施药，以免产生漂移药害，危害附近敏感作物。喷药器械使用要规范，用前要检查器械使用性能，用后要清洗干净。② 根据气候环境条件对除草剂效果的影响，灵活用药，气温高或湿度低时，要适当减少用药量，湿度大时要增加用药量。气候条件不良时不喷施除草剂或选用异丙草胺或异丙甲草胺来代替乙草胺，对后茬作物有危害的除草剂慎用。③ 发生药害时应采取补救措施，发现早期对受害植株喷淋 3~5 次清水，减少药液在叶面上的残留。对一些遇碱性物易分解失效的除草剂，可用 0.2% 的生石灰水或 0.2% 碳酸钠溶液喷洗谷苗，解除药害。另外，在发生药害的植株上增施速效肥料增加养分，还可以在发生药害后施用油菜素，降低体内对除草剂的吸收量，迅速缓解除草剂药害。

（五）喷施机械

1. 传统喷雾机械

3WBD-20 背负式电动喷雾器，可装 20 L 除草药液，携带方便，对植株的人为损伤少。但工作效率低。

2. 除草剂喷雾打药机

药箱容量：300L、400L、500L。

喷杆喷幅：8m、6m、12m。

打药机配套动力：15 马力以上。

药箱容量：400L。

喷臂：人工折叠喷杆（喷杆弹簧定位防刮碰）。

喷头数量：10 个。

液泵流量：双缸隔膜泵 80L/min（动力输出型）（皮带轮型）可选。

连接方式：三点悬挂式，药泵与拖拉机后输出轴连接，或轴轮连接。

工作压力：0.3~0.7MPa。

液泵流量：90L/min（三缸隔膜泵）。

搅拌方式：回水搅拌。

该喷施机械在药箱内设置了射流搅拌系统，对药液进行强制搅拌。药箱内的药液浓度自始至终是均匀的。喷臂末端的弹性回位机构和护杆可有效保护喷头不致损坏，还带有自动加水功能，3min 即可加满药箱，大大减少了辅助作业时间，提高了工作效率。

3. 柴油四轮大型打药车

每台打药车的工作效率在 1 000 亩左右，省时省力。配备 25 马力柴油机作为动力，马力强劲，进口喷头，全车液压工作平台升降，喷杆液压伸展，配备 110 型打药泵，上药快，水旱两用喷杆喷药机喷幅宽、容量大、作业效率高，是理想的乘坐式田园管理机械。该产品结构紧凑，美观大方，分段设计的喷杆，自动伸缩，操作方便，防滴漏喷头、防撞喷杆及水旱两用轮胎。具有如下特点：喷幅宽、容量大、作业效率高、性能更佳：雾化好、防漂移、分段设计的锻铝防腐处理喷杆。自动伸缩、操作方便、独特的三缸分流阀设计配置、可控制性好、结构紧凑、美观大方、实用性极佳。

七、苗期管理

（一）苗期生长发育特点

苗期是指从出苗至拔节这一阶段，以生根、分化茎叶为主的营养生长阶段。在生产上为了管理方便，把苗期分为两个阶段。一是出苗至 3 叶期，称为种子的“离乳期”，即秧苗脱离了依靠种子胚乳供给营养的生长阶段；二是 3 叶期至拔节，是从自养生活转向异养生活的阶段。

苗期生长发育特点是根系生长迅速，而地上部分的茎叶生长缓慢，即长根、增叶和茎节分化，次生根大量生成。在南宁春播谷子，根据品种熟期不同，苗期要历经 30~40 天。

（二）苗期生长异常现象

1. 僵苗、死苗

从 2~3 叶期开始，幼苗生长变慢，植株矮小，叶片紫红色、黄色、花青色、黑绿色或条纹枯叶、卷叶，早上和傍晚尚好，中午高温强光下卷叶萎蔫严重，直至整个叶片焦枯死亡；地下部虽有新根发生，但根毛较少，吸收功能较差。这种现象出现得越早植株受害程度越重。

2. 植株严重矮化，株型异常

植株节间缩短，基部茎节增粗膨大，病株为正常谷子株高的 1/3~2/3。发病开始时在幼叶中脉两侧的细脉间出现透明的褪绿虚线小点，以后透明线点增多，直至全部发黄；叶色深绿，病株上部叶片挺直，植株心叶叶片卷曲，出现缺刻或不能抽出，有些植株还会出现叶片对生，喇叭口朝一侧倾斜的现象。重病株不抽雄，雌穗不结实；根系少而短，生长比健康植株差。

（三）苗期自然灾害

涝害。谷子耐旱性强，而不耐涝。苗期雨后有水洼处，可见到“灌耳”“淤垄”现象，小苗黄弱，根系扎不深，形成三类苗；中后期如遇暴雨，地表积水，影响根系呼吸，对成长发育晦气，乃至“腾伤”早枯熟。因此，有必要将谷田规划于排水杰出的地块上，还要进行基本建设，整平土面，于耕种之后，或许形成水淹之处，开沟直通谷地外面。如有多余的水，便能通畅流出去，而避免涝害。最终一次中耕，结合高培土，疏通垄沟，下降行间高度，水分过多时，可敏捷排走。在地下水位高的地区，必定要降至 2m 以下，以利根系成长。

（四）苗期病害预防

白发病是谷子苗期常见病害，幼苗被害后叶表变黄，叶背有灰白色霉状物，称为灰背。旗叶期被害株顶端三四片叶变黄，并有灰白色霉状物，称为白尖。此后叶组织坏死，只剩下叶脉，呈头发状，故叫白发病。

谷子白发病防治方法有以下几点。

第一，选种。选择抗病品种进行种植。

第二，合理密植。合理耕种谷子密度，加强水肥管理，提高谷子自身抗性。

第三，轮作。实行三年以上轮作倒茬。

第四，拔除病株。在黄褐色粉末从病叶和病穗上散出前拔除病株。

第五，药剂拌种。50% 萎锈灵粉剂，每 50kg 谷种用药 350g。也可用 50% 多菌灵可湿性粉剂、每 50kg 谷种用药 150g。

（五）苗期虫害预防

粟灰螟：粟灰螟属鳞翅目螟蛾科，又名谷子钻心虫，是谷子上的主要害虫，以幼虫钻蛀谷子茎基部，苗期造成枯心苗。粟灰螟在广西一年发生三代，越冬幼虫于 4 月下旬至 5 月初化蛹，5 月下旬成虫盛发，5 月下旬至 6 月初进入产卵盛期，5 月下旬至 6 月中旬为一代幼虫为害盛期，7 月中下旬为二代幼虫为害期。三代产卵盛期为 7 月下旬，幼虫为害期 8 月中旬至 9 月上旬，以老熟幼虫越冬。当每 1 000 株谷苗有卵 2 块，用 80%敌敌畏乳油 100mL，加少量水后与 20kg 细土拌匀，撒在谷苗根际，形成药带，也可使用 5% 甲维盐水分散粒剂 2 500 倍液、2.5% 天王星乳油 2 000~3 000 倍液、4.5% 氯氰菊酯乳油 1 500 倍液、40% 毒死蜱乳油 1 000 倍液、80% 敌敌畏乳油 1 000 倍液、1.8% 阿维菌素 1 500 倍液或 1% 甲胺基阿维菌素 2 000 倍液等药剂防治，重点对谷子茎基部喷雾。

黏虫：咬食作物的茎叶及穗，把叶吃成缺刻或只留下叶脉，或是把嫩茎或籽粒咬断吃掉。防治方法有 DDV 熏蒸法和喷雾法 2 种。DDV 熏蒸法，每亩用 80%DDV，0.2~0.25kg 兑水 0.5~1kg 拌谷糠、锯末等 2.5~3kg，于晴天无风的傍晚均匀撒于谷田即可。喷雾法选用 2.5% 的功夫、氯氰菊酯兑水喷雾，90% 的万灵、Bt 乳剂等农药进行防治，但施药期要提前 2~3 天。

种植谷子时在管理上对病虫害一定要做到早发现、早预防，才有可能使谷子大面积增产。

（六）苗期“一喷多效”技术

谷子苗期白发病、叶锈病、叶瘟病、粟灰螟、黏虫等多种病虫同时发生危害的关键期，可选用合适的杀菌剂、杀虫剂、生长调节剂、叶面肥科学混用，综合施药，药肥混喷，防病治虫，防早衰防干热风，一喷多效。

一喷多效常用农药种类如下。

杀虫剂：吡虫啉、啶虫脒、吡蚜酮、噻虫嗪、辛硫磷、溴氰菊酯、高效氯氟氰菊酯、高效氯氰菊酯、氰戊菊酯、抗蚜威、阿维菌素、苦参碱等。其中，吡虫啉和啶虫脒不宜单一使用。

杀菌剂：三唑酮、烯唑醇、戊唑醇、己唑醇、丙环唑、苯醚甲环唑、咪鲜胺、氟环唑、噻呋酰胺、醚菌酯、吡唑醚菌酯、多菌灵、甲基硫菌灵、氰烯菌酯、丙硫唑·戊唑醇、丙硫菌唑、蜡质芽孢杆菌、井冈霉素等。

叶面肥及植物生长调节剂：磷酸二氢钾、腐殖酸型或氨基酸型叶面肥、油菜素内酯、氨基寡糖素等。

八、拔节—抽穗期管理

（一）拔节—抽穗期生长发育特点

谷子拔节到抽穗是生长和发育最旺盛时期。出叶时速度快，节间生长迅速，幼穗发育正处于关键时期，需肥需水最多。拔节期壮株长相是秆扁圆，叶宽挺，色黑绿，生长整齐，抽穗时是秆圆粗敦实，顶叶宽厚，色黑绿，抽穗整齐。田间管理的主攻方向是攻壮株促大穗。

（二）拔节—抽穗期灌溉、追肥

灌溉：旱地谷通过适期播种赶雨季，满足谷子对水分的要求，水地谷除了利用自然降水外，根据谷子需水规律，对土壤水分进行适当调节，以利谷子生长。谷子拔节后，进入营养生长和生殖生长阶段，生长旺盛，对水分要求迅速增加，需水量多，如缺水，造成“胎里旱”，所以拔节期浇 1 次大水，既促进茎叶生长，又促进幼穗分化，植株强壮，穗大粒多。孕穗抽穗阶段，出叶时速度快，节间生长迅速，幼穗发育正处于关键时期，对水分要求极为迫切，为谷子需水临界期，如遇干旱也要造成“卡脖旱”，穗抽不出来，出现大量空壳、秕籽，对产量影响极大。因此抽穗前即使不干旱也要及时浇水。据报道，谷子一生灌三水即拔节、孕穗、抽穗期各灌一水效果最好。旱地谷没有灌溉条件，抽穗前进行根外喷水，用水量少，增产显著。

追肥：谷子拔节以前需肥较少，拔节以后，植株进入旺盛生长期，幼穗开始分化，拔节到抽穗阶段需肥最多。必须及时补充一定数量的营养元素，对谷子生长及产量形成具有极其重要的意义。磷肥一般作底肥，不作追肥。钾肥，就目前生产水平，土壤一般能满足需要，无须再行补充。追施氮素化肥能显著增产，每亩施纯氮 3kg。以尿素作追肥效果最好；其次是硝酸铵、氯化铵；再次硫酸铵、碳酸氢铵；速效农家肥如坑土、腐熟的人粪尿素含氮较多的完全肥料，都可作追肥施用。谷子追肥量要适当。过少增产作用小，但过多，不但不能充分发挥肥效，经济效果也不好，而且还导致倒伏，病虫害蔓延，贪青晚熟，以至减产。生产上要看天和看地结合谷子生长情况进行追肥，一次追肥每亩用量以纯氮 5kg 左右为宜。拔节后穗分化开始到抽穗前孕穗期都是追肥期。最好进行两次追肥：第一次于拔节始期，称为“座胎肥”；第二次在孕穗期，叫“攻籽肥”，但最迟必须在抽穗前 10 天施入，以免贪青晚熟。

（三）拔节—抽穗期生长异常现象

缺素：叶色呈黄绿色，叶片开始萎蔫，下部叶片枯黄，叶片数量少，生长慢，次生根生长稀少。

秃尖：遇到不适的环境条件，顶部的小花或受精胚常因养分供应不足而发生败育造成秃尖。秃尖发生原因常见有 3 种：一是顶部小花在分化过程中因干旱或肥料不足等原因而退化为不育花；二是抽雄前遇到高温干旱天气，抽穗散粉提前，穗尾失去受精时机，造成秃尖；三是栽植过密，肥料供不应求，或干旱，或遭受雹灾，或遇到连阴雨天气，叶片光合作用减弱，致果穗顶部的受精胚得不到足够的养料，不能发育成籽粒。

空码：受干旱或高温环境影响，小穗发育受阻，不能形成籽粒或无法生长，从而在穗轴上形成空码。

（四）拔节—抽穗期自然灾害

高温：局部高温，幼穗分化受阻，产生空秕粒。

涝害：植株旺盛生长会阻断，生长延缓，生育期延迟，养分供应不充分，幼穗分化受影响，穗粒数减少、千粒重降低、秕谷增加。

（五）拔节—抽穗期病害预防

1. 谷子白发病

谷子白发病是一种分布十分广泛的病害，为害程度逐年加重，是谷子生产上的主要病害之一。对谷子的产量和品质影响很大。

（1）选用抗病品种

选择有较强的抗病能力的品种。

（2）种子处理

播种前可选用25%瑞毒霉、50%萎锈灵、50%多菌灵、25%甲霜灵、70%甲基硫菌灵，按种子干重的0.5%拌种即可。土壤带菌量大时可沟施药土，进行土壤处理，方法是每公顷用50%多菌灵4 kg，掺细土15~20 kg，撒种后沟施盖种。

（3）土壤处理

① 合理轮作。与豆类、薯类等非寄主作物合理轮作，并适期播种，注意保墒。轻病田块实行2年轮作，重病田块实行3年以上轮作。② 用噁霉·乙蒜素1~1.5kg，拌土50kg，或用50%氯溴异氰尿酸1~1.5kg，拌土50kg，耕前撒施。

（4）及时拔除病株

当植株出现灰背、白尖时要及时拔除，要整株连根拔起，并带到田外深埋或烧毁。要大面积连续拔除，直至拔净为止。

2. 谷瘟病

谷瘟病为害重，是谷子重要病害之一。防治方法有以下2种。

（1）农业防治

选用抗病品种，合理施肥，提高植株的抗病性，忌偏施氮肥，密度不宜过大，注意通风透光，并及时清除病残体，病草要处理干净。采种要进行单收单打。收获后深翻土地。

（2）化学防治

① 药剂拌种。50%萎锈灵按种量的0.7%拌种。② 叶子发病初期，用25%嘧菌酯水分散粒剂800~1 000倍液叶面喷雾；③抽穗期，用20%二氯异氰尿酸钠600~800倍液，对准谷穗喷雾；④ 齐穗期，可用25%吡唑醚菌酯1 500倍液+50%氯溴异氰尿酸1 000倍液，对谷穗四面均匀喷雾。

3. 谷子锈病

（1）农业防治

① 首选抗病品种，做好栽培计划，实行科学轮作。选择坡地或地势高的地块种植谷子；② 适时播种，避开高温高湿的环境可减轻病害；③ 加强田间管理，控制好田间密度，合理排灌，低洼地雨后及时排水，降低田间湿度；④ 均衡施肥，切忌偏施氮肥，施用氮肥不宜过晚，避免植株贪青晚熟；⑤ 实行秋翻地，

及时清除田间病残体、杂草等。

（2）化学防治

① 谷子锈病发病初期，用高效烯唑醇 2 000 倍液叶面均匀喷雾；②谷子锈病发生中期，谷叶发病率达 5%~10% 时，可用环丙唑醇 1 000~1 500 倍液叶面喷雾；③谷子锈病发生高峰期，谷叶发病率超 10% 以上时，可用 50% 氯溴异氰尿酸 1 000 倍液 +15% 三唑醇可湿性粉剂 1 000 倍液 + 农用有机硅 10mL 进行防治。用药时对准叶面均匀喷雾。

（六）拔节—抽穗期虫害预防

1. 黏虫

黏虫为鳞翅目夜蛾科害虫，因其群聚性、迁飞性、杂食性、暴食性等特点，成为全国性重要农业害虫，具有暴发性特点，是谷子上的主要食叶害虫。

（1）物理防治

大面积连片种植的谷区，在成虫盛发期可用频振式杀虫灯和黑光灯诱杀，杀虫灯呈棋盘状排列，3hm^2 放置 1 盏；或用谷草把引诱成虫产卵，225 把 /hm^2，3~4 天换 1 次草把，并把换下的草把烧毁。

（2）化学防治

防治谷子黏虫，可用 10% 甲氨基阿维菌素苯甲酸盐悬浮剂 2 000~3 000 倍液，或用 26% 溴氰 · 马拉松乳油 1 000~1 500 倍液喷雾防治，7 天喷 1 次，每个月喷 2~3 次，夏播谷在 7—8 月重点喷防。

2. 粟缘蝽

粟缘蝽为半翅目缘蝽科害虫，分布于中国各地，以成、若虫刺吸谷子穗部未成熟籽粒的汁液为害，影响谷子产量及质量。粟缘蝽除为害谷子外，还为害高粱、玉米等，但以谷子受害较为严重。

（1）农业防治

① 因地制宜地选择种植抗虫品种；② 尽量机耕后再播种，如为重茬播种，必须事先清洁田园。秋收后要注意拔除田间及四周杂草，减少成虫越冬场所。出苗后及时浇水，可消灭大量若虫。

（2）化学防治

可用 26% 溴氰 · 马拉松乳油 800~1 000 倍液，或用 5% 高效氯氟氰菊酯水乳剂 1 000 倍液 +25% 噻虫嗪水分散粒剂 1 500 倍液喷雾，7 天喷 1 次，连喷 2~3 次。

（七）拔节期“一喷多效”技术

谷子病虫害较多，如锈病、白粉病、纹枯病、赤霉病、叶枯病，蚜虫、黏虫、螟虫、红蜘蛛等，在谷子抽穗前，运用一喷三防措施，达到防治五病三虫，甚至多虫的目的。喷时可杀虫剂、杀菌剂、微量元素肥混配喷施，达到一喷多效，省工省力省心。常用的药物有甲维盐、菊酯类农药、吡虫啉、阿维菌素、戊唑醇、三唑酮、噁霉灵、丙环唑、烯唑醇等，微肥可用氨基酸类。

九、开花—灌浆期管理

（一）开花—灌浆期生长发育特点

籽粒形成：子房受精后第 1 天就开始伸长，在开花后 6~7 天，米粒即可达最大长度，此时胚的各器官也大体完成，开始具有发芽能力。8~10 天，米粒达最大厚度。米粒鲜重开花后 10 天内增长最快，在 25~28 天达最大值。米粒干重增加高峰期在开花后 15~20 天，开花后 25~45 天达最大值。

（二）开花—灌浆期生长异常现象

穗秃尖、缺粒、穗型较小甚至空秆。这些灌浆期异常现象，造成谷子生产减产，必须采取措施加强管理。

（三）开花—灌浆期自然灾害

干旱：结合喷施叶面肥喷水。

早霜：调节播期，种植时用地膜覆盖，有霜来前凌晨上风头熏烟防止。

（四）开花—灌浆期病害预防

谷瘟病：主要是穗瘟，用 40% 敌瘟磷乳油 500~800 倍液或 6% 春雷霉素可湿性粉剂 1 000 倍液向穗部喷施。

白发病、黑穗病：及早拔除病株，带到田外深埋或烧毁。

（五）开花—灌浆期虫害预防

双斑长跗萤叶甲：在成虫盛发期用 20% 氰戊菊酯乳油 2 000 倍液喷施。

十、成熟期管理

（一）成熟期特点

植株基本停止营养生长，进入生殖生长为中心的阶段。

乳熟期：植株下部叶片变黄，茎秆有弹性，基部节间开始皱缩，颖和籽粒尚呈绿色，内含物为乳汁状。此时籽粒体积已达最大值，但含水量较高，不宜收获。

蜡熟期（黄熟阶段）：整个植株大部变黄，茎秆仍具弹性，基部节间全部变黄皱缩，叶片大都枯黄，护颖和籽粒外部呈黄色，内含物已呈蜡质状，用指甲压挤易破碎，养分积累基本停止。蜡熟末期植株呈金黄色，叶片基本干枯，籽粒硬化，此时为机械收获的最佳时期。

完熟期：茎秆全部干枯，籽粒体积缩小，含水量降低，呈干硬状，用指甲挤压不易破碎，颜色发亮，此时为人工收割最佳时期。

完熟期后茎秆呈灰黄色，脆而易断，茎叶枯干，籽粒养分倒流，千粒重下降。此时收割掉穗严重，若遇阴雨连绵籽粒又会生芽发霉，品质变差，损失更大。因此，收谷子时，一定要掌握好恰当的收获时期，达到丰产丰收。

（二）收获方式与机械

1. 收获方式

分段收获法：用多种机械分别完成割、捆、运、堆垛、脱粒和清选等作业方法。如用割晒机将植株割倒然后用人工打捆，运到场上再用脱谷机进行脱谷和清选。这种方法使用的机械构造简单设备投资较少，但劳动生产率较低，收获损失也较大。这种方法在广西边远山区或落后的广大农村比较常见。

联合收获法（直收）：运用联合收割机在田间一次完成收割、脱粒和清选等全部作业的方法。这种方法可以大幅度地提高劳动生产率减轻劳动强度并减少收获损失。但由于谷子在秆上成熟度不一致脱下的谷粒中必有部分是不够饱满，因而影响总收获量。另外，适时收获的时间短（5~7 天），机器全年利用率低，每台机器负担的作业面积小，粮食的烘干、晾晒和储存也有困难。

两段联合收获法：先用割晒机将植株割倒并成条地铺放在高度为 15~20cm 的割茬上，经 3~5 天晾晒使谷子完全成熟并风干，然后用装有拾禾器的联合收获机进行捡拾、脱粒和清选。

2. 收获机械

（1）切流式

谷物茎秆和穗头全部喂入脱粒装置进行脱粒。按谷物在滚筒下通过的方向不同，又可分为切流滚筒和轴流滚筒两种。切流型即所谓的传统型，即谷物从旋转滚筒的前方切线喂入经几分之一秒时间脱粒后，沿滚筒后部切线方向排出。目前这种产品在我国占主导地位，代表机型有 JL1000 系列、SL—E512/514 等。

（2）轴流式

谷物从滚筒轴的一端喂入，沿滚筒的轴向作螺旋状运动，一边脱粒一边分离。它通过滚筒的时间较长，最后从滚筒的另一端排出。这种型式可以省去联收机庞大的形体，缩小联收机的体积，减轻重量，并对大豆、玉米、小麦和水稻等多种作物均能使用。我国南方研制的全喂入联收机多采用轴流式。

（三）收获技术

谷子收获过早或过晚都会影响产量和品质。谷子开花时间长，同一个穗上小花开花时间相差 10 天左右，成熟期不一致，收获过早籽粒尚未成熟，不但产量低而且品质差，收获过晚则易脱落减产。一般以蜡熟末期或完熟初期，即颖壳变黄，谷穗断青，籽粒变硬时收获。

收获期的特征是当检查穗中下部籽粒颖壳已具有本品种固有的色泽，籽粒背面颖壳呈现灰白色，即所谓的“挂灰”时，籽粒变硬，断青，这说明全穗已成熟，不论其茎叶青黄都要开镰收割，以防落粒减产。谷子有后熟作用，收获后不要立即脱粒，可运到场上垛好，7~10 天后打场脱粒，这样胚乳发育完全，成熟性状好，产量质量都会提高。

人工收获谷子一般在完熟期，谷粒变硬、颖壳变黄时谷子全穗已基本成熟，有些品种的茎叶为青黄色时就可人工开镰收获，收获后先垛成谷垛，使谷子有 7~10 天后熟，待谷子胚发育完全、成熟后再用机械脱粒、晾晒、贮藏。

机械收获在蜡熟末期，95% 的籽粒坚硬时收获最佳，收过早易造成机械脱粒不净、损伤籽粒及品质差。收获过迟，易落粒造成减产及影响籽粒的色泽。

（四）收获期自然灾害

1. 倒伏

肥美田块，尤其是平川沟凹地，谷子常出现倒伏，严重影响产值。开花后 20 天左右，茎秆内淀粉分解为糖分，向穗部运送，下部茎壁变薄、发脆，是最易发作倒伏的时期。倒伏对产值的影响：谷子倒伏之后，相互遮苗和挤压，或拉断根系，影响光合产物的合成和运输；又因为茎叶堆在一起，散热慢，往往保持较高的温度，乃至腐烂，呼吸加强，耗费多，积累少，秕籽率高。最严重的可减产 60%~70%，而且收割费工。

2. 鸟害

谷子粒小，味道好，是一般鸟类喜吃的食物。在麻雀啄食的同时，撒落在地上的谷粒就更多了。尤其是麻雀喜成群活动，村庄、树林邻近的谷田，更是严重。为避免鸟害，宜选用刚毛长、穗码紧的种类，还可于灌浆期喷洒乐果等药剂，也有用“灭雀灵”诱杀的，此外，可设置自动噪声惊鸟器、网捕、色条惊鸟等等，也有一定的效果。

（五）籽粒降水贮藏

1. 籽粒贮藏

在田间晾晒，尽量让谷穗通风，每 3 天翻 1 遍，直至谷粒晒到 14%~14.5% 的含水量时，才能码垛。码垛存放时间不宜长，避免由于不通风，造成局部发热，产生黄粒米。脱粒后的谷籽，如水分较大，可采取阴晾的方法，不能在强烈阳光下暴晒，以免产生碎米。晾干后将谷子用薄膜袋包装存放或用瓦罐贮藏。

2. 穗贮藏

将成熟的谷穗收获，经晾晒后，捆成 2.5kg 左右小把，挂于屋内横梁上存放。

第七章 杂交谷子绿色高效栽培技术

第一节　杂交谷子主要品种简介

一、张杂谷 3 号

品种来源：张家口市农业科学院采用光（温）敏两系法选育成功的抗除草剂谷子杂交种，亲本组合为“A2 × 1484–5”。2005 年通过全国农技推广服务中心鉴定，2005 年在全国第六届优质食用粟评选中被评为二级优质米。主要完成人为赵治海、王天宇、杜贵、朱学海、张文英、王德权等。

特征特性：绿苗绿鞘，生育期 115 天，单株有效分蘖 0~2 个，茎高 122.4cm，茎粗 0.63cm，穗长 23.4cm，穗粗 2.7cm，棍棒穗形。穗谷码 99.5 个。单株粒重 16.0g，千粒重 3.23g，出谷率 82.0% ，草谷比为 1.02，黄谷、黄米。表现抗逆性较强，高抗谷锈病、谷瘟病、纹枯病、白发病、线虫病。红叶病发病率 0.25%，黑穗病发病率为 3.49%，抗倒性为 3 级，虫蛀率为 0.21%。抗旱、抗病、抗倒、适应性强，适应面广、高产稳产、米质优适口性好。

产量表现：2003—2004 年参加国家西北区（早熟组）区试。2003 年平均亩产 356.3kg，比统一对照增产 5.05%，居第三位。2004 年 6 点中 2 点居第一位，1 点居第二位，平均亩产 321.1kg，比统一对照增产 6.50%，居第二位。两年平均亩产 338.7kg，比统一对照增产 5.71%，居第二位。2004 年参加国家西北区（早熟组）生产鉴定试验，平均亩产 297.0kg，比对照增产 19.13%。高产纪录为亩产 843kg。

栽培技术要点：底肥。亩施磷酸二铵 15kg 和农家肥 2 000~3 000kg。播种。5 月上中旬播种，亩播量 0.5~0.75kg。田间管理。防治虫害，出苗后喷施杀虫农药防治苗期害虫；留苗密度，中、上等地 1.5 万株 / 亩，下等地 1 万株 / 亩；追肥，亩施尿素 40kg，其中拔节期 20kg，抽穗前 20kg。

注意事项：张杂谷 3 号为杂交种，只种一代，不能留种。

适宜区域：河北、北京、山西、陕西、甘肃、宁夏、黑龙江、吉林、内蒙古等≥ 10℃积温 2 400℃以上地区均可春播种植。

二、张杂谷 5 号

品种来源：张家口市农业科学院采用谷子光（温）敏两系法选育成功的抗除草剂谷子杂交种，亲本组合为“A2 × 改良晋谷 21”。2005 年在全国第六届优质食用粟评选中评为一级优质米。2008 年通过张家口市作物品种鉴定委员会鉴定。主要完成人为赵治海、杜贵、朱学海、王晓明、王峰、张文英、邱凤仓、宋国亮、王德权等。

特征特性：绿苗绿鞘，生育期 125 天，成株茎高 118.7cm，穗长 25.6cm，穗粗 2.0cm，棍棒穗形。穗粒重 22.4g，千粒重 3.1g，出谷率 74.8% ，草谷比为 1.51，白谷、黄米。表现抗逆性较强，高抗白发病、线虫病。抗旱、抗倒、适应性强、高产稳产、米质特优适口性好。

产量表现：2006—2007 年参加张家口市（代河北省）谷子区域试验。2006 年平均亩产 485.5kg，比统一对照增产 16.98%，居第一位。2007 年平均亩产 415.9kg，比统一对照增产 21.36%，居第二位。两年平均亩产 450.8kg，比统一对照增产 19.011%，居第一位。2007 年参加生产试验，平均亩产 463.3kg，比对照增产 34.92%，居第一位。示范田亩产一般可达 600kg，高产纪录为亩产 811.9kg。

栽培技术要点：底肥。亩施磷酸二铵 15kg 和农家肥 3 000~4 000kg。播种。5 月上旬播种，亩播量 0.5~0.75kg。田间管理。防治虫害，出苗后喷施杀虫农药防治苗期害虫；留苗密度，中、上等地 1.5 万 ~2 万株 / 亩，下等地 1 万 ~1.5 万株 / 亩；追肥，亩施尿素 40kg，其中拔节期 20kg，抽穗前 20kg。该品种增产潜力大，要求生育后期肥水供应充足。

注意事项：张杂谷 5 号为杂交种，只种一代，不能留种。

适宜区域：河北、山西、甘肃、宁夏、内蒙古、新疆、黑龙江、吉林、辽宁、北京等≥ 10℃积温 2 600℃以上肥水条件好的地区均可春播种植。

三、张杂谷 6 号

品种来源：张家口市农业科学院采用谷子光（温）敏两系法选育成功的抗除草剂谷子杂交种，亲本组合为“A2 × 改良九根齐”。2005 年在全国小米鉴评会上被评为优质米。2008 年通过张家口市作物品种鉴定委员会鉴定。主要完成人为赵治海、杜贵、王晓明、王峰、张文英、邱凤仓、宋国亮、王德权等。

特征特性：生育期为 108 天左右。幼苗和叶鞘为绿色。成株高 112.2cm。穗长 25.6cm，棍棒形，穗谷码 105 个左右，小穗小花排列松紧适中，结实性好。黄谷黄米，单穗粒重 22.4g，千粒重 3.1g。小米品质优、适口性好。表现抗逆性较强，抗旱、抗倒，高抗白发病、线虫病。适应性强、高产稳产、米质特优适口性好。

产量表现：2006—2007 年参加张家口市（代河北省）谷子区域试验。2006 年平均亩产 455.5kg，比统一对照增产 9.76%。2007 年平均亩产 372.6kg，比统一对照增产 8.72%。两年平均亩产 414.0kg，比统一对照增产 9.29%。2007 年参加生产试验，平均亩产 378.8kg，比对照增产 10.31%。示范田亩产一般可达 400kg，高产纪录为亩产 755kg。

栽培技术要点：底肥。亩施磷酸二铵 15kg 和农家肥 2 000kg。播种。较冷凉区 5 月上旬，暖区 5 月中下旬播种，亩播量 0.75~1.0kg。田间管理。防治虫害，出苗后喷施杀虫农药防治苗期害虫；留苗密度，中、上等地 1.5 万株 / 亩，下等地 1 万株 / 亩；追肥，亩施尿素 40kg，其中拔节期 20kg，抽穗前 20kg。

注意事项：张杂谷 6 号为杂交种，只种一代，不能留种。

适宜区域：河北、山西、陕西、甘肃、内蒙古、宁夏、新疆、黑龙江、北京、辽宁、吉林等≥ 10℃积温 2 300℃以上肥水条件好的地区均可春播种植。

四、张杂谷 10 号

品种来源：张家口市农业科学院采用谷子光（温）敏两系法选育成功的谷子两系杂交种，亲本组合为“A2 × 2038”。2009 年在全国第八届优质食用粟评选中被评为一级优质米。2009 年通过全国农技推广服务中心鉴定。主要完成人为赵治海、王晓明、王峰、张文英、邱凤仓、宋国亮、王德权等。

特征特性：生育期 128 天，株高 110.9cm，穗长 23.9cm，穗重 40.8g，穗粒重 30.25g，出谷率 74.14%，千粒重 3.0g。穗呈棍棒形，松紧适中，黄谷、黄米。综合性状表现良好，适应性强，稳产性好，抗病抗倒，抗除草剂，熟相好，米质优良。

产量表现：2007—2008 年参加国家谷子品种西北区早熟组区域试验，两年试验平均亩产 448.9kg，平均比对照品种增产 17.21%。2008 年参加国家谷子品种西北区早熟组生产试验，平均亩产 427.9kg，平均比对照品种增产 17.68%。示范田一般亩产 600kg，高产纪录为亩产 818.2kg。

栽培技术要点：底肥。亩施农家肥 2 500~3 000kg 作基肥，磷酸二铵 20kg。播种。暖区较暖区 5 月上中旬播种，较冷凉区 4 月底至 5 月初，亩播量 0.75~1.0kg。田间管理。留苗密度，一般亩留苗 1.0 万 ~1.5 万株（根据地力调整）；追肥，亩施尿素 30kg，其中拔节期 15kg，抽穗前 15kg。

注意事项：张杂谷 10 号为杂交种，只种一代，不能留种。

适宜区域：河北、山西、陕西、甘肃、内蒙古、辽宁、吉林、黑龙江、宁夏、新疆、北京等≥ 10℃积温 2 800℃以上地区春播；在河南、山东黄淮海夏播区种植。

五、张杂谷 12 号

品种来源：张家口市农业科学院采用光（温）敏两系法选育成功的抗除草剂谷子杂交种，亲本组合为“A2 × 改良黄五”。主要完成人为赵治海、王晓明、王峰、张文英、范光宇等。

特征特性：绿苗绿鞘，生育期 118~122 天，单株有效分蘖 2~4 个，茎高 122cm，穗长 25.3cm，穗粗 3.8cm，棍棒穗形。单穗重 25.2g，千粒重 3.01g，出谷率 72.6%，白谷、黄米，米质优良。表现抗旱、抗病、抗倒、适应性强，适应面广、高产稳产、米质优适口性好。

产量表现：示范田亩产一般可达 450kg，高产纪录为亩产 603kg。

栽培技术要点：底肥。亩施磷酸二铵 15kg 和农家肥 2 000~3 000kg。播种。5 月上中旬播种，亩播量 0.5~0.75kg。田间管理。防治虫害，出苗后喷施杀虫农药防治苗期害虫；留苗密度，中、上等地 1.5 万株 / 亩，下等地 1 万株 / 亩；追肥，亩施尿素 40kg，其中拔节期 20kg，抽穗前 20kg。

注意事项：张杂谷 12 号为杂交种，只种一代，不能留种。

适宜区域：河北、山西、陕西、甘肃、内蒙古、宁夏、新疆、黑龙江、吉林、辽宁、北京等≥ 10℃积温 2 600℃以上地区均可春播种植。

六、张杂谷 13 号

品种来源：张家口市农业科学院采用光（温）敏两系法选育成功的抗除草剂谷子杂交种，亲本组合为“A2 × 黄六”。主要完成人为赵治海、王晓明、王峰、张文英、范光宇等。

特征特性：绿苗绿鞘，生育期 115 天，单株有效分蘖 4~5 个，茎高 128cm，穗长 35.5cm，穗粗 3.8cm，棍棒穗形。单株粒重 70~100g，千粒重 3.5g，出谷率 75.6%，白谷、黄米，米质优良。表现抗旱、抗病、抗倒、适应性强，适应面广、高产稳产、米质优适口性好。

产量表现：2015 年国家区域试验平均亩产为 404.6kg，较对照大同 29 号增产 5.61%，居参试品种第 2 位。8 个试点 5 点增产，增产点率为 62.5%，增产幅度在 0.90%~20.2%；3 点减产，减产幅度为 8.42%~19.58%；变异系数为 40.24%。2016 年国家区域试验平均亩产为 452.3kg，较对照大同 29 号增产 10.07%，居参试品种第 1 位。8 个试点 5 点增产，增产点率为 62.5%，增产幅度在 5.91%~44.21%；3 点减产，减产幅度为 3.82%~22.32%；变异系数为 20.83%。示范田一般亩产 400~600kg，高产纪录为亩产 760kg。

栽培技术要点：底肥。亩施磷酸二铵 15kg 和农家肥 2 000~3 000kg。播种。5 月上中旬播种，亩播量 0.5~0.75kg。田间管理。防治虫害，出苗后喷施杀虫农药防治苗期害虫；留苗密度，中、上等地 1.5 万株 / 亩，下等地 1 万株 / 亩；追肥，亩施尿素 40kg，其中拔节期 20kg，抽穗前 20kg。

注意事项：张杂谷 13 号为杂交种，只种一代，不能留种。

适宜区域：河北、山西、陕西、甘肃、内蒙古、宁夏、新疆、黑龙江、吉林、辽宁、北京等≥ 10℃积温 2 450℃以上地区均可春播种植。

七、张杂谷 16 号

品种来源：张杂谷 16 号是张家口市农业科学院采用谷子光（温）敏两系法选育成功的谷子两系杂交种，亲本组合为“A2 ×（复 1 × 5 号父）”。2019 年在全国第八届优质食用粟评选中被评为一级优质米。2015 年通过全国农技推广服务中心鉴定，证书编号为国品鉴谷 2015007。2018 年获得农业农村部非主要农作物品种登记证书，证书编号为 GPD 谷子（2018）130184）。

特征特性：春播生育期127天，夏播生育期95天。幼苗绿色，叶鞘绿色，株高125.0cm，穗长25~40cm，纺锤穗形，松紧适中。穗重35g。张杂谷16号小米，米色金黄、适口性好，在2016年上海国际食品博览会上获得客户好评。在2017年中国（廊坊）国际有机食品展览会上，获有机食品金奖。2018年12月15日，农业农村部组织小米品质鉴定，张杂谷16号被评为一级优质米。张杂谷16号是一个富硒品种，小米硒元素含量比其他小米高一倍，2017年经石家庄学院检测，张杂谷16号小米硒元素含量高达48.237mg/kg。张杂谷16号高抗谷瘟病、抗倒、活秆成熟，稳产性好。

产量表现：该品种2016年，巨鹿县农场主杜运涛在巨鹿县柳洼村种植张杂谷16号200亩，经邢台市农业局、邢台市农业科学研究院组织专家测产，亩产高达502.5kg。

栽培技术要点：底肥。亩施氮磷钾复合肥25kg和有机肥2 000~3 000kg。播种。夏播6月15—25日播种，亩播量0.75~1kg。田间管理。除草，在幼苗3~4叶期亩喷施厂家提供的12.5%拿捕净除草剂100mL，防治一年生禾本科杂草及去除黄色自交苗；病虫害防治，生育期间喷施杀虫剂防治粟灰螟、粟负泥虫、黏虫等虫害；注意防治谷子白发病、谷子腥黑穗病、谷子粒黑穗病、谷子轴黑穗病、谷瘟病、谷锈病、线虫病及纹枯病；留苗密度，条播2万~2.5万株/亩，建议使用播种机穴播，每穴下种15粒以上，每穴2~5株，每亩8 000~10 000穴；追肥，拔节期追施尿素10kg，抽穗前追施尿素20kg。

注意事项：张杂谷16号为杂交种，只种一代，不能留种。

适宜区域：东北、华北、西北各地一季作区≥10℃积温2 750℃以上地区春播种植或华北及以南各地两季作区夏播种植。

八、张杂谷18号

品种来源：张杂谷18号是张家口市农业科学院采用谷子光（温）敏两系法选育成功的谷子两系杂交种，亲本组合为“A2×（复28×5号父）”。2016年通过全国农技推广服务中心鉴定，证书编号为国品鉴谷2016019。2019年在全国第八届优质食用粟评选中被评为一级优质米。2018年获得农业农村部非主要农作物品种登记证书，证书编号为GPD谷子（2018）130185）。

特征特性：春播生育期120天，夏播生育期89天。幼苗绿色，叶鞘绿色，株高120cm，穗长24~30cm，棍棒穗形，松紧适中。穗重20~30g，黄谷、黄米。抗拿捕净除草剂。高产抗逆，适应种植区域广；抗除草剂，稀植，省工，有利于规模化高效种植。

产量表现：2017 年衡水市窦保峰种植的张杂谷 18 号亩产 425kg；2018 年沧州市东光县李雪峰种植张杂谷 18 号 115 亩，平均亩产 468.5kg；石家庄辛集市新城镇高建民种植张杂谷 18 号 480 亩，平均亩产 375kg，高产地块突破 450kg。

栽培技术要点：底肥。亩施氮磷钾复合肥 25kg 和有机肥 2 000~3 000kg。播种。夏播 6 月 15—25 日，亩播量 0.75~1kg。田间管理。除草，在幼苗 3~4 叶期亩喷施厂家提供的 12.5% 拿捕净除草剂 100mL，防治一年生禾本科杂草及去除黄色自交苗；病虫害防治，生育期喷施杀虫剂防治粟灰螟、粟负泥虫、黏虫等虫害，注意防治谷子白发病、谷子腥黑穗病、谷子粒黑穗病、谷子轴黑穗病、谷瘟病、谷锈病、线虫病及纹枯病；留苗密度，条播 2 万 ~2.5 万株 / 亩，建议使用播种机穴播，每穴下种 15 粒以上，每穴 2~5 株，每亩 8 000~10 000 穴；追肥，拔节期追施尿素 10kg，抽穗前追施尿素 20kg。

注意事项：张杂谷 18 号为杂交种，只种一代，不能留种。播种。需根据当时土壤墒情、气候特点、厂家建议确定播种量。田间管理。谷子白发病、线虫病及谷子粒黑穗病需通过杀菌剂拌种处理防治；谷瘟病、谷子锈病、谷子纹枯病需通过喷施药剂防治。拿捕净除草剂在 7 叶期之前使用；过量使用 2,4-D 除草剂和使用 2,4-D 除草剂后遇低温会导致谷子不扎根药害；上年使用烟嘧磺隆过量会对当年种植谷子苗期产生药害。品种因种植区域、种植密度、土壤肥力、管理水平等不同因素影响，其产量水平、株高、穗长等也有不同；灌浆期对肥水要求较高。

适宜区域：适宜内蒙古、吉林、辽宁等省份及河北、陕西、陕西、甘肃一季作区，或华北及以南各地两季作区夏播种植（≥ 10℃，积温 2 800℃）。

九、张杂谷 19 号

品种来源：张杂谷 19 号是张家口市农业科学院采用谷子光（温）敏两系法选育成功的谷子两系杂交种，亲本组合为“A2 × DH2”。2020 年获得农业农村部非主要农作物品种登记证书，证书编号 GPD 谷子（2018）130087。

特征特性：春播生育期 116 天。幼苗绿色，叶鞘绿色，株高 121.99cm，穗长 25.3cm，棍棒穗形，松紧适中。单穗重 25.20g，穗粒重 18.27g，出谷率 72.5%，出米率 79.5%，千粒重 3.01g，黄谷、黄米。单株分蘖 3~6 个，可使用拿捕净除草剂。

产量表现：2015—2016 年参加国家谷子品种西北区早熟组区域试验，表现较好，定名张杂谷 19。2015 年张杂谷 19 比对照大同 29 增产 6.96%，2016 年张杂谷 19 比大同 29 增产 9.25%。

栽培技术要点：底肥。亩施氮磷钾复合肥 25kg 和有机肥 2 000~3 000kg。播种。春播时间 4 月 25 日至 5 月底，亩播量 0.5~0.75kg。田间管理。除草，在幼苗 3~4 叶期亩喷施厂家提供的 12.5% 拿捕净除草剂 100mL，防治一年生禾本科杂草；病虫害防治，生育期间喷施杀虫剂防治粟灰螟、粟负泥虫、黏虫等虫害；注意防治谷子白发病、谷子腥黑穗病、谷子粒黑穗病、谷子轴黑穗病、谷瘟病、谷锈病、线虫病；留苗密度，条播亩留苗 0.6 万 ~1.2 万株，建议使用播种机穴播，每穴下种 12 粒左右，留苗 3~5 株，每亩 3 000~6 000 穴；每穴保苗 3~5 株。追肥，拔节期追施尿素 10kg，抽穗前追施尿素 20kg。

注意事项：张杂谷 19 号为杂交种，只种一代，不能留种。播种时需根据当时土壤墒情、气候特点确定播种量。谷子白发病、线虫病及谷子粒黑穗病需通过杀菌剂拌种处理防治；谷瘟病、谷子锈病、谷子纹枯病需通过喷施药剂防治。拿捕净除草剂在 7 叶期之前使用；过量使用 2,4-D 除草剂和使用 2,4-D 除草剂后遇低温会导致谷子不扎根药害。上年使用烟嘧磺隆过量会对当年种植谷子苗期产生药害。品种因种植区域、种植密度、土壤肥力、管理水平等不同因素影响，其产量水平、株高、穗长等也有不同；灌浆期对肥水要求较高。

适宜区域：内蒙古、陕西、吉林、黑龙江、辽宁、河北、山西、甘肃、宁夏、新疆等≧ 10℃积温 2 450℃以上地区春播种植。适宜在年降水 250~400mm 地区种植；适宜河套地区能春灌一次水地区种植，配合覆膜效果更佳。

十、张杂谷 21 号

品种来源：张杂谷 21 号是张家口市农业科学院采用谷子光（温）敏两系法选育成功的谷子两系杂交种，亲本组合为“A2 × DH3”。2018 年获得农业农村部非主要农作物品种登记证书，证书编号为 GPD 谷子（2018）130099。

特征特性：春播生育期 122 天。幼苗绿色，叶鞘绿色，株高 125.0cm，穗长 26.3cm，棍棒穗形，松紧适中。单穗重 25.2g，穗粒重 19.6g，出谷率 77.8%，出米率 79.5%，千粒重 3.21g，黄谷、黄米。单株分蘖 3~6 个，可使用拿捕净除草剂。耐盐碱，抗旱，米黄，自调力强，可使用拿捕净除草剂，适宜稀植，省工，有利于规模化高效种植。

产量表现：2015—2016 年参加河北巡天农业科技有限公司组织的多点区域试验。2015 年试验比对照张杂谷 3 号增产 6.80%，2016 年试验比张杂谷 3 号增产 7.25%。春播区一般亩产 400~500kg。

栽培技术要点：底肥。亩施农家肥 2 500~3 000kg 作基肥，氮磷钾复合肥 25kg。播种。4 月底至 5 月下旬播种，亩播量 0.5~0.75kg。

田间管理：病虫害防治，出苗后喷施杀虫剂防治粟灰螟、粟负泥虫等虫害；留苗密度，条播亩留苗 0.6 万 ~1.2 万株，建议使用播种机穴播，每穴下种 15 粒左右，留苗 3~5 株，每亩 3 000~6 000 穴；追肥，亩施尿素 20kg，其中拔节期 10kg，抽穗前 10kg。全生育期防治谷瘟病、谷子锈病、粟黑粉病、谷子白发病。

注意事项：张杂谷 21 号为杂交种，只种一代，不能留种。播种时需根据当时土壤墒情、气候特点确定播种量。谷子白发病、线虫病及谷子粒黑穗病需通过杀菌剂拌种处理防治；谷瘟病、谷子锈病、谷子纹枯病需通过喷施药剂防治。拿捕净除草剂在 7 叶期之前使用；过量使用 2,4–D 除草剂和使用 2,4–D 除草剂后遇低温会导致谷子不扎根药害。上年使用烟嘧磺隆过量会对当年种植谷子苗期产生药害。品种因种植区域、种植密度、土壤肥力、管理水平等不同因素影响，其产量水平、株高、穗长等也有不同。灌浆期对肥水要求较高。

适宜区域：河北、山西、陕西、甘肃、宁夏、新疆、辽宁、内蒙古、吉林、黑龙江等≥ 10℃积温 2 500℃以上地区轻盐碱地春播种植。

十一、张杂谷 22 号

品种来源：张杂谷 22 号是张家口市农业科学院采用谷子光（温）敏两系法选育成功的谷子两系杂交种，亲本组合为“A2 ×（32 × ISE375 × 夏 1 父）”。2018 年获得农业农村部非主要农作物品种登记证书，证书编号为 GPD 谷子（2018）130193。

特征特性：张杂谷 22 号一季作区春播生育期 120 天，两季作区夏播生育期 86 天。幼苗绿色，株高 124.3cm，穗长 22.81cm，棍棒穗形，穗子偏松。单穗重 18.65g，穗粒重 15.17g，出谷率 82.5%，出米率 80.2%，千粒重 2.80g，黄谷、黄米。单株分蘖 1~2 个，可使用拿捕净除草剂。

产量表现：本品种耐旱、耐碱，高抗谷瘟病。一般亩产 400kg 左右，管理得当具有亩产500kg以上潜力。

栽培技术要点：底肥。每亩底施（缓释肥）复合肥30kg左右。播种。黄淮海夏播区6月底至7月15日前播种为宜。其他地区根据当地气候条件，在经销商的指导下安排；一般亩播量0.75~1kg，根据当地土壤及当年杂交率情况灵活掌握；播种深度2~3cm，播后及时镇压。田间管理。除草，3~5叶期喷洒张杂谷配套药剂间苗定苗并可去除禾本科杂草；病虫害防治，苗期可喷施菊酯类农药两次防治钻心虫、玉米螟等，注意全生育期防治谷瘟病、谷锈病、线虫病及纹枯病等病害；留苗密度，夏播区亩留苗3万~3.5万株；追肥建议，灌浆期叶面喷施磷酸二氢钾等可增加粒重、防早衰。

注意事项：张杂谷22号为杂交种，只种一代，不能留种。

适宜区域：品种适宜种植区域、种植季节：辽宁、吉林、内蒙古、山西、陕西等省（区）一季作区春播种植。河北、河南、山东、山西、陕西等省两季作区夏播种植。

第二节　杂交谷子绿色高效栽培技术

一、杂交谷子适宜的前作及特点

杂交谷子对适宜前作选择的标准是：土壤松紧适度且通透性较好；保墒好，排水方便；杂草少，肥力较足。据不同前作对谷子生长发育及产量的影响，谷子的主要前作依次为豆茬、马铃薯甘薯茬、麦茬、玉米茬，主要特点分别如下。

1. 豆茬

豆茬一般都具有深翻基础，且养分、水分较充足，是谷子的最好前茬。这个茬口具有许多优点，可以通过根瘤菌将空气中的氮素固定下来，增加土壤中的氮素营养。因此，种在豆茬地上的谷子表现幼苗健壮；豆茬伴生多为双子叶杂草，单子叶杂草较少，不易荒地。加之田间管理较细，田间杂草少；豆茬一般都具有深翻基础，经过一年的根系、耕作、气候影响，形成了一个上虚下实的土壤耕层，这种耕层构造对谷子生长发育是有利的。

2. 马铃薯、甘薯茬

一般认为马铃薯、甘薯茬是谷子的好前茬。主要优势体现在种马铃薯和甘薯的地块，一般都要进行深翻，而且收获时翻耕土壤，使土壤耕层比较疏松，这在土壤有机质含量低的地块上的作用是明显的；马铃薯和甘薯地块，施肥多，肥力足，特别是农家肥施得较多，当年不能完全利用，剩余部分则被后作所利用；马铃薯和甘薯地块，管理较细，杂草很少，仅有的一些杂草，也以双子叶类型居多，因此，种谷子不会出现草荒。

3. 麦茬

麦茬包括小麦、大麦和莜麦等，都是谷子比较好的前作。其主要原因是，麦收后，要经过翻耕或起茬，土壤疏松，有利谷子根系发育；麦茬翻耕，可以将表层杂草和草籽翻入土壤深度，避免草荒；春小麦和大麦生育期短，收获早，土地休闲时间长，可以恢复地力。在此期间经过夏秋接纳雨水、冬春冻融交替，不仅墒情好、养分足，而且土壤结构也得到了改善。但麦茬对谷子也有不利的地方，主要是土松不易捉苗，这在东北地区尤为突出。因此，采用小麦茬种谷子，必须加强播前和播后镇压。华北地区要做到及时整地、细致整地、保墒促全苗。

4. 玉米茬

玉米茬种谷子，在东北、西北、华北春播区比较普遍，也是谷子较好的前茬。主要表现在肥力条件好。因为玉米多数种在秋翻的地块上，播种时施入大量的肥料，不仅当年玉米有较充足的养分供应，而且为下茬作物留下了较多的养分，玉米是稀植作物，中耕管理较细，地板干净，种谷不易草荒。但要注意玉米除草剂残留问题，前茬玉米过量使用除草剂往往会影响谷子出苗，应清楚掌握前茬使用除草剂的种类及使用量，评估是否会对谷子产生影响。

二、播前整地技术

由于杂交谷子要求稀植，播种量小，所以一定要精细整地，做到土地平坦，上虚下实；田间无大土块和暗坷垃；无较大的残株、残茬。

1. 秋耕

上茬收获后，应及时秋耕，既可以保持土壤贮藏的夏季降水，又可以接纳更多的秋冬降水。秋耕宜深，耕深达到 20cm 以上。深耕应注意要逐年加深，防止耕作层生土过多而减产；土层薄的地不宜深耕。土壤过干和秋雨少的地不宜秋耕，风砂地也不宜秋耕。一般秋耕后要平整土地，既可以减少土壤水分的蒸发，又有利于提高来年春季播种质量。秋耕结合施肥，具有培肥地力的作用。

2. 春耕

针对不同土壤墒情适时开展整地，秋耕地当地表刚化冻时开始顶凌耙耢。对未秋耕的地，春耕应以早为宜。从土壤返浆化透时立即进行耕地，耕后耙耱保墒。对于土壤干旱严重、墒情差的地块，需多耙耢、重镇压、不浅耕。对于土壤含水量大的地块，需采取耕翻散墒，以提高地温。整地要做到平、碎、净，保证出苗。结合整地施化肥或农家肥。

三、底肥施用

谷子虽耐瘠薄，但肥沃的土地会产生更好的效益。由于长期以来北方旱地普遍是只种不养，土壤养分越来越少，严重制约谷子的生长发育。施肥是提高土壤肥力、满足谷子生长发育需要的重要措施。底肥包括基肥和种肥。

1. 基肥

基肥一般以农家肥为主。农家肥是有机肥料，不但具有谷子生长所必需的各种营养元素，而且还含有大量有机物，施入土壤可以起到增加土壤有机质、改善土壤结构的作用，为谷子生长发育创造疏松通气、保水保肥的土壤环境。农家肥施用量一般以每亩 2 000~3 000kg 为宜。做基肥施用的农家肥一般速效养分含量较低，为了提高速效养分含量，可以补充一些氮磷钾速效化肥。速效化肥与有机肥混合做基肥，可以提高化肥的利用率，也可以起到培肥地力、培育壮苗的目的。农家肥做基肥以秋施为好。在秋季未来得及施农家肥的谷田进行春施肥。春施应早，在土壤刚返浆后即结合春耕施入。

2. 种肥

种肥是在播种时施于种子附近的肥料，以速效性氮磷钾复合肥为好。种肥是培育壮苗的重要条件，谷子出苗后开始从土壤中吸收养分、水分进行生长，幼苗时期谷子根系很小，吸收养分的范围也很小，在干旱地区一般土壤比较贫瘠，有效养分含量少，不能满足谷苗的生长需要，谷苗的生长会因养分不足而受到抑制，光合面积及产物的积累都会受到影响。种肥是在谷子幼苗期需肥迫切又吸收量少、范围又小的情况下给谷子根际补充少量的速效化肥，以满足其迅速生长的需求。种肥施入后，可以促进苗期根系快速生长，扎大根、扎壮根，增强谷子从土壤中吸取养分、水分的能力，从而为后期健壮生长打下基础。同时由于以很少肥料调节出大量的根系，提高了吸水的范围和能力，间接地提高了土壤水分的供给，起到了以肥调水的作用。种肥施用量为每亩氮磷钾复合肥 2.5kg 左右，种肥施用方法各地不同，以将种子与肥料隔开并相邻为原则。

3. 杂交谷子绿色高效施肥技术

合理施肥是杂交谷子生产中获得高产高效的关键举措。山西农业大学李永虎等研究表明，产量及其构成因素对氮、磷、钾施用量的变化均有响应，高产谷子需肥量氮＞磷＞钾。以张杂谷 10 号为例，对产量的影响氮＞磷＞钾。但是，近年来，随着粮食产量逐步增加，化肥尤其是氮肥使用量也逐步加大。由于盲目施肥造成农业生产成本上升、农田耕地养分过分积累、大气污染、土壤板结等现象。为了提高农业生产效益、保护农田耕地，有必要改进化肥施肥方式，提升化肥施肥利用率，保证农田耕地产量稳定、健康发展。

目前，张家口市农业科学院针对杂交谷子开展减氮增效栽培技术研究，结果表明，通过利用有机肥替代底肥中 50% 的氮肥，可增加杂交谷子旗叶叶绿素含量、株高、穗长及出谷率等，改善植株生长状况，从而提高产量，达到减氮增效的目的，是一种在杂交谷子生产中具有推广应用价值的绿色高效施肥技术。

四、播种技术

（一）播种时期选择

我国谷子产区，自然条件和耕作制度的差别很大，因而播种期很不一致，加上谷子具有早熟类型的品种很多，在同一地区适宜种谷的季节相对较长。从张杂谷种植范围看，分为春播、夏播二类。春谷主要分布在东北、西北和华北北部。播期一般在 5 月上旬至 5 月下旬，个别早的在 4 月中下旬，晚的在 6 月上旬播种。夏谷主要分布在山东、河南、山西南部、陕西关中，播期均在夏收后的 6 月上中旬，个别晚的在 7 月上旬播种。

（二）播种

1. 播种方法

由于各地耕作制度、地块面积、播种工具的不同，播种方法有很大差别，一般有以下 2 种。

（1）条播

特点是下籽均匀，覆土深浅一致，播种效率较高。等行距方式行距多在 25~50cm，也可采用宽窄行方式，宽行 50~70cm，窄行 20~30cm，有利于机械中耕和通风透光。

（2）穴播

穴播可以充分利用群体顶土能力，有利于保全苗。根据不同张杂谷品种的分蘖特性和杂交率，每穴下种数量不同，一般每穴下种量 8~20 粒；每亩穴数根据地力、土壤水分、品种等因素，一般控制在 6 000~9 000 穴；行距可以等行距，也可以大小行种植。

穴播配合地膜覆盖是张杂谷近年来发展起来的新的种植方式，配合以覆膜穴播一体机作业，可以一次性完成下种肥、播种、覆膜和铺设滴灌带作业，是一项有效的保水、增温措施，具有保苗、提高光合和水分利用效率、提高土壤肥力的作用。

2. 播种量及播种深度

杂交谷子较常规谷子播种密度小，需适当稀植。一般情况下，每亩播种量 0.3~0.75 kg，若土壤墒情差、保苗困难，下种量应适当增加，具体播种量视品种及实际情况而定。播种深度为 3~5cm，在土壤墒情好时宜浅，在春季风大、旱情重的地方播种不宜过浅。

3. 播后镇压

播种后，种子周围土壤过于疏松，播种后立即镇压有防止土壤散墒和保证种子吸水发芽的作用，所以，播后镇压是一项重要的保苗措施。播后镇压出苗率高而且幼苗长势好。在春旱严重土壤墒情差的地区播后镇压更为重要，并且可以增加镇压次数来提高出苗率。

五、田间管理

（一）苗期管理

1. 早间苗

早间苗是培育谷子壮苗的一项重要措施。早间苗可减少谷苗拥挤，改善谷子光、水、肥的环境条件，有利于促进根系发育和形成壮苗。农谚有“谷间寸，顶上粪”。谷子间苗时间以 3~5 叶期为好。有条件的地方最好采取 3~5 叶期疏苗，留下计划留苗数的 3 倍左右，6~7 叶期再根据留苗密度定苗。间苗早晚也影响谷苗地上部的发育，间苗早则植株健壮，晚则叶片瘦弱细长，叶色发黄，对后期的生长也造成了影响。留苗密度，因地区、地力、品种不同而异，旱地、地力较差地、分蘖力强的品种宜稀，水地、地力较好、分蘖力弱的品种宜密。规模化集约化种植的地块一般通过播量控制亩密度，不再间苗或很少间苗。

2. 中耕除草

张杂谷在谷苗 4~7 叶期、杂草 4 叶期前，选择空气湿度湿润的无风晴天，在无露水的 9：00 前或 17：00 以后，每亩用张杂谷专用除草剂 100mL，加入二钾四氯钠 56% 可溶性粉剂 100g，或用氯氟吡氧乙酸 50% 乳油 30 mL，兑水 45kg 左右茎叶均匀喷施。覆膜谷子根据覆膜程度适度减量。喷施除草剂时防止药物漂移到其他地块。此外，在苗期如果土壤湿度大，可进行深锄散墒，深度一般 4~5cm。干旱严重时，采取浅锄保墒。这一时期，可进行多次中耕。这样既减轻了杂草的危害，又有利于形成谷子壮苗。一般深锄还应结合挖旧根作业，挖断一部分旧根，促进长出新根。苗期挖断一根旧根，一般可以长出两条新根。所以，苗期中耕是壮苗的一项重要措施。

3. 蹲苗

蹲苗指谷子苗期通过一系列的控促技术，促进根系生长，控制地上部的生长，使幼苗粗壮敦实，为谷子生长发育打下良好的基础。

在生产上蹲苗主要是指谷子在出苗至拔节前不浇水，但要根据实际情况确定蹲苗程度。在此期间，即使是中午叶片变成灰绿色，发生萎蔫，但只要在 16：00 前又可恢复正常的，控水可继续下去。如果上午叶片萎蔫，到 16：00 前还不能恢复正常的，才进行浇水。除控制浇水的措施外，如果谷子苗期土壤湿度大，温度高，可以进行深锄散墒，结合深锄还需断旧根、促新根。但苗期过于干旱则不易蹲苗，蹲苗过度了，会严重影响地上、地下部的发育，就是以后恢复正常生长后，也会因前期积累太少而减产。

除以上措施外，在拔节期喷施磷酸二氢钾也可以起到蹲苗的作用。

4. 杂交谷子免间苗除草配套技术

杂交谷子由于导入了抗除草剂基因，对于某些专用除草剂具有一定抗性。利用这一特性，采用对应配套技术，不仅可以提高谷子的产量和品质，而且可以大大节省间苗和除草用工，从而扩大谷子的种植规模，提高谷子产业化经营程度。其栽培要点有以下几点。

（1）播前准备

播前施足底肥，每亩农家肥 2 000~3 000kg，氮磷钾复合肥 15~20kg，灌地或雨后播种。春旱年份根据天气预报进行干寄籽。

（2）品种选择

根据当地气候及立地条件，选用适宜的张杂谷系列专用品种。

（3）留苗密度

使用精量穴播机进行播种，每亩穴数6 000~9 000穴，根据品种不同，每穴播种8~20粒，保证出苗在每穴2~3株。

（4）化学除草

谷苗4~7叶期、杂草4叶期前，选择空气湿度湿润的无风晴天，在无露水的9：00前或17：00以后，每亩用张杂谷专用除草剂100mL，加入二甲四氯钠56%可溶性粉剂100g，或用氯氟吡氧乙酸50%乳油30mL，兑水45kg左右茎叶均匀喷施。覆膜谷子根据覆膜程度适度减量。

（5）注意事项

要在专业技术人员的指导下，严格按照要求播种和使用除草剂，专用除草剂不能用于其他谷田和其他作物；张杂谷系列品种不能留种。

（二）拔节—孕穗期管理

1. 追肥浇水

谷子生长发育的各个时期对营养元素的吸收积累是不同的。孕穗抽穗时期需要大量的营养元素，然而这时土壤的养分供给能力却很低，试验表明肥力较高的土地上，土壤氮、磷养分从谷子生育的初期开始逐渐减少，拔节以后的孕穗到抽穗开花时期为最低，远不能满足要求。因此，及时补充一定数量的营养元素，对谷子生长及产量形成具有重要的意义。不仅促进茎叶营养生长，而且对穗的分化发育有良好的影响，特别是能有效防止后期脱肥，有利于籽粒形成，减少秕谷率。在土壤有效养分含量少的贫瘠土地上，追肥效果更为显著。

谷子追肥一般为氮素化肥。追肥的时期从拔节期至灌浆期对提高产量都有促进作用。但是具体的追肥时期、次数依不同地力和追肥量的多少而定。如果在追肥量少的情况下（每亩10kg尿素），对于供肥力差的低产田，以在拔节前后1次施入为好，这时施肥既可以照顾到营养生长，又照顾了生殖生长；中等地力的土壤养分基本上可以满足孕穗前期的养分要求，应重点在抽穗前10~15天1次施入，可以提高穗粒数、降低秕谷率。在肥沃的高产田，施肥重点应放在灌浆期，可以有效地提高粒重。如果追肥量较大（每亩20~30kg尿素），宜分为2次或3次追肥效果较好。2次追肥的时间为拔节期和抽穗前10~15天，如果土壤肥力基础较差，2次追肥各占1/2为宜；如果土壤肥力基础较好，则第1次占1/3，第2次占2/3为宜。除拔节期和抽穗前外，灌浆期适量追肥，可以有效地延长谷子叶片和根系寿命，提高后期光合时间和强度，提高谷子的穗粒数和粒重。但追肥量也要适量控制，防止追肥量过大造成贪青晚熟。

有灌溉条件的，应注意浇孕穗水和灌浆水。孕穗水以抽穗前至抽穗 10~15 天灌水最为关键，此时缺水易形成卡脖旱，严重影响结实率。灌浆期灌水可以延长根系与叶片的活力，提高粒重。

2. 中耕除草

封垄前应进行中耕，破除土壤表土板结、同时除草，提高养分利用率，提高土壤通气性，有利于接纳雨水，提高根系活力，以保证根系有旺盛的活力。

（三）后期管理

谷子抽穗以后，开始进入开花授粉、籽粒形成的阶段。田间管理的主要目标是提高结实率，增加穗粒重。田间管理的重点是防旱、防涝、防倒伏等。

1. 防旱

谷子开花后，仍需一定量的水分，以保证开花授粉正常进行。如果在高温干旱的情况下，则开花授粉不良，影响受精作用，容易形成空壳，降低结实率。灌浆成熟期，适量的水分能提高光合作用，有助于体内营养物质的运转，加快灌浆速度，增加粒重。如果水分缺乏，抑制光合作用正常进行，阻滞体内物质运转，易形成秕粒，影响产量。因此，谷子生育后期要注意防旱保持地面湿润，在灌水技术上要掌握浅浇轻浇，同时注意高温不浇，风天不浇。

2. 防涝

谷子后期既怕旱又怕涝。如果后期雨涝或大水淹灌，往往由于土壤通气不良，影响谷子根系呼吸，进而影响植株生长发育，最终造成大量秕谷导致减产。我国北方谷子生育后期，往往秋雨连绵，因此，防涝成为谷田后期管理的重要内容。要选择地势高燥地种植，谷田设好排灌渠道，做到旱能浇，涝能排。适期播种，使谷子灌浆成熟阶段能处于雨水较少的秋季。

3. 防倒伏

倒伏是造成谷子减产的重要因素之一。谷子倒伏后，茎叶相互堆压和遮阳，直接影响光合作用的正常进行，而呼吸作用则加强，不利于穗部的灌浆，秕谷率增高，饱满度降低，严重者甚至霉烂。防止倒伏的技术措施贯穿于整个栽培和管理过程。谷田必须经过精耕细作，使土壤达到上虚下实，地面平整，既有利于谷子根系生长发育，又利于排灌。选择抗病虫和抗倒伏强的品种。播种时如施用种肥一定要适量。播种后要及时进行镇压。谷子苗期除特殊干旱外，一般不宜浇水，通过控水蹲苗，形成壮苗。及早间苗，留苗密度要合理。拔节至抽穗期，结合中耕高培土，既利于根系深扎，又利于气生根多发，增加根系对植株的支撑能力。谷子灌浆期要严格控制氮素营养水平，保持氮、磷营养的协调，防止氮素水平过高形成茎叶徒长和贪青晚熟。根据土壤墒情适量灌水，切忌大水漫灌和风天灌水，及时排出积水。另外，在谷子生长期间要及时防止蛀茎害虫危害茎秆。以上防止倒伏的措施，在谷子整个生育期间，必须全面考虑，才能取得防倒伏的效果。张杂谷在拔节期喷施 50% 推荐剂量浓度多效唑可显著提高抗倒性，实现高产稳产。

六、病虫害防治技术

防治病虫害是保证农业生产的重要措施。我国谷子的主要产区，每年都会因为病虫害造成不同程度减产。为了保证谷子丰产，必须在搞好栽培管理的同时，注意防治病虫害。现重点介绍为害比较严重的几种病虫害。

（一）病害及其防治

谷子常见的病害有谷瘟病、谷子锈病、白发病、谷子粒黑穗病、谷子线虫病、谷子红叶病、纹枯病、谷子褐条病等。

1. 谷瘟病

（1）病害特征

叶瘟，谷子苗期即可发病，病菌侵染叶片，先出现椭圆形暗褐色水渍状小斑点，以后发展成梭形斑，中央灰白色，边缘褐色，部分有黄色晕环。空气湿度大时，病斑背面密生灰色霉层。穗瘟，穗主轴上发病、变褐，会造成半穗枯死；或小穗梗发病、变褐，阻碍其上小穗发育灌浆，早期枯死呈黄白色，后期变黑灰色，形成“死码”，不结实或籽粒干瘪。

（2）发生规律

春谷区 7 月中下旬连续高湿、多雨，有利于叶瘟发生；7 月下旬至 8 月初阴雨多、露重、寡照，气温偏低，有利于穗瘟发生。田间播种过密，湿度大，降水多则发病重；8 月是华北地区谷瘟病的发病高峰期。

（3）防治技术

在田间初见叶瘟病斑时，可用 4% 春雷霉素可湿性粉剂 800 倍液、45% 咪鲜胺 900 倍液或 80% 戊唑醇 2 000 倍液喷雾，也可用 75% 三环唑可湿性粉剂 1 000 倍液，或用 40% 敌瘟磷（克瘟散）乳油 500~800 倍液喷雾。如果病情发展较快，5~7 天再喷一次。为了预防穗瘟，在齐穗期可针对穗部进行 1 次防治。

2. 谷子锈病

（1）病害特征

谷子锈病可为害叶片和叶鞘，但在叶片上发生更加严重。发病初期在叶片两面，特别是背面产生圆形或椭圆形红褐色隆起，后期突破表皮而外露，周围残留表皮，散出黄褐色粉末状物。严重时夏孢子堆布满叶片，造成叶片枯死，茎秆柔软，籽粒秕瘦，遇风雨倒伏，甚至造成绝产。

（2）发生规律

谷子锈病一般在谷子抽穗前后开始发病。在华北地区 7 月下旬至 9 月中旬是谷子锈病的主要发生时期。高温多雨有利于病害发生。7—8 月降水多，发病重，干旱年份发病轻。

（3）防治技术

田间病叶率 1%~5% 时用 20% 三唑酮乳油 1 000~1 500 倍液，或用 12.5% 烯唑醇可湿性粉剂 1 500~2 000 倍液喷雾，间隔 7~10 天再防治一次。

3. 白发病

（1）病害特征

谷子白发病为系统性侵染病害，从发芽到穗期陆续显症，且不同时期表现不同的症状。种子萌发过程中被侵染，幼芽变褐扭曲，导致腐烂，可造成芽死；出苗后至拔节期发病，植株叶片正面产生与叶脉平行的苍白色或黄白色条纹，背面密生粉状白色霉层，称为灰背。白色霉层可借气流和雨水可进行再侵染，除形成灰背外，还可形成正面黄色，背面褐色，边缘深褐色，形状不规则的局部黄斑症状；灰背病株继续发展，抽穗前，病株顶部 2~3 片叶丛生，叶尖或全叶黄白，心叶抽出后不能正常展开，而是呈卷筒状直立，呈黄白色，形成白尖；以后病株逐渐变成深褐色，枯死，直立田间，称为枪杆；枪杆顶部的叶片组织纵向分裂为细丝，内部包被的黄褐色卵孢子散落，残留灰白色卷曲的纤维束，故称白发病。病株有些能抽出穗，但发生各种各样的畸形，病穗上面的小花内外颖片伸长呈尖刺状，整穗如扫帚或刺猬状，称为看谷老或刺猬头。

（2）发生规律

白发病菌可在土壤中存活 2~3 年，土壤和种子上的病菌是主要初侵染源。低温潮湿土壤中种子萌发和幼苗出土速度慢，容易发病。土壤墒情差，播种深或土壤温度低时，病害发生重。

（3）防治技术

物理防治：在播种前可采用温汤浸种的方法杀灭种子表面白发病菌，具体做法为 55℃温水浸种 10min，然后用清水漂洗，去除秕粒，晒干后播种。

种子处理：可选用 35% 甲霜灵拌种剂或 50% 烯酰吗啉可湿性粉剂按种子量 0.2%~0.3% 拌种。张杂谷商品种子已经过拌种处理，不需要再次拌种。

化学防治：田间发病早期可选用 25% 甲霜灵 500 倍液，10 天 1 次，连喷 2 次，进行防治。

4. 谷子粒黑穗病

（1）病害特征

谷子粒黑穗病菌由幼芽侵入，抽穗前基本不表现症状，穗刚抽出时与正常穗无明显差异，后变为灰绿色，内部充满黑色粉状物。部分品种表现为植株矮化，节间缩短，叶片浓绿，后期不能抽穗。

（2）发生规律

土壤温度低，墒情差，覆土厚，种子出苗慢，病菌侵染时间长，则发病重。

（3）防治技术

种子处理可有效控制该病，用 40% 拌种双可湿性粉剂，70% 多菌灵可湿性粉剂或 2% 戊唑醇湿拌种剂按种子量 0.2%~0.3% 拌种。张杂谷商品种子已经过拌种处理，不需要再次拌种。

5. 谷子线虫病

（1）病害特征

线虫病只在穗部表现症状。病穗籽粒秕瘦，尖形，表面光滑有光泽，病穗瘦小，直立不下垂。红秆或紫秆品种的病穗向阳面变红色或紫色，后期褪成黄褐色。而青秆品种穗部变为苍绿色。线虫病病株一般较健株稍矮，上部节间和穗颈稍短，叶片苍绿色，较脆。

（2）发生规律

种子带虫，土壤带虫是造成该病发生的主要原因。一般平地重，山地轻；沙土地轻，黏土地重；积水洼地重；早播病轻，晚播病重。开花灌浆期多雨，发病重。

（3）防治技术

温汤浸种：在播种前可采用温汤浸种的方法杀灭种子表面线虫，具体做法为：用 56~57℃温水浸种 10min，然后用清水漂洗，去除秕粒，晒干后播种。

药剂拌种：播种前可用50%辛硫磷乳油按种子量0.3%拌种，避光闷种4h，晾干后播种。

6. 谷子红叶病

（1）病害特征

谷子红叶病是由大麦黄矮病毒引起的一种病毒性病害，可分为红叶型和黄叶型两种症状。紫秆品种感病后表现红叶型症状，叶片、叶鞘及穗部，包括穗芒，均变为红色或红紫色。青秆品种感病后表现为黄叶型症状，叶片黄化，形成黄色条纹。病叶除变色外，还表现为边缘皱缩呈波浪状、上部叶片直立上冲等畸形，后期叶片自顶端向下逐渐枯死。红叶病病株根系稀疏，穗短小或畸形，重量轻，种子发芽率低。严重的植株矮化，不能抽穗，或虽抽穗但不结实。

（2）发生规律

谷子红叶病病毒由蚜虫传播，发生程度与田间蚜虫的虫口密度密切相关。冬季气温高，春季干旱、温度回升快，有利于玉米蚜发生和繁殖，红叶病发病早而且重。夏季降水少，有利于蚜虫繁殖和迁飞，红叶病发病重。一般早播谷田发生重，晚播发生轻。

（3）防治技术

种子处理：用70%吡虫啉可湿性粉剂或70%噻虫嗪可分散粉剂按种子量0.3%拌种。

化学防治：在谷子出苗后，蚜虫迁入谷田之前喷雾防治蚜虫，减少传毒介体。可用10%吡虫啉可湿性粉剂1 000~1 500倍液、4.5%高效氯氰菊酯乳油1 500倍液、40%乐果乳油或30%乙酰甲胺磷可湿性粉剂1 000倍液，连同周边杂草全田喷雾。

7. 纹枯病

（1）病害特征

纹枯病苗期发生，在根茎基部形成边缘褐色的不规则云纹状病斑，严重发生可导致死苗。纹枯病多在拔节期发病，在叶鞘上形成边缘暗褐色，中间浅褐色或灰白色的不规则云纹状病斑。有时多个病斑交错汇合，使茎秆呈“花秆”状。侵染茎秆形成椭圆形或云纹状褐色坏死斑，后期可导致倒折。天气潮湿时，病株在叶鞘内侧和表面形成白色或深褐色颗粒状的菌核。谷子叶片有时也能感病，形成云纹状病斑。

（2）发生规律

纹枯病一般在7月中旬发病，7月下旬至8月上旬发病，8月上旬开始侵染茎秆。雨水多，大播量、留苗过多，田间通风透光差，极易引发纹枯病。

（3）防治技术

种子处理：播前用2.5%咯菌腈悬浮剂按种子量的0.2%拌种或用6%戊唑醇湿拌种剂按种子量的0.3%拌种。

药剂防治：病株率达到5%时，可用12.5%烯唑醇可湿性粉剂800~1 000倍液，5%井冈霉素水剂600倍液，15%粉锈宁可湿性粉剂600倍液，40%菌核净可湿性粉剂1 000~1 500倍液针对谷子茎基部喷雾防治，7~10天后酌情补防一次。

8. 谷子褐条病

（1）病害特征

该病主要为害叶片和穗部。叶片发病主要以植株中上部叶片为主。被侵染后，在叶片基部主脉附近形成与叶脉平行的水渍状浅褐色条斑或短条纹，后逐渐扩展并变为深褐色或黑褐色，边缘常有黄绿色晕圈。心叶被侵染，可导致病穗畸形或穗部腐烂。叶鞘被侵染也可产生褐色条纹，田间湿度大时，上着生腐生的白色霉层。

（2）发生规律

拔节期至抽穗期连续阴天寡照，高温多雨有利于发病；过度密植，株间通风透光不好有利于该病发生；重茬地、低洼地发病重；虫害发生严重的地块该病发生重。

（3）防治技术

可在初发期用72%农用链霉素4 000倍液、20%噻森铜悬浮剂500倍液、46.1%氢氧化铜水分散粒剂1 500倍液、25%噻枯唑可湿性粉剂300倍液、20%噻菌铜悬浮剂500倍液、85%三氯异氰脲酸可溶性粉剂1 500倍液喷雾防治。隔7天防治1次，连防2~3次。同时应注意害虫防治。

（二）虫害及其防治

危害谷子的害虫很多，包括地下害虫、蛀茎害虫、食叶害虫及吸汁害虫等。除杂食性的虫害外，还有一些以危害谷子为主的害虫。谷子主要虫害有粟灰螟（钻心虫）、玉米螟、粟芒跳甲虫、粟茎蝇、黏虫、粟茎跳甲、粟负泥虫、粟缘蝽、蓟马及蚜虫等。

1. 地下害虫

主要以幼虫，若虫，成虫危害谷子根部，引起谷苗地上部生长不良，受害严重者整片谷苗死亡，地下害虫发生种类较多，为害严重的主要有蝼蛄、蛴螬、金针虫等。

适时进行整地，除草，消灭地下害虫，适期播种，促使出苗快出苗量多。播种前用40% 甲基异柳磷乳油或 40% 辛硫磷乳油、70% 吡虫啉可湿性粉剂按种子量的 0.3% 拌种，晾干后播种。谷子刚出土时如发现地下害虫为害，可在傍晚顺行撒施毒饵。毒饵的制作可用 50% 辛疏磷乳油或 40% 毒死蜱乳油 100 mL 兑水 500mL，加 5kg 煮半熟的谷子，拌匀，晾干后于傍晚撒于田间诱杀。

2. 蛀茎害虫

蛀茎害虫主要以幼虫蛀食心叶及茎秆，破坏生长点和输导组织，造成枯心、死苗、白穗和秕谷，影响产量，如粟灰螟、玉米螟、粟秆蝇、粟茎跳甲等。

在生长期可用毒土诱杀粟茎跳甲虫，使用 5% 甲维盐水分散粒剂 2 500 倍液、4.5% 高效氯氰菊酯乳油 1 500 倍液；在间谷苗前后，可用 10% 氯氰菊酯乳油、40% 乐果乳油，两种药剂等量混合，每亩用 50~100g，配成 1 000 倍液对准谷苗喷洒，可防治粟叶甲、粟芒蝇、莱茎跳甲等害虫，重点对谷子茎基部喷雾；以赤眼蜂防治粟灰螟和玉米螟有较好效果，粟茎跳甲的防治在越冬代成虫产卵盛期或田间初见枯心苗时进行，用 2.5%功夫乳油或 20% 灭扫利乳油 2 000 倍液或 2% 阿维菌素乳油 2 000~3 000 倍液喷雾防治。

3. 食叶害虫

食叶害虫主要以幼虫危害叶片，造成缺刻、孔洞、白色片状斑纹等，严重时吃光叶片，留下光秆和叶脉，呈现枯萎，食叶害虫主要有黏虫、粟鳞斑叶甲等。食叶害虫食性较杂，危害作物种类多，黏虫嗜食谷子、玉米、小麦等禾本科作物，具有迁飞性，暴发性。粟鳞斑叶甲尤以危害谷子最严重。

黏虫的防治以药剂防治低龄幼虫为主，可在幼虫 2~3 龄期，谷田每平方米有虫 20~30 头时用 Bt 乳剂 200 倍或 5% 高效氯氰菊酯乳油 1 500~2 000 倍喷雾，辅助措施以田间草把诱集成虫和卵块，集中销毁，减少为害。谷子间苗前后用 4.5% 高效氯氰菊酯乳油 1 000~1 500 倍液或 2.5% 溴氰菊酯乳油 1 000 倍液喷雾防治，或用 90% 敌百虫晶体或 20% 氰戊菊酯乳油 2 500 倍液喷雾，喷药要均匀，包括地边周围杂草要一起喷药防治。

4. 吸汁害虫

有蓟马、蚜虫和粟缘蝽，防治用 10% 吡虫啉可湿性粉剂 2 000 倍液、2.5%

溴氰菊酯乳油 2 000 倍液喷雾。

七、收获

（一）适时收获

适时收获是保证谷子丰产丰收的重要环节，收获要根据谷子籽粒的成熟度来决定，收获过早籽粒不饱满，青粒多，籽粒含水量高、籽实干燥后皱缩，千粒重低，产量不高；同时过早收获后，谷穗及茎秆含水高，在堆放过程中易放热发霉，影响品质；收获过迟，茎秆干枯易折，穗码脆弱易断，谷壳口松易落粒，如遇强风则使植株倒折，穗部碰撞摩擦大量落粒。总之，收获过早过迟，都将使产量、品质受到严重损失，并给收获造成困难。

谷子适期收获的确定，应根据各地区的具体条件及谷子的不同品种特性来决定，一般以蜡熟末期或完熟初期收获最好，此时谷子的茎秆略带韧性，逐渐呈现黄色，下部叶片变黄，上部叶片稍带绿色或呈黄绿色，养分已不再向谷粒输送，结实籽粒的颜色为本品种特有的颜色，而且谷粒已变为坚硬状，颖及稃全部变黄，种子的含水量约 20%，但在某些地区，由于气候条件及栽培条件较好或因品种特性的关系，谷穗进入蜡熟末期，植株仍保持绿色（如青谷品种），在这种情况下也应及时进行收获。

（二）收获方法

现阶段谷子的收获方式主要分为 3 种，传统收获、分段收获和联合收获。

1. 传统收获

传统收获即全人工收获，首先在谷子蜡熟期人工割倒，在地里平铺压好，先后收割的谷子交叉放置，然后用秸秆将谷子捆扎成垛，晾晒 7~15 天，使茎秆里面的养分慢慢地转移到籽粒中去，将晾晒好的谷子进行人工脱粒（棍棒捶打或使用拖拉机等重物碾压至脱粒）。此方式损失小、产量高，但效率低、劳动量大，适用于生产力落后、种植面积极小的地区。

2. 分段收获

分段收获包括半机械化和全机械化的分步收获方式，前段在谷子蜡熟期人工或割晒机割倒，就地平铺，晾晒 7~15 天后，将谷穗切下后用脱粒机进行脱粒（半机械化分段）；或用装有捡拾器的联合收割机将晾晒在地里的谷子捡拾并脱粒（全机械化分段）。

3. 联合收获

在谷子完熟期，用改装后的谷物联合收割机直接进行收获。

（三）杂交谷子高效机械化（易机收）栽培技术

1. 播前准备

（1）整地要求

秋耕时，在上茬作物收获后进行旋耕，深度 20~25cm，春播前，在土壤表面解冻、下层还有冰凌时，以耕齿顶着冻土层耙松表土，顶凌耙地时间越早越好，标准达到土地平整，上虚下实田间无大土块，无较大的残株、残茬。基肥随旋耕时均匀施入，基于杂交谷子氮肥吸收利用规律，采用有机肥料和无机肥料配合施用的技术，提高杂交谷子肥料利用效率。结合耕翻，亩施腐熟农家肥 2 000~3 000kg，亩施三元复合肥 25~30kg。

（2）品种选择

选择适宜当地种植的杂交谷子品种。收获时所用到的机械是谷子割晒机，对于品种的要求是抗倒伏性高（或通过栽培技术集成提高抗倒伏特性），穗层整齐，熟期一致，对谷瘟病有较好的抗性，成熟时叶片绿色。利用脱粒机对不同紧度的杂交谷子品种进行脱粒试验。结果表明，对于干燥的谷穗，谷穗的紧密程度不会影响脱粒，不同紧度的干燥的谷穗脱粒率基本相等；而对于含水量较高的谷穗，不同紧实度的谷穗表现出明显不同的脱粒率，紧实度高的品种，脱粒后的谷穗上几乎没有谷码，留在穗上的籽粒也较少。而紧实度较低，谷码松散的品种，脱粒后的谷穗上还残留着一些谷码，穗上残留的籽粒较多。因此，在先割晒后拾禾分阶段收获的条件下，不需要考虑品种谷码的紧实度。综合而言，适合机械化收获的品种应具有以下特点，抗倒伏性≥ 2 级，良好的抗除草剂能力，熟期一致，活秆成熟。

2. 播种

为了便于成熟期收获，采用大行距或者大小行播种，等行行距 55cm，大小行种植大行距 60cm 小行距 40cm。为了节省用种、用工量，提高效率，采用适宜密度机械化精量穴播技术，改变条播的播种传统，以充分发挥杂交谷子分蘖自调的特性。

3. 田间管理

在拔节期机械化中耕除草。开花前若遇到干旱，有条件时进行灌溉。结合产量和倒伏率分析，确定穗肥于倒一叶期施用，结合灌溉或趁雨天亩追施尿素

15kg；粒肥于灌浆期施用，亩喷施磷酸二氢钾 + 尿素（0.2kg+0.5kg），增加构成产量的有效穗数，达到增产抗倒伏目的。

4. 病虫害防治

病虫害防治主要采取喷雾器打药及无人机打药两种方式。悬挂臂架式喷雾器适用于小面积种植地及林下经济地；无人机适用于具有作业条件的大面积种植地。

5. 收获

在谷子蜡熟末期进行收获。小面积地块耕种、坡地、林下经济地使用自走式小型割晒机，大面积地块耕种选择具有割台的大型割晒机，要求平铺整齐晾晒均匀，7 天后用谷物收割机换装拾禾器进行捡拾脱粒完成收获脱粒装车。

八、贮藏

（一）干燥贮藏

谷子在干燥、通风、低温的情况下，是极耐贮藏的作物，谷粒的干燥是保存谷物的一种最重要的措施，未经干燥的谷粒，由于内部进行强烈的呼吸作用，在通风不良时，便产生大量有害物质，如酒精等。这些有害物质会使种子窒息，而经过干燥处理可以减弱谷粒内部生物化学的变化，提高种子贮藏的稳定性。进行谷粒干燥时，要考虑到谷子贮藏的条件和用途，作为种子贮藏时，就要把谷粒当作一种活的有机体来看待，在不影响发芽率的原则下，进行干燥；如作为粮食保存时，要以不损失谷粒原有品质的方法进行干燥。

（二）密闭贮藏

将贮藏用具及种子进行干燥，使干燥的谷粒处于与外界环境条件相隔绝的情况下进行保存。由于呼吸作用所放出的热量和水分仍被其本身吸收，时间越长，氧气消耗越大，放出的二氧化碳越多。当二氧化碳保持一定限度时，种子的生命活动就处于微弱情况，附着在谷粒上的害虫及微生物也受到抑制或死亡。但超过一定限度，则对种子也会发生严重损害。所以密闭贮藏种子的关键仍是以充分干燥的种子及干燥贮藏为前提的。

经过充分干燥的种子，采用密闭贮藏能够保持长期稳定，使谷粒寿命大大延长，并能保持较高发芽率和发芽势，而利用其他纸袋贮藏的谷粒由于外界环境条件的影响，当外界条件发生变化时，谷粒也随之发生变化。因此，贮藏的稳定性很差，种子的发芽能力大大降低。

参考文献

白金铠，1997. 杂粮作物病害［M］. 北京：中国农业出版社 .
曹如槐，梁克恭，王晓玲，1992. 农作物抗病虫鉴定方法［M］. 北京：农业出版社 .
陈家驹，1982. 粟（谷子）种质资源的研究与利用（摘要）［J］. 中国种业（1）.
陈茜午，杨文耀，刘锦川，等，2018. 不同温度下谷子、糜子种子耐湿性对发芽率的影响［J］. 安徽农学通报，24（09）：27-28.
成亮，刘盼，邢恒荣，等，2018. 谷子长刚毛基因的克隆与表达分析［J］. 分子植物育种（18）：5862-5868.
程汝宏，师志刚，刘正理，等，2010. 谷子简化栽培技术研究进展与发展方向［J］. 河北农业科学，14（11）：1-4.
程汝宏，师志刚，刘正理，等，2010. 抗除草剂简化栽培型谷子品种冀谷 25 的选育及配套栽培技术研究［J］. 河北农业科学，14（11）：8-12.
崔纪菡，孟建，刘猛，等，2017. 不同类型地膜的谷地杂草防除效果和土壤水温效应研究［J］. 河北农业科学，21（1）：6-11，14.
崔润丽，智慧，王永芳，等，2007. 谷子 DnaJ 蛋白基因的克隆［J］. 华北农学报（04）：9-13.
刁现民，李伟，赵治海，等，2013. 植物新品种特异性、一致性和稳定性测试指南 谷子［S］. 中华人民共和国农业部 .
刁现民，2011. 中国谷子产业与产业技术体系［M］. 北京：中国农业科学技术出版社 .
董立，马继芳，董志平，2013. 谷子病虫草害防治原色生态图谱［M］. 北京：中国农业出版社 .
董立，马继芳，郑直，等，2010. 我国谷子害虫种类初步调查［J］. 河北农业科学，14（11）：51-53.
董志平，甘耀进，2002. 河北省谷子主要害虫种类及防治对策［J］. 河北农业科学，

6（2）：49-51.
窦祎凝，秦玉海，闵东红，等，2017. 谷子转录因子 SiNAC18 通过 ABA 信号途径正向调控干旱条件下的种子萌发［J］. 中国农业科学，50（16）：3071-3081.
范光宇，2020. 张杂谷 22 号的选育及栽培技术［J］. 作物研究，34：577-579.
冯小磊，2020. 河套地区种植方式与密度对张杂谷 19 号产量的影响［J］. 农学学报，10：26-30.
付斌，孙飞，冯瑞芬，等，2020. 夏播谷子高产栽培技术［J］. 种子科技，38（20）：32-33.
甘海燕，陈德威，王辉武，等，2015. 广西主要小杂粮生产情况调查分析［J］. 广西农学报，30（6）：41-43.
甘耀进，董志平，2007. 粟芒蝇［M］. 北京：科学出版社.
郭瑞锋，张永福，任月梅，等，2017. 混合盐碱胁迫对谷子萌发、幼芽生长的影响及耐盐碱品种筛选［J］. 作物杂志（04）：63-66.
国家谷子糜子产业技术体系，2018. 中国现代农业产业可持续发展战略研究谷子糜子分册［M］. 北京：中国农业出版社.
贺美林，谢晓宇，张宁，等，2018. 复硝酚钠对多效唑和甲哌鎓在谷子萌发中的增效作用［J］. 山西农业科学，46（03）：339-343.
胡洪凯，1986. 谷子显性雄性不育基因的发现［J］. 作物学报，12（2）：73-78.
贾小平，袁玺垒，李剑峰，等，2018. 不同光温条件谷子资源主要农艺性状的综合评价［J］. 中国农业科学，51（13）：2429-2441.
柯贞进，2015. 谷子萌发过程中贮藏物质变化及赤霉素代谢关键酶基因表达的分析［D］. 太谷：山西农业大学.
柯贞进，尹美强，温银元，等，2015. 干旱胁迫下聚丙烯酰胺浸种对谷子种子萌发及幼苗期抗旱性的影响［J］. 核农学报，29（03）：563-570.
李保民，吴慧萍，2016. 谷子不同阶段生长中心研究及栽培管理措施［J］. 农技服务，33（12）：36，91.
李够霞，吴瑞俊，白岗栓，2013. 谷子成熟期的鸟害调查及防治方法［J］. 农学学报（5）：18-21.
李广阔，高海峰，白微微，等，2017. 新疆南部复播谷子田杂草防除药效评价［J］. 新疆农业科学，54（5）：826-832.
李国瑜，丛新军，秦岭，等，2017. 播期对夏谷幼穗分化及叶龄指数的影响［J］. 中国农业科学，50（04）：612-624.
李红英，程鸿燕，郭昱，等，2018. 谷子抗旱机制研究进展［J］. 山西农业大学学报（自然科学版），38：6-10.
李妮，2017. 鸟害对不同谷子品种的影响［J］. 安徽农业科学（1）：58-59.
李晓健，李秀昂，2011. 谷子鸟害的生物学防治技术［J］. 农业技术与装备（10）：57.
李荫梅，1997. 谷子育种学［M］. 北京：中国农业出版社.
李颖，2019. 谷子田除草剂筛选试验研究［J］. 乡村科技（6）：78-80.
李志华，景小兰，李会霞，等，2017. 谷子苗期除草剂的安全性及杂草防效研究［J］. 作物杂志，（1）：150-154.
梁志刚，郝红梅，王宏富，2006. 单嘧磺隆对谷子田杂草的防效［J］. 农药，45（3）：204-205.
林海明，杜子芳，2013. 主成分分析综合评价应该注意的问题［J］. 统计研究，30（8）：7.
林正雨，李晓，何鹏，2016. 四川藏区生态农业区划研究［J］. 中国农学通报，32（31）：7.
刘明英，2015. 驱鸟剂的使用文献综述［J］. 农民致富之友（22）：68.
刘志博，2011. 杂交谷子后期管理技术［J］. 现代农村科技，14：12.
陆平，2006. 谷子种质资源描述规范和数据标准［M］. 北京：中国农业出版社.
吕佩珂，1999. 中国粮食作物经济作物药用植物病虫原色图鉴：上册［M］. 呼和浩特：远方出版社.
麻慧芳，杨成元，等，2016. 植物生长调节剂、叶面肥对常规谷和杂交谷的防早衰效应比较［J］. 农学学报，11：8-13.
孟文，1964. 粟灰螟发生及其防治关键［J］. 植物保护，1：15-17.
南春梅，李顺国，夏雪岩，等，2018. 中国谷子主产区病虫鸟害发生程度与防治思路［J］. 农业展望（1）：26-34.
庞士铨，张贤泽，1961. 关于大豆、谷子、高粱的抗盐锻炼［J］. 东北农学院学报（1）.
裴帅帅，2014. 干旱胁迫对谷子生理特性的影响及赤霉素代谢关键酶基因表达分析［D］. 太谷：山西农业大学.
邱风仓，冯小磊，等，2014. 杂交谷子旱地间作高效技术研究［J］. 中国种业，5：

54-55.
任丽敏，黄学芳，等，2014. 单穴留苗数对杂交谷产量及其构成因子的影响［J］. 山西农业科学，8：842-844.
山西省农业科学院，1987. 中国谷子栽培学［M］. 北京：中国农业出版社.
商鸿生，王凤葵，沈瑞清，2005. 玉米高粱谷子病虫害诊断与防治［M］. 北京：金盾出版社.
申洁，卫林颖，郭美俊，等，2019. 腐植酸对干旱胁迫下谷子萌发的影响［J］. 山西农业大学学报（自然科学版），39（06）：26-33.
师志刚，夏雪岩，刘正理，等，2010. 谷子抗咪唑乙烟酸新种质的创新研究［J］. 河北农业科学，14（11）：133-136.
师志刚，夏雪岩，张婷，等，2014. 优质高产简化栽培型谷子新品种冀谷 31 的选育研究［J］. 河北农业科学（2）：1-3.
宋国亮，2019. 优质杂交谷子新品种张杂谷 13 号的选育及栽培技术［J］. 现代农村科技，5：18.
苏旭，冯小磊，等，2015. 雨养条件下稀植栽培对杂交谷子产量及水分利用效率的影响［J］. 河北农业科学，3：1-7.
覃初贤，覃欣广，望飞勇，等，2020. 广西作物种质资源 . 杂粮卷［M］. 北京：科学出版社：76-116.
陶国庆，欧晓昆，郭银明，等，2016. 基于保护价值与保护成本分析的滇西北植被优先保护区识别［J］. 生态学报，36（18）：13.
田保华，张彦洁，张丽萍，等，2016. 镉 / 铬胁迫对谷子幼苗生长和 NADPH 氧化酶及抗氧化酶体系的影响［J］. 农业环境科学学报，35（02）：240-246.
田伯红，王建广，李雅静，等，2010. 杂交谷子适宜除草剂筛选研究［J］. 河北农业科学，14（11）：46-47.
田敬园，2013. 复配抗旱剂对干旱胁迫下谷子种子萌发及幼苗生长的生理特性的影响［D］. 太谷：山西农业大学.
王殿瀛，郭桂兰，王节之，等，1992. 中国谷子主产区谷子生态区划［J］. 华北农学报，7（4）：123-128.
王东明，宋喜娥，等，2017. 不同地膜覆盖对地温和杂交谷生长发育的影响［J］. 山西农业大学学报（自然科学版），10：690-694，706.
王天宇，杜瑞恒，陈洪斌，1996. 应用抗除草剂基因型谷子实行两系法杂种优势利用的新途径［J］. 中国农业科学，29（4）：96.

王天宇，辛志勇，2000. 抗除草剂谷子新种质的创制、鉴定与利用［J］. 中国农业科技导报，2（5）：62-66.

王天宇，赵治海，闫洪波，等，2001. 谷子抗除草剂基因从栽培种向其近缘野生种漂移的研究［J］. 作物学报，27（6）：681-687.

王晓明，王峰，等，2007. 谷子光（温）敏两系杂交种张杂谷系列品种简介［J］. 河北农业科技，4：20-21.

王秀红，2003. 多元统计分析在分区研究中的应用［J］. 地理科学，23（1）：66-71.

王一帆，李臻，潘教文，等，2017. 谷子 SiRLK35 基因克隆及功能分析［J］. 遗传，39（05）：413-422.

魏玮，2019. 张杂谷谷子主要农艺性状与产量的灰色关联度分析［J］. 农业科技通讯，9：182-188.

吴立根，屈凌波，2018. 谷子的营养功能特性与加工研究进展［J］. 食品研究与开发，39（15）：191-195.

吴仁海，职倩倩，魏红梅，等，2017. 谷子苗前除草剂及其安全剂筛选［J］. 农药，56（9）：685-687.

夏雪岩，师志刚，张婷，等，2014. 不同粒色谷子品系的鸟害程度研究［J］. 河北农业科学（2）：4-6.

谢丽莉，2012. 谷子光周期敏感相关性状的 QTL 定位与分析［D］. 郑州：河南农业大学.

徐玖亮，温馨，刁现民，等，2021. 我国主要谷类杂粮的营养价值及保健功能［J］. 粮食与饲料工业（1）：27-31.

许冰霞，尹美强，温银元，等，2018. 谷子萌发期响应干旱胁迫的基因表达谱分析［J］. 中国农业科学，51（08）：1431-1486.

杨净，王宏富，鱼冰星，等，2018. 超重力对谷子种子萌发及生理生化特性的影响［J］. 激光生物学报，27（04）：367-372.

杨平华，2006. 常用农药使用手册［M］. 成都：四川科学技术出版社：540-541.

杨希文，胡银岗，2011. 谷子 DREB 转录因子基因的克隆及其在干旱胁迫下的表达模式分析［J］. 干旱地区农业研究，29（05）：69-74.

袁志强，刘志霞，张金良，等，2018. 单嘧磺隆防治谷子杂草试验研究［J］. 农业科技通讯，（7）：87-89.

张彬，禾璐，侯蕊，等，2015. 谷子 C2H2 型锌指蛋白基因 SiZFP182 的克隆及表达分析［J］. 中国农业大学学报，20（05）：9-15.

张喜文，2000. 山西谷子新品种及系列栽培技术［M］. 北京：台海出版社 .

张喜文，武钊，1993. 谷子栽培生理［M］. 北京：中国农业科技出版社：25-37.

张新仕，徐俊杰，王桂荣，等，2014. 谷子病虫鸟害调查及防治措施［J］. 河北农业科学（5）：4-7.

张亚琦，李淑文，等，2014. 施氮对杂交谷子产量与光合特性及水分利用效率的影响［J］. 植物营养与肥料学报，5：1119-1126.

赵欢，董宝娣，等，2016. 不同灌溉处理对杂交谷子生长特性、产量及水分利用的影响［J］. 中国农学通报，33：94-101.

赵晋锋，余爱丽，田岗，等，2013. 谷子 CBL 基因鉴定及其在干旱、高盐胁迫下的表达分析［J］. 作物学报，39（02）：360-367.

赵丽娟，马金丰，李延东，等，2017. ^{60}Co-γ 射线辐射谷子干种子诱变效应的研究［J］. 作物杂志（01）：38-43.

赵治海，奚玉银，等，2018. 极度干旱地区谷子杂交种节水种植试验［J］. 现代农村科技，9：72-73.

中国科学院动物研究所，1986. 中国农业昆虫：上册［M］. 北京：农业出版社 .

中国农业科学院植物保护研究所，1996. 中国农作物病虫害［M］. 2 版 . 北京：中国农业出版社 .

中国农业科学院作物研究所，1985. 中国谷子品种志［M］. 北京：农业出版社 .

中国农作物病虫害图谱编写组，1978. 中国农作物病虫害图谱：第三分册・旱粮病虫［M］. 北京：农业出版社 .

DONG B D, MENG Y L, JIANG J W, et al., 2011. Growth, grain yield, and water use efficiency of rainfed springhybrid millet (Setaria italica) in plastic-mulched and unmulched fields[J]. Agricultural Water Management, 143: 93-101.

DOUST A N, MAURO-HERRERA M, HODGEAND J G, et al., 2017. The C4 Model Grass Setaria Is a Short Day Plant with Secondary Long Day Genetic Regulation[J]. Frontiers in Plant Science, 8: 1-10.

FANG Q X, MA L, et al., 2010. Water resources and water use efficiency in the North China Plain:Current status and agronomic anagement options[J]. Agricultural Water Management, 97: 1102-1116.

GUO J H, LIU X J, ZHANG Y, et al., 2010. Significant acidification in major Chinese croplands [J]. Science, 327(5968): 1008-1010.

LATA C, SAHU P P, PRASAD M, 2010. Comparative transcriptome analysis of differentially expressed genes in foxtail millet(Setaria italica L.) during dehydration stress[J]. Biochemical and Biophysical Research Communications, 393(4) : 720-727.

LOBELL D B, CASSMAN K G, FIELD C B, 2009. Crop Yield Gaps: Their importance, magnitudes, and causes [J]. Annual Review of Environment Resources, 34(1): 179-204.

LU H B, QIAO Y M, et al., 2015. Influence of drought stress on the photosynthetic characteristics and dry matter accumulation of hybrid millet[J]. Photosynthetica, 2: 306-311.

MARGARITA M H, WANG X W, BARBIER H, et al., 2013. Genetic control and comparative genomic analysis of flowering time in Setaria (Poaceae)[J]. G3 (Bethesda, Md.), 3(2) : 283-295.

YANG X Y, WAN Z W, PERRY L, et al., 2012. Early millet use in northern China[J]. Proceedings of the National Academy of Sciences of the United States of America, 109(10).